普通高等教育机器人工程专业系列教材

小型机器人的设计与制作

贾永兴　主编

许凤慧　副主编

杨　宇　陈　斌　王　磊　钱晓健　参编

机械工业出版社

本书系统介绍了小型机器人设计与制作的相关基础知识，全书共 7 章，主要内容包括机器人设计基础、基于 STM32 微控制器的程序设计、轮式机器人的设计与制作、足式机器人的设计与制作、四旋翼无人机的设计与制作、机器人路径规划方法与应用，以及 ROS 介绍与应用基础。

本书的内容编排兼顾机器人关键技术的理论及应用实践，在帮助学生学习基础理论的同时，提升学生的工程素养和创新能力。本书在内容设计上从局部到整体，先引导学生学习机器人机械设计、电路设计、传感器应用及控制技术等理论基础，再以轮式巡线机器人、足式机器人和四旋翼无人机为实例，介绍机器人的设计与制作过程，最后讲解了机器人路径规划和 ROS 等先进技术，进一步培养学生的工程创新意识；在叙述上由浅入深、循序渐进、前后呼应，在配合理论教学的同时，注意引导学生运用所学知识解决工程实际问题；在机器人的设计上注重进一步引导学生分析和思考工程实际问题，激发学生的创新思维。

本书可作为高等院校电类、机械类、控制类、计算机类等专业机器人控制技术系列课程的实验教材和教学参考书，也可以供从事机器人设计与制作的工程技术人员、相关课程的机器人创客爱好者参考。本书提供电子课件，有需要的教师可登录 www.cmpedu.com 免费注册，审核通过后可下载，或联系编辑索取（微信：18515977506，电话：010-88379753）。

图书在版编目（CIP）数据

小型机器人的设计与制作／贾永兴主编 . --北京：机械工业出版社，2024.12. --（普通高等教育机器人工程专业系列教材）. -- ISBN 978-7-111-76615-5

Ⅰ．TP242

中国国家版本馆 CIP 数据核字第 20243ZJ313 号

机械工业出版社（北京市百万庄大街 22 号　邮政编码 100037）

策划编辑：秦　菲　　　　责任编辑：秦　菲
责任校对：贾海霞　王　延　　责任印制：常天培

北京机工印刷厂有限公司印刷

2024 年 12 月第 1 版第 1 次印刷

184mm×260mm · 14.75 印张 · 362 千字

标准书号：ISBN 978-7-111-76615-5

定价：69.00 元

电话服务　　　　　　　　　网络服务

客服电话：010-88361066　　　机　工　官　网：www.cmpbook.com
　　　　　010-88379833　　　机　工　官　博：weibo.com/cmp1952
　　　　　010-68326294　　　金　书　网：www.golden-book.com

封底无防伪标均为盗版　　机工教育服务网：www.cmpedu.com

前　言

　　小型机器人的设计与制作是高等院校理科、工科专业的通识类实验教材，知识点多、覆盖面广，具有较强的理论性和工程实践性。本书是在总结多年实践教学改革经验的基础上，综合考虑了机器人设计课程的综合性、专业性特点及技术发展趋势，为适应当前创新型人才培养目标要求而编写的。教材从本科学员实践技能和创新意识的早期培养着手，在帮助学生消化和巩固电路、机械、控制等理论知识的同时，注意引导学生运用所学知识解决工程实际问题，激发学生的创新思维，提升学生的工程素养和创新能力，促进学生"知识""能力"水平的提高和"综合素质"的培养。

　　本书共分7章。第1章是机器人设计基础，对机器人的概念、组成、分类及关键技术等进行了说明；第2章介绍了基于STM32微控制器的程序设计，介绍了机器人设计制作相关的程序设计及实现方法；第3~5章分别介绍了轮式机器人、足式机器人和四旋翼无人机的设计与制作，详细介绍了这3种机器人的具体设计与制作的方法；第6章介绍了机器人路径规划方法与应用；第7章介绍了ROS技术的基础和基本应用，为机器人能够更好地进行自主控制奠定了很好的理论基础。

　　本书的特点是由浅入深、通俗易懂；各章节的内容既循序渐进又相对独立，方便教师根据学生情况和教学需要选择不同的教学内容。

　　本书由贾永兴、许凤慧、杨宇、陈斌、王磊和钱晓健编写。陆军工程大学烽火机器人俱乐部其他指导老师对本书的编写给予了大力支持，并提出了很多宝贵的建议，在此致以衷心的感谢。

　　限于编者水平，书中不妥之处在所难免，请读者批评指正。

编　者

目 录

　　智能机器人是自动执行工作的机器装置。它既可以接受人类指挥，又可以运行预先编排的程序，也可以根据人工智能技术制定的原则纲领行动。机器人技术是传统的电子技术与智能技术相结合的产物，是当代高新技术发展的一项重要内容。本章从机器人的设计基础、机械结构、电路设计等方面进行简单介绍。

 机器人概述

1.1.1　机器人的概念

　　"什么叫机器人？"目前在全世界还没有统一的定义。国际标准化组织（ISO）的定义是：机器人是一种自动的、位置可控的、具有编程能力的多功能机械手，这种机械手具有几个轴，能够借助可编程序操作来处理各种材料、零件、工具和专用装置，以执行各种任务。美国国家标准学会（ANSI）对其定义是：机器人是一种能够进行编程并在自动控制下执行某些操作和移动作业任务的机械装置。日本工业机器人协会（JIRA）的定义为：工业机器人是一种装备有记忆装置和末端执行器，能够转动并通过自动完成各种移动来代替人类劳动的通用机器。根据自动化和智能化程度，机器人可分为自主机器人、半自主机器人或遥控机器人。自主机器人本体自带各种必要的传感器、控制器，在运行过程中无外界人为信息输入和控制的条件下，可以独立完成一定的任务；半自主和遥控机器人需要人的干预才能完成特定的任务。

　　根据上面的定义可以按以下特征来描述机器人：①动作机构具有类似于人或其他生物体某些器官的功能；②机器人具有通用性、工作种类多样、动作程序灵活易变，是柔性加工的主要组成部分；③机器人具有不同程度的智能，如记忆、感知、推理、决策、学习等；④机器人具有独立、完整的机器人系统，在工作中可以不依赖于人的干预。

1.1.2　机器人的组成

　　机器人是一个机电一体化的设备。机器人系统可以分成五大部分：机器人电源系统、执行机构、驱动装置、感知系统和控制系统。

1. 电源系统

机器人的电源系统是为机器人上所有控制子系统、驱动及执行子系统提供电源的部分，常见的供电方式有电池供电、发电机供电和电缆供电。目前，小型移动机器人的供电主要选择锂电池。

2. 执行机构

机器人的执行机构由机身、手腕、肩部、末端操作器、基座以及行走机构等部分组成，主要用于执行驱动装置发出的系统性指令。其中机器人基座类似于人的下肢。基座，是整个机器人的支撑部分，其相当于人的两条腿，需要具备足够的刚度和稳定性，包含固定式和移动式两种类型，在移动式的类型中，又分为轮式、履带式和人形机器人的步行式等。

3. 驱动装置

驱动装置是驱使执行机构运动的机构，根据控制系统发出的指令信号，借助于动力元件使机器人执行动作，通常包括驱动源、传动机构等。驱动系统一般分为液压、电气、气压驱动系统以及几种结合起来应用的综合系统，这部分的作用相当于人的肌肉、经络。

4. 感知系统

感知系统由内部传感器和外部传感器组成，类似于人的感官。其中内部传感器用于检测各关节的位置、速度等变量，为闭环伺服控制系统提供反馈信息；外部传感器用于检测机器人与周围环境之间的一些状态变量，如距离、接近程度、接触程度等，用于引导机器人，便于其识别外部环境并做出相应的处理。

5. 控制系统

控制系统通常包括处理器及关节伺服控制器等，用于进行任务及信息处理，并给出控制信号，类似于人的大脑和小脑。这部分一般用于负责系统的管理、通信、运动学和动力学计算，并向下级微处理器发送指令信息。控制系统根据机器人的作业指令程序及从传感器反馈回来的信号，控制机器人的执行机构，使其完成规定的运动和功能。

除了电源系统以外，机器人各部分之间的关系如图 1-1-1 所示。

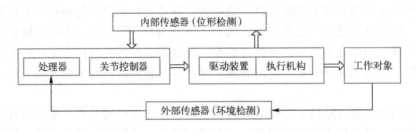

图 1-1-1　机器人各部分之间的关系

1.1.3　机器人的分类

机器人的种类多样，可以按驱动形式、用途、结构和智能水平等的不同进行划分。

1. 按用途分类

国际上通常将机器人分为工业机器人和服务机器人两大类。我国按照应用环境将机器人分为工业机器人和特种机器人两大类。工业机器人就是面向工业领域的多关节机械手或多自由度机器人，可以完成搬运、装配、喷涂、点焊等工作。特种机器人则是除了工业机器人之外的、用于非制造业并服务于人类的各种先进机器人，包括：服务机器人、水下机器人、娱乐机器人、军用机器人、农业机器人等。在特种机器人中，有些分支发展很快，有独立成体系的趋势，如服务机器人、水下机器人等。

2. 按驱动形式分类

按驱动形式来分，机器人可分为气压驱动、液压驱动和电驱动三类。

气压驱动系统具有速度快、系统结构简单、维修方便、价格低等特点，适于在中、小负荷的机器人中使用。但因难于实现伺服控制，多用于程序控制的机器人中，如在上、下料和冲压机器人中应用较多（见图 1-1-2）。气压系统的主要优点之一是操作简单、易于编程，所以可以完成大量的点位搬运操作任务。但是用气压伺服实现高精度很困难。不过在能满足精度的场合，气压驱动在所有机器人中是质量最小的，成本也最低。

由于液压技术是一种比较成熟的技术。液压驱动系统具有动力大、力（或力矩）与惯量比大、响应快速、易于实现直接驱动等特点，适于承载能力大、惯量大以及在防焊环境中工作的这类机器人中应用（见图 1-1-3）。但液压系统需进行能量转换（电能转换成液压能），速度控制多数情况下采用节流调速，效率比电动驱动系统低。液压系统的液体泄漏会对环境产生污染，工作噪声也较高。

图 1-1-2　气压机械臂

图 1-1-3　液压机械臂

由于低惯量，大转矩交、直流伺服电动机及其配套的伺服驱动器（包括交流变频器、直流脉冲宽度调制器等）的广泛采用，电驱动系统在机器人中被大量选用。这类系统不需要能量转换，使用方便、控制灵活。大多数电动机后面需安装精密的传动机构。直流有刷电动机不能直接用于要求防爆的环境中，成本也较上两种驱动系统的高，但因这类驱动系统优点比较突出，因此在机器人中被广泛选用。

电驱动是利用各种电动机产生的力或力矩，直接或经过减速机构去驱动机器人的关节，以获得要求的位置、速度和加速度。电驱动具有无环境污染、易于控制、运动精度高、成本低、驱动效率高等优点，所以电驱动系统在机器人中被大量选用。电驱动可分为步进电动机驱动、直流伺服电动机驱动、交流伺服电动机驱动和直流电动机驱动等。直流有刷电动机不能直接用于要求防爆的环境中，成本也较气压和液压驱动系统的高，交流伺服电动机驱动具有大的转矩质量比和转矩体积比，没有直流电动机的电刷和换向器，因而可靠性高，运行时几乎不需要维护，可用在防爆场合，因此在现代机器人中广泛应用。图 1-1-4 给出了一种电动机驱动的排爆机器人。

图 1-1-4　电动机驱动的
排爆机器人

3. 按智能水平分类

机器人按照智能化水平可以分为程序控制机器人、自适应机器人和智能机器人三代。

第一代机器人是程序控制机器人，它完全按照事先装入机器人存储器中的程序步骤进行工作。程序的生成及装入有两种方式：一种是由人根据工作流程编制程序并将它输入机器人的存储器中；另一种是"示教—再现"方式，所谓"示教"是指在机器人第一次执行任务之前，由人引导机器人去执行操作，即教机器人去做应做的工作，机器人将其所有动作一步步地记录下来，并将每一步表示为一条指令，示教结束后机器人通过执行这些指令以同样的方式和步骤完成同样的工作（即再现）。如果任务或环境发生了变化，则要重新进行程序设计。这一代机器人能成功地模拟人的运动功能，它们会拿取和安放、会拆卸和安装、会翻转和抖动，能尽心尽职地看管机床、熔炉、焊机、生产线等，能有效地从事安装、搬运、包装、机械加工等工作。目前，国际上商品化、实用化的机器人大都属于这一类。这一代机器人的最大缺点是，它只能刻板地完成程序规定的动作，不能适应变化的情况，一旦环境情况略有变化（如装配线上的物品略有倾斜），就会出现问题。更糟糕的是它会对现场的人员造成危害，由于它没有感觉功能，有时会出现机器人伤人的情况。

第二代机器人是自适应机器人，其主要标志是自身配备有相应的感觉传感器，如视觉传感器、触觉传感器、听觉传感器等，并用计算机对其进行控制。这种机器人通过传感器获取作业环境、操作对象的简单信息，然后由计算机对获得的信息进行分析、处理、控制机器人的动作。由于它能随着环境的变化而改变自己的行为，故称为自适应机器人。目前，这一代机器人也已进入商品化阶段，主要从事焊接、装配、搬运等工作。第二代机器人虽然具有一些初级的智能，但还没有达到完全"自治"的程度，有时也称这类机器人为人-眼协调型机器人。

第三代机器人是智能机器人，是指具有类似于人的智能的机器人，它具有感知环境的能力，配备有视觉、听觉、触觉、嗅觉等感觉器官，能从外部环境中获取有关信息，具有思维能力，能对感知到的信息进行处理，以控制自己的行为，具有作用于环境的行为能力，能通过传动机构使自己的"手""脚"等肢体行动起来，正确、灵巧地执行思维机构下达的命令。目前研制的机器人大多只具有部分智能，真正的智能机器人还处于研究之中，但现在已经迅速发展为新兴的高技术产业。

1.1.4 机器人应用

随着机器人技术的快速发展，机器人的应用领域也越来越广泛。机器人技术所涉及的应用领域众多，本节选取搬运机器人、服务机器人和娱乐机器人，以及水下机器人和无人机领域中的小部分典型应用来进行介绍。

1. 搬运机器人

为了提高自动化程度和生产效率，制造企业通常需要快速高效的物流线来贯穿整个产品的生产及包装过程，搬运机器人在物流线中发挥着举足轻重的作用。

用于搬运的串联机器人，一般有四轴机器人和六轴机器人。六轴机器人一般用于各行业的重物搬运，特别是重型夹具、重型零部件的起吊、车身的转动等。四轴机器人的轴数较少，运动轨迹接近于直线，所以具有速度优势，适合于高速包装、码垛等工序。酷卡公司的

KR 1000 titan（Kuka Robot，KR）重载型机器人是载入吉尼斯世界纪录的目前世界上最强壮的机器人，如图1-1-5a所示，它采用四轴设计，最大承载可达1000 kg，主要应用于玻璃工业、铸造工业、建筑材料工业及汽车工业。

并联机器人适用于高速轻载的工作场合，在物流搬运领域有广泛的应用。作为全球最早实现并联机器人产业化的领军者，ABB（Asea Brown Boveri）公司研发的IRB 360-3并联机器人（见图1-1-5b），采用双动平台结构，可负载3 kg，完成25/305/25 mm标准动作可达140次/min，重复定位精度达0.1 mm，可用于肉类和奶制品生产线上的分拣、装箱和装配等搬运作业。

机器人一方面具有人工难以达到的精度和效率，另一方面可承担大质量和高频率的搬运作业，因此，在搬运、码垛、装箱、包装和分拣作业中，使用移动工业机器人替代人工将是必然趋势，如图1-1-5c所示。

a）酷卡工业机器人　　　　　　b）ABB并联机器人　　　　　c）移动工业机器人

图1-1-5　工业机器人

2. 服务机器人

国际机器人联合会（IFR）定义服务机器人是一种半自主或全自主工作的机器人，它能完成有益于人类的服务工作，但不包括从事生产的设备。我国《国家中长期科学和技术发展规划纲要（2006—2020年）》中对智能服务机器人给予了明确的定义："智能服务机器人是在非结构环境下为人类提供必要服务的多种高技术集成的智能化装备"。服务机器人目前分为家庭服务机器人、医疗服务机器人和助老服务机器人等。

家庭服务机器人，也称为家政服务机器人，是指能够完成一些家庭杂务的机器人。根据国际机器人联合会（IFR）的分类，家务机器人包括机器人管家、伴侣、助理、类人形机器人、吸尘器机器人、地板清洁机器人、修剪草坪机器人、水池清理机器人、窗户清洁机器人等，如图1-1-6所示。

a）保姆机器人　　　　　　　b）清洁机器人　　　　　　c）安保机器人

图1-1-6　常规服务机器人

医疗服务机器人是集图像识别及处理、电子学、计算机学、控制学等多项现代高科技手段于一体的综合体，已广泛应用于临床多个学科，典型的有泌尿外科，比如前列腺切除术、肾移植、输尿管成形术等；脑外科手术；普通外科，比如胆囊切除术等。近年来，国内外研究机构对手术机器人的关键技术开展研究，核心技术主要包括：优化设计技术、系统集成技术、遥控和远程手术技术、手术导航技术、图像识别及处理技术、复杂环境下机器人动力学控制等，如图1-1-7所示。

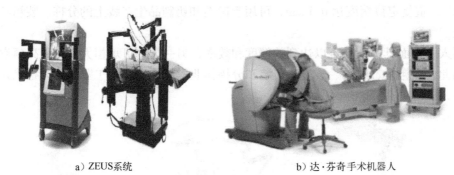

a）ZEUS系统   b）达·芬奇手术机器人

图1-1-7　医疗服务机器人

3. 娱乐机器人

娱乐机器人以供人观赏、娱乐为目的，具有机器人的外部特征，可以像人或某种动物一样，同时具有机器人的功能，可以行走或完成动作，有语言能力，会唱歌，有一定的感知能力，如机器人歌手、足球机器人、玩具机器人、舞蹈机器人等，如图1-1-8所示。

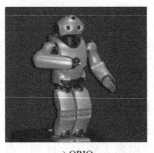 

a）QRIO   b）仿狗的娱乐机器人Aibo ERS-7

图1-1-8　娱乐机器人

4. 水下机器人

水下机器人又称水下无人航行器（Unmanned Underwater Vehicles，UUV），是一种可以在水下代替人完成某种任务的装置。随着智能控制和传感器技术的发展，用机器人来替代人完成水下作业，得到国内外的广泛重视。尤其是在未知的水下环境，由于机器人的承受能力大大超过载人系统，并且能完成许多载人系统无法完成的工作，所以水下机器人逐渐扮演着越来越重要的角色。作为一个可以在复杂海洋环境中执行各种军用和民用任务的智能化无人平台，它可以辅助人类完成海洋探测、水下救援等工作，也可以用于长时间在水下侦察敌方潜艇、舰艇的活动情况，在水下信息获取、精确打击也有广泛应用，未来在民用和军用上都将有广泛的应用前景。

水下机器人工作方式可分为有缆遥控式和无缆自主式。有缆遥控式机器人（Remotely Operated Vehicle，ROV）后面拖带电缆，由操作人员控制其航行和作业。拖带电缆的 ROV 依靠母船提供的能源进行航行和作业，并采集各类周围环境信息、目标信息和自身状态信息给母船，以便母船控制。无缆自主式机器人（Autonomous Underwater Vehicle，AUV）是一种自带能源、自推进、自主控制的机器人，它不需要母船通过电缆供电。母船可以对它进行有限监督和控制，同时也可以把各类信息传送给母船。无缆自主式水下机器人由于可以在没有人工实时控制的情况下自主决策，代替人类在复杂的水下完成预定任务，其重要的应用价值在民用与军事领域受到越来越多科学家和技术人员的重视，将成为完成各种水下任务的有力工具。

近年来随着对海洋的考察和开发的需要，水下机器人发展速度极快，并被广泛应用于水下工程、打捞救生、海洋工程和海洋科学考察等方面。图 1-1-9a 是美军在 2014 年搜寻马航客机残骸的"蓝鳍金枪鱼"自主式水下航行器，其身长近 4.9m，直径为 0.5m，重 750kg，最大下潜深度为 4500m，最长水下行动时间为 25h。"蓝鳍金枪鱼"通过声呐脉冲扫描海底，利用反射的声波阴影判断物体高度并形成图像，可以以最高 7.5cm 的分辨率搜寻水下物体。图 1-1-9b 所示的"探索者"号水下机器人是我国自行研制的第一台无缆水下机器人，它的工作深度达到 1000m，甩掉了与母船间联系的电缆，实现了从有缆向无缆的飞跃。2016 年，自主遥控混合式水下机器人"海斗"号，在我国首次万米深渊科考中成功应用，最大下潜深度达 10767m，体现了我国在水下机器人研究领域取得的巨大成功。

a）"蓝鳍金枪鱼"水下机器人　　　　　　　b）"探索者"号水下机器人

图 1-1-9　水下机器人

5. 无人机

无人机也称为无人飞行器（Unmanned Aerial Vehicle，UAV），是指无人驾驶的，且具有一定智能的控制飞行器，它是一种可利用无线电遥控设备和自备的程序控制装置操纵的不载人飞行器。

按用途分类，无人机可分为军用无人机和民用无人机。军用无人机可分为侦察无人机、诱饵无人机、电子对抗无人机、通信中继无人机、无人战斗机以及靶机等；民用无人机可分为巡查/监视无人机、农用无人机、气象无人机、勘探无人机以及测绘无人机等。由于无人机对未来空战有着重要的意义，世界各主要军事国家都在加紧进行无人机的研制工作。

按飞行平台构型分类，无人机可分为旋翼无人机、固定翼无人机、无人飞艇、伞翼无人机、扑翼无人机等，如图 1-1-10 所示。

1）旋翼无人机。旋翼无人机是依靠多个旋翼产生的升力来平衡飞行器的重力，让飞行器可以飞起来，并通过改变每个旋翼的转速来控制飞行器的平稳和姿态。所以多旋翼无人机可以悬停，在一定速度范围内以任意的速度飞行，基本上就是一个空中飞行的平台，可以在平台上加装自己的传感器、相机等，甚至机械手之类的仪器。通过搭载高清摄像机，在无线遥控的情况下，可实现从空中进行拍摄。

a）旋翼无人机　　　　　　　　　　　　b）固定翼无人机

c）无人飞艇　　　　　　　　　　　　d）伞翼无人机

e）扑翼无人机

图 1-1-10　各种类型的无人机

2）固定翼无人机。飞机靠螺旋桨或者涡轮发动机产生的推力作为向前飞行的动力，主要的升力来自机翼与空气的相对运动。所以，固定翼飞机必须有一定的无空气的相对速度才会有升力来飞行。因为这个原理，固定翼飞行器具有飞行速度快、比较经济、运载能力大的特点。在有大航程和高度的需求时，一般选择固定翼无人机，比如电力巡线、公路的监控等。

3）无人飞艇。飞艇是一种轻于空气的航空器，由巨大的流线型艇体、位于艇体下面的吊舱、起稳定控制作用的尾面和推进装置组成。飞艇相对于飞机来说最大的优势就是它能够保持较长的滞空时间，这可使其上搭载的侦察仪器既精确又高效地探测目标。飞艇还可以悄无声息地在空中飞行，其雷达反射面积也要比现代飞机小许多，在军事上有着重要应用价值。同样在民用中，大型飞艇还可以用于交通、运输、娱乐、赈灾、影视拍摄、科学实验等。例如，发生自然灾害，遇到通信中断时就可以迅速发射一个飞艇，通过浮空气球搭载通信转发器，就能够在非常短的时间内完成对整个灾区移动通信的恢复。但是飞艇存在造价高昂和速度过慢的缺点。

4）伞翼无人机。也叫柔翼无人机，是以翼伞为升力面的航空器。通常翼伞位于全机的上方，用纤维织物制成的伞布形成柔性翼面。它以冲压翼伞的柔性翼面为机翼提供升力，以螺旋桨发动机提供前进动力，具备遥控飞行和自动飞行能力。它具有有效载荷大、体积小、速度慢、安全可靠、成本低廉等特点，可用于运输、通信、侦察、勘探和科学考察等任务。

5）扑翼无人机。扑翼无人机在侦察上有很多优点。首先是飞行形态和鸟类相似，中远距离侦察时迷惑性较强；其次是续航飞行中产生的声音较小，隐蔽性较强，尤其在夜间侦察，更加难以发现；再次就是飞行控制能力更有优势，速度比旋翼无人机更快，飞控发展空间比固定翼无人机更大，更适合各种条件下的侦察任务执行。在同等驱动技术下，能耗要小于螺旋桨无人机，续航更长，所以在执行任务时具有更大的优势。

1.2　机械结构设计

机器人机械结构系统是机器人的支承基础和执行机构，具备完善、合理的结构是保证机器人是能够精准、高效工作的基础。机械结构的缺陷会限制功能的发挥，即使程序再完美也无法达到期望的效果，因此机器人的机械结构设计直接决定机器人工作性能的好坏。

本节主要以陆地机器人为例，介绍机器人的运动机构和机械臂设计相关知识，并讨论利用 3D 打印机设计和制作。

1.2.1　自由度

自由度是指在物理学当中描述一个物理状态时，独立对物理状态结果产生影响的变量的数量。机器人通常由各个模块组成，各个模块之间相对运动。自由度反映机器人动作的灵活性，可用轴的直线移动、摆动或旋转动作的数目来表示。机器人机构能够独立运动的关节数目，称为机器人机构的运动自由度，简称自由度（Degree of Freedom，DOF）。机器人常用的自由度数一般不超过 6 个，如图 1-2-1 所示。任何空间刚体若有 6 个自由度，即可任意运动。机器人利用末端执行器工作，若其具有 6 个自由度，3 个位置、3 个姿态自由度，即可保证其灵活运动。一般而言，自由度越多，机器人越灵巧，但是通常控制起来越复杂。

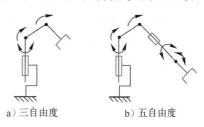

a) 三自由度　　　　　b) 五自由度

图 1-2-1　多自由度示意图

1.2.2　运动（行走）机构

运动机构是机器人实现迅速灵活移动的关键部分，它一方面支撑着机器人的机身、臂部等，另一方面根据工作任务的要求，带动机器人运动。针对陆地表面环境的差异，按机器人移动轨迹可分为固定轨迹式和无固定轨迹式。固定轨迹式主要应用于工业机器人，而无固定轨迹式按机器人的行走方式可分为轮式、履带式和足式。此外，还有步进式行走机构、蛇行式行走机构、蠕动式行走机构和混合式行走机构等，以适应各种特殊的地形环境。

1. 轮式

轮式行走机构是以驱动轮子来带动机器人进行移动，较适合平坦的路面，其具有自重轻、承载大、机构简单、驱动和控制相对方便、行走速度快、工作效率高等特点，是陆地机器人使用最多的行走机构。

根据车轮的数量，车轮机构可分为一轮、二轮、三轮、四轮以及多轮机构。其中，一轮和二轮行走机构的稳定性较差，这在一定程度上限制了其应用范围；三轮和四轮则相对稳定，被广泛应用于日常生活的轮式行走机构中。

三轮行走机构是轮式机器人的基本行走机构之一，其典型的配置方式为前置两个轮，在两轮中垂线上后置一个轮，构成三点式车轮配置，优点为车轮均会着地而不会悬空，控制较稳定，但当车体因转弯、碰撞等原因导致车体重心偏移时，稳定性下降。上述典型的三轮行走机构具体的配置方式有 3 种：①前置两个独立驱动轮，后置一个起支撑作用的从动轮，利用前轮的差速实现转弯，如图 1-2-2a 所示；②前置两个差速驱动轮，配合一个后置驱动转向轮，如图 1-2-2b 所示；③前置两个配有差速齿轮的从动轮，后置一个驱动转向轮，如图 1-2-2c 所示。

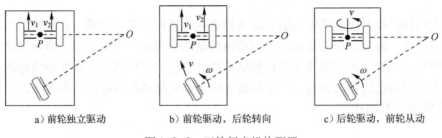

a）前轮独立驱动　　　　b）前轮驱动，后轮转向　　　　c）后轮驱动，前轮从动

图 1-2-2　三轮行走机构配置

四轮行走机构的典型配置为前后各两个轮，如图 1-2-3 所示。相比三轮行走机构，四轮稳定性更高，能更好地支撑车体，但四轮行走机构的精准控制，需保证 4 个轮子中心要正，安装高度一致，以及驱动轮要绝对着地。转向运动的实现需要一定的前进行程。根据驱动轮的不同，四轮行走机构主要可分为前轮驱动、后轮驱动和四轮驱动。为了提高四轮行走机构的灵活性，可根据需要将四轮位配置为横向排列、纵向排列、同心排列和十字排列等，如图 1-2-3 所示。同心和十字形四轮的旋转半径为 0，能绕车体中心旋转，因此可在狭窄场所改变方向。

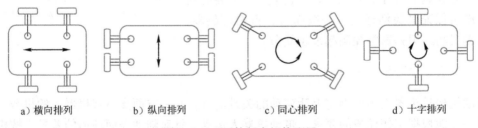

a）横向排列　　　　b）纵向排列　　　　c）同心排列　　　　d）十字排列

图 1-2-3　四轮行走机构配置

常规的轮式行走机构对崎岖不平地面的适应性较差，为了提高轮式机器人的地面适应能力，研究人员开发了轮式越障机构，常见的有行星轮机构和摇臂转向架式机构。

（1）行星轮行走机构

行星轮行走机构是应用最广泛的一种轮式越障机构，其经典结构由可自转和公转的 3 个呈等边三角形分布的轮子组成，如图 1-2-4 所示。当与地面接触的两个轮子自转时，车体正常行走。当 3 个轮子绕中心轴公转时，车体可攀爬台阶实现越障。行星轮式行走机构可以兼顾平地行走和越过障碍，相比履带等其他形式的越障方式是

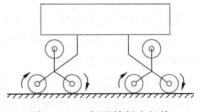

图 1-2-4　行星轮行走机构

结构简单且较易实现的越障方案，所以成为日常生活中应用较为广泛的攀爬机构，如行星轮式爬楼梯轮椅等。

行星轮行走机构越障的具体工作过程如下：①1 轮与 3 轮自转前进，直至 1 轮接触障碍物，如图 1-2-5a 所示；②1、2、3 三个轮子围绕其中心 O 点公转，使 2 轮到达障碍物上部，如图 1-2-5b 所示；③2 轮与 1 轮自转前进，同时 3 个轮子围绕中心 O 点公转，使 3 个小轮跨越障碍，如图 1-2-5c 所示；④当 2 轮再次接触障碍物时，如图 1-2-5d 所示，重复①~③实现再次越障。

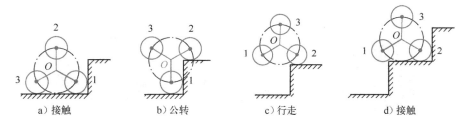

图 1-2-5　行星轮行走机构越障示意图

（2）摇臂转向架式机构

摇臂转向架式机构最早由美国喷气推进实验室研发，并成功应用于一系列火星探测车上。这种悬架机构结构简单，可靠性高，通过摇臂和转向架平衡车体重心，能够被动地适应崎岖不平的地形。

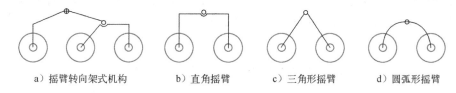

图 1-2-6　摇臂转向架式机构及其分类

摇臂转向架式的悬架机构及其衍化形式，主要由主摇臂、副摇臂、前轮、中轮和后轮组成。摇臂根据其结构不同又可分为直角摇臂、三角形摇臂和圆弧形摇臂，如图 1-2-6 所示。直角摇臂运动单元相比三角摇臂单元的几何包容能力较好，而三角摇臂单元则具有较好的稳定性。

摇臂转向架式行走机构的越障过程具体如下（见图 1-2-7）：①接触，前轮 1 与障碍刚接触时的状态；②攀爬，前轮 1 与中轮 2 开始攀爬障碍，直至前轮 1 爬至斜坡障碍最高点；③越障，前轮 1 越过障碍，在摇臂驱动下，中轮 2 和后轮 3 继续攀爬障碍，直至跨越障碍；④平走，后轮 3 越障后摇臂转向机构整体继续前行，使得整车完成越障。

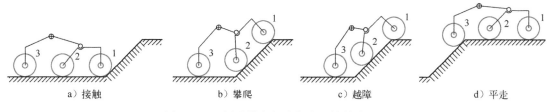

图 1-2-7　摇臂转向架式行走机构越障过程

2. 履带式

履带式行走机构是通过在驱动轮和一系列滚轮外侧环绕循环履带，使车轮不直接与地面接触，而是通过循环履带与地面发生作用，再通过驱动轮带动履带，实现车轮在履带上的相对滚动的同时，履带在地面反复连续向前铺设，从而带动底盘运动。履带式行走机构与地接触面积大，压强小，与路面的黏着力较强，能提供较大的驱动力，可以适用于一些复杂的地形。根据履带的数量，履带式行走机构分为单节双履带、双节双履带和多节多履带，如图 1-2-8 所示。

a）单节双履带　　　　　　　b）双节双履带　　　　　　　c）多节多履带

图 1-2-8　履带式行走机构机器人

履带式行走机构主要由履带、驱动链轮、支撑轮、拖带轮和张紧轮组成，如图 1-2-9 所示。各个机构需具有足够的强度和刚度，并具有良好的行进和转向能力。履带底座采用对称布置使得整个机械结构紧凑、稳定。驱动链轮通常与电动机相连，带动履带运动，可通过控制电动机的运动速度和方向，实现前进、后退和转向。

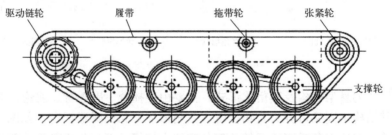

图 1-2-9　履带式行走机构组成

常见的履带式行走机构的形状有：一字形和倒梯形（见图 1-2-10），其中一字形履带式行走机构的驱动链轮与张紧轮兼做支撑轮，使得支撑地面的面积增大，改善了其稳定性。倒梯形履带式行走机构的支撑轮和张紧轮装置略高于地面，履带引出与引入的角度约 50°，此结构适合跨越障碍，并且可减少履带卷入泥沙造成的磨损与失效，使得驱动链轮和张紧轮的寿命延长。

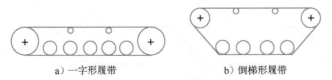

a）一字形履带　　　　　　　　b）倒梯形履带

图 1-2-10　履带形状

与轮式等行走机构相比,履带式行走机构的优点主要有:①以履带代替传统轮式行走,增大了机器与地面的单位接触面积,承载能力增大,机器下陷度较小,滚动阻力降低,使其具有良好的行驶及通过性能,降低了对行驶地面的损伤;②越野机动性较强,可在崎岖、松软或泥泞的地面行走,同时能跨越障碍物,攀爬高度较低的台阶、爬坡、越沟等性能均超越轮式行走机构;③履带支撑面上的履齿,增强了抓地能力,不易打滑,使其具有较好的牵引附着性,可发挥较大的牵引力。

履带式行走机构的缺点主要有:①由于没有自定位轮和转向机构,只能通过左右两个履带的速度差实现转弯,所以在横向和前进方向都会产生滑动;②转弯阻力大,不能准确地确定回转半径;③结构复杂、质量大、运动惯性大、减振性能差、零件易损坏。

(1) 可变形履带式行走机构

可变形履带式行走机构主要由两个电动机驱动的两条履带构成(见图1-2-11),并且其构形可以根据地形条件和作业要求进行变化。当两条履带的速度相同时,机器人实现前进或后退;当两条履带速度不同时,机器人可实现转向。随着主臂杆和曲柄的摇摆,整个履带可以随意变为各种类型的三角形形态,即其履带形状可以适应不同的运动和地势环境,这样会比普通履带机构的动作更为自如,从而使机器人的机体能够任意上下楼梯和越过障碍物。

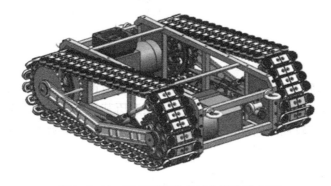

图 1-2-11　可变形履带式行走机构示意图

当遇到障碍物时,可变形履带式行走机构通过改变自身结构适应地形,其翻越障碍物的具体过程如下(见图1-2-12):①接触,即履带前端触碰到障碍物边缘;②攀爬过程为履带摆臂搭在障碍物上,车体在行走机构和摆动机构的共同作用下顺利爬上障碍物;③越障,当履带行驶至障碍物顶部边缘时,同样在摆动机构的作用下,将履带前端变形使其与障碍物底部接触;④触地,通过行走机构使车体实现地面、障碍物两点接触;⑤行走,在履带触地后,行走机构继续移动,带动机器人缓慢下爬直至履带恢复至平地行进状态。

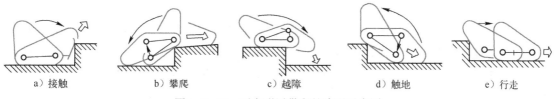

　　a) 接触　　　　　b) 攀爬　　　　　c) 越障　　　　　d) 触地　　　　　e) 行走

图 1-2-12　可变形履带翻越障碍示意图

(2) 位置可变履带式行走机构

位置可变履带式行走机构是指履带相对于车体位置可以随意变成前向或后向的多种位置

组合形态，且位置的改变可以是1个自由度或2个自由度（见图1-2-13），从而实现攀爬楼梯等障碍，甚至跨越横沟。

位置可变履带行走机构爬越台阶过程如下（见图1-2-14）：①接触，此时为履带前端接触台阶边缘，即准备攀爬；②攀爬，机器人借助摆臂的初始摆角，在履带机构的驱使下，使其主履带前端搭靠在台阶的支撑点上；③临界，此时机器人继续移动，驱动摆臂逆时针摆动，当机器人重心越过台阶边缘时，旋转摆臂关节，机器人在自身重力影响下，车体下移，机器人成功地爬越台阶；④爬升，机器人完成临界状态后，摇臂反方向运动，机器人底座继续原方向运动，此时机器人重心前移，当底座与台阶平齐时，爬升过程结束；⑤平地行进，机器人攀越完成后，摆臂恢复到初始状态后，机器人加速继续前进。

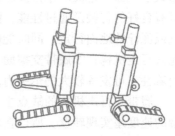

图1-2-13　位置可变履带式
行走机构示意图

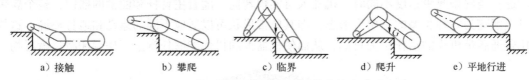

a）接触　　　　b）攀爬　　　　c）临界　　　　d）爬升　　　　e）平地行进

图1-2-14　位置可变履带式行走机构爬越台阶示意图

3. 足式

足式行走机构能较好地适应崎岖地形，因其行走触地点是离散的，可选择优化其可能到达的地面支撑点，而履带式与轮式行走机构则必须遍历其几乎全部行走触地点，足式行走机构在跨越障碍方面具有较强的优越性。常见的足式行走机构足的数量主要有单足、双足、三足、四足、六足、八足等，如图1-2-15所示。

a）单足机器人　　　b）双足机器人　　　c）四足机器人　　　d）六足机器人

图1-2-15　足式机器人

单足机器人因其单条腿的结构特性，导致其平衡性较差，且行走困难。早期的单足机器人是模仿青蛙的跳跃运动被设计为弹跳机器人。弹跳机器人的平衡设计是保证其持续弹跳运动的重要保证，且有多种平衡方式，最简单的方法是降低机器人重心，以减小机器人高度或在机器人底部添加重块，也可以将机器人底部设计成类似于不倒翁的圆形支撑足，使机器人在弹跳或落地后修正姿态，保持平衡，为下一次弹跳做准备。

单足弹跳机器人相比轮式和爬行机器人可跳跃数倍于自身高度的障碍物，且弹跳运动的爆发性有利于其躲避危险，这也促进了单足弹跳机器人的研究发展。为提高单足机器人的移动灵活性和实用价值，其足部后被改进设计为球体结构，即单球轮机器人，如图 1-2-15a 所示，Rezero 单球轮机器人是由瑞士的苏黎世联邦理工学院于 2010 年开发的。单球轮机器人通过足部的球体实现移动，且球体类似于万向轮，在小范围内可较灵活地全方位移动。这一特性可使单球轮机器人原地 360°旋转，可机动通过狭窄区域，大大扩展了其应用范围。

双足机器人是仿人双足直立行走和能完成相关动作的类人机器人，如图 1-2-15b 所示。双足步行机器人对非结构性的复杂地面具有适应性强、自动化程度高、移动盲区小等优点，这使其成为机器人领域的重要发展方向之一，且已取得一定的成果，尤其是近几年来随着驱动器、传感器、计算机软硬件等相关技术的发展，出现了大量的双足机器人样机，不仅实现了平地步行、上下楼梯和上下斜坡等步态，有的还能实现跑步、弹跳和跳舞等类人动作。

为保证双足机器人步行运动的速度和承载能力，其腿部机构的对称设计是关键。双足机器人完成直线行走、转弯和上下楼梯等动作，其腿部关节需满足以下要求：①前向转动关节，协助机器人完成前后运动；②左右侧摆关节，协助机器人完成左右侧向运动；③转弯关节，协助机器人完成转向运动。

若满足上述腿部关节运动要求，双足机器人的双腿共需 12 个自由度，如图 1-2-16 所示。其中，踝关节 2 个自由度，实现前向和侧向运动；膝关节 1 个自由度，可完成前向运动；髋关节 3 个自由度，分别实现前向、侧向和转弯动作。

双足机器人根据其平衡方式的不同可分为静态步行、准动态步行和动态步行。其中，静态步行是指双足机器人在行走过程中始终保持零力矩点在脚的支撑面内，这也是目前双足机器人使用最广泛的步行方式。零力矩点（Zero Moment Point，ZMP）是指脚掌受力合力作用点的力矩为零的点。准动态平衡是将机器人的行走过程分为单脚支撑期和双脚支撑期，单脚支撑期采用静态步行平衡，而双脚支撑期则根据倒立摆原理，控制重心由后脚跟移到前脚。动态步行是最接近人类的行走方式，其原理为将整个躯体设为多连杆倒立摆，控制器姿态保持稳定，并利用重力、蹬脚和摆动推动重心前移，实现双足交替行走。

双足步行机器人较之其他移动机器人，其应用受限的主要原因在于设计复杂和功耗高。目前的足式机器人的运动控制主要采用基于零力矩点的轨迹规划方法。机器人的每个关节都需要进行驱动和控制，使得该类机器人从机械结构到控制系统都需要比较复杂的设计，效率很低，不适于长时间和长距离的野外作业。而且人类的关节是一个很复杂的结构，目前仅依靠电动机去模拟，得到的效果自然不甚理想，如图 1-2-17 所示。

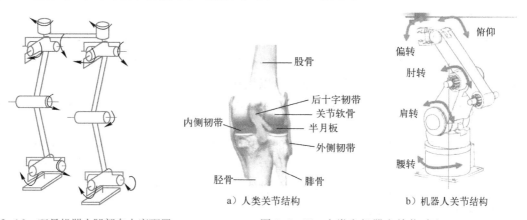

a）人类关节结构　　　　　b）机器人关节结构

图 1-2-16　双足机器人腿部自由度配置　　　　图 1-2-17　人类和机器人关节对比

多足机器人是一种具有冗余驱动、多支链、时变拓扑运动机构的足式机器人。多足一般指四足以及四足以上，常见多足机器人同双足一样多采用对称式足部结构，最典型的就是四足机器人和六足机器人，如图 1-2-15c 和 d 所示。多足步行机器人具有较强的机动性和更好适应崎岖地形的能力，随着对其研究的不断发展，促进了其速度、稳定性、机动性和环境适应性等方面的性能不断提高。

多足机器人腿部机构的性能好坏直接决定着机器人的整体性能，所以腿部结构是多足机器人机械设计的关键。对多足机器人的腿部机构设计要满足以下几点基本要求：①实现运动的要求；②满足承载能力的需求；③结构实现和传动控制的要求。多足机器人的每个腿部机构至少要有 2 个自由度，可通过屈伸关节和俯仰关节的不同组合，保证其灵活行走。2 个自由度具体可分为以下三类：①2 个俯仰关节；②2 个屈伸关节；③1 个屈伸关节和 1 个俯仰关节。但若要通过腿的转动改变行进方向或实现原地转向，则腿部需要至少 3 个自由度，如 BBB 组合关节，如图 1-2-18 所示。在 2 个自由度的基础上再加 1 个水平旋转自由度侧摆关节，这样就可以实现腿部的侧摆、俯仰和屈伸。

四足机器人的腿部结构主要实现形式有缩放型机构、四连杆机构、并联机构、平行杆机构、多关节串联机构和缓冲型虚拟弹簧腿机构。四足机器人通过四足抬腿和放腿的顺序组合，可实现多种步态（步态是指腿的摆动和支撑运动以及这些运动之间的相对时间关系），比如慢走、慢跑、对角跑、跳跃、转向等。

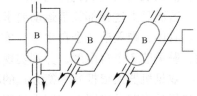

图 1-2-18　三自由度关节配置示意图

六足机器人的步态较四足机器人更丰富，主要有三角步态、四足步态、波动步态和自由步态等。其中，三角步态是六足机器人行走的典型步态，具体是指将六足机器人两侧 6 条腿分为左右两组，并分别组成三角形支架，通过大腿前后移动实现支撑和摆动来完成行走。

1.2.3　机器人执行机构

机械手臂是一种常用的机器人执行机构，它能够模仿人类手臂功能以完成各种作业任务，通常由关节、腕部和手部组成。

机械臂是连接机身和手腕的部分，是执行机构的主要运动部件（称为主轴），主要用于改变手腕和手部的空间位置和角度；手腕连接手臂和手部（称为次轴），主要用于改变手部的空间姿态。

1. 关节

关节也称为运动副，是构成机械臂的一个关键要素，在运动学上是指两个物体之间的连接，它限制了两个物体间的相对运动，所以相互连接的两个物体便构成了一个关节。

关节是机器人最重要的基础结构，也是运动的核心结构。多数机器人的关节可分为旋转关节和平移关节两类。

平移关节是连接两杆件间的组件，能使其中一件相对于另一件做直线运动。两个构件之间只能相对平移，阻止相对旋转，所以只有一个自由度。关节上的两个物体相对于彼此来说保持固定的移动，它们只能够沿着特定的轴线一起移动。平移关节可以进行限定，保证其只能沿着某个轴在一定范围内进行移动。

平移关节有两种基本类型：单级型和伸缩型。单级型关节是只可以沿固定表面移动的关节。伸缩型关节本质上是由单级型关节组合而成。单级型关节具有刚度强和结构简单的优点；而伸缩型关节的主要优点为连接紧凑，且伸缩较大。对于部分机器人，因为其关节的某些部位可能没有移动或者以较小的加速度移动，故伸缩型关节有更小的惯性。

平移关节轴承的主要功能是促进其在某一方向上的移动，同时防止其他方向的运动。结构的变形直接影响轴承表面构造，并进一步影响机器人的性能，在某些情况下，载荷引起的圆筒偏差可能导致运动的阻塞。对于高精度的移动关节，长距离时也要保持一条直线路径，但在有摩擦的多层表面中，要达到较高的精度其代价是比较高的。

平移关节中，移动元件主要有铜或者热塑性套管，此类套管有成本低、承载能力相对较高，且可在未硬化或者微硬化表面工作等优点。此外，较常见的套管是球状套管，与热塑性套管相比，球状套管具有高精度与低摩擦等优点。

球和滚珠导轨在平移关节中也较常见。此滑动结构主要包含循环和非循环两类。非循环的球和滚珠导轨主要应用于短位移的装置上，其具有高精度、低摩擦的优点，但也因此导致其对冲击敏感，同时其转矩负载的能力较差。相对来说，循环球和滚珠导轨在一定程度上精确度不高，但是能承载更高的载荷，其移动距离可达几米。商业用的可循环球和滚珠导轨已经大大简化了直线轴的设计和结构，特别是在构架和轨道操纵方面。

由凸轮附件、滚筒或滚轮组成的关节是另一种常见的机器人平移关节，这些滚动体均是在模压、机加工、拔模或者磨光后的表面上滚动。在大载荷装置中，滚动体滚动所在的表面必须在最终精磨之前进行硬化处理。凸轮附件在购买时会带有独特的安装杆，它可以被用来辅助装配和调整，而弹性套管可保证运行更安静和顺畅。

旋转关节是连接两杆件的组件，能使其中一件相对于另一件绕固定轴转动。两个构件之间只做相对转动的运动副（如手臂与机座、手臂与手腕），并实现相对回转或摆动的关节结构，由驱动器、回转轴和轴承组成。可见转动关节是被设计用来实现纯旋转的一种运动副。多数电动机能直接产生旋转运动，但为获得较大的转矩，常需配合各种链条、齿轮、带传动或其他减速装置。

旋转关节的刚度或者抵抗其他干扰运动的能力是其最重要的评价指标之一。在刚度设计中应考虑的关键因素有轴的直径、误差和间隙，轴承的支持结构，以及在梁上加载合适的预载荷。轴的直径和轴承的尺寸并非总是基于承载能力，实际应用中此类关节常根据刚性的支撑结构进行选择，同时还需要一个可以保证线缆穿过的较大管道，甚至一个控制元件可通过的孔洞。因为关节轴常被用来传递转矩，所以设计关节轴及其支撑结构时，要求必须能同时承受弯曲和扭转。

2. 腕部

机器人腕部是连接手部和手臂的部分，主要用于给手臂传递作业载荷和改变手部的空间方向。为了保证手部能达到空间任意方位，要求腕部能分别在 X、Y、Z 3 个坐标轴转动，即具有翻转关节（Roll，R 关节）、折曲关节（Bend，B 关节）、移动关节（Translate，T 关节），如图 1-2-19 所示。

单自由度手腕仅有绕垂直轴旋转的 1 个自由度，可通过 R 关节、B 关节和 T 关节分别实现翻转、俯仰（偏转）和偏移功能。

为了减小机器人悬臂的质量，手腕的驱动电动机固定在机架上。手腕转动的目的在于调整装配件的方位。由于转动为两级等径轮齿，所以大小臂的转动不影响末端执行器的水平方位，而该方位的调整完全取决于手腕转动的驱动电动机，这是此类传动方式的优点所在，较适合电子线路板的插件等作业。

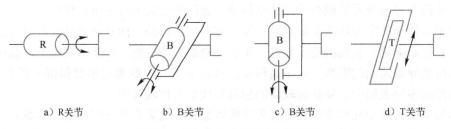

a）R关节   b）B关节   c）B关节   d）T关节

图 1-2-19　单自由度关节示意图

二自由度手腕根据关节类型不同（见图 1-2-20 和图 1-2-21），可分为：①由一个 R 关节和一个 B 关节组成的 BR 手腕；②由两个 B 关节组成的 BB 手腕；③两个 R 关节组成的 RR 手腕，这实际上是一个单自由度的手腕。

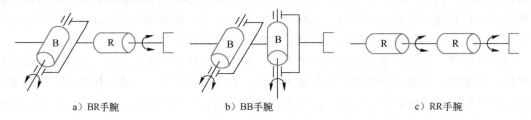

a）BR手腕   b）BB手腕   c）RR手腕

图 1-2-20　二自由度手腕示意图

a）BR手腕   b）BB手腕

图 1-2-21　二自由度手腕机械臂

三自由度手腕是"万向型"手腕，结构形式繁多，一般是在两自由度手腕的基础上加一个人手腕而形成。三自由度手腕根据关节类型不同可分为（见图 1-2-22）：①BBR 手腕，可以实现翻转、俯仰、偏转运动；②BRR 手腕，R 关节需要偏置；③RRR 手腕，可以实现翻转、俯仰、偏转运动；④BBB 手腕关节退化，只能实现俯仰和偏转运动，这实际上是一个两自由度的手腕。

三自由度手腕（见图 1-2-23）可以完成两自由度手腕很多无法完成的作业。近年来，大多数小型的关节型机器人采用了三自由度手腕。

3. 手部

机器人的手也叫末端操作器或末端执行器，是在机械臂腕部配置的操作机构，其主要作用是夹持工件或按照规定的程序完成指定的工作。不同机械手如图 1-2-24 所示。

机器人作业内容的差异（如搬运、装配、焊接和喷绘等）和作业对象的不同（如轴类、板类、箱类和包类物体等），决定了手部被设计为多种形式。综合考虑机器人手部的用途、功能和结构特点，通常可分为夹持式、吸附式、专用操作器及换接器、仿生手。

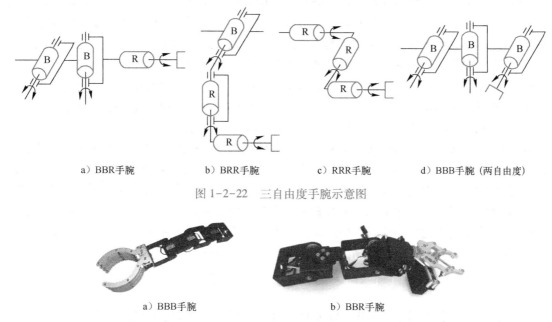

a）BBR手腕　　　b）BRR手腕　　　c）RRR手腕　　　d）BBB手腕（两自由度）

图 1-2-22　三自由度手腕示意图

a）BBB手腕　　　　　　　　b）BBR手腕

图 1-2-23　三自由度手腕机械臂

　　夹持式机械手部与人手相似，是机器人广为应用的一种手部形式。夹持式机械式手由手指（或手爪）、驱动机构、传动机构及连接与支承元件组成，它通过手指的开与合动作实现对物体的夹持操作。根据夹持式手部的传动形式不同可划分为回转型和平移型。回转夹持手部的回转运动形式是机器人机械夹持式手最基本的形式，常用的机构包括楔块杠杆式、滑槽杠杆式、连杆杠杆式和齿轮齿条式。平移型夹持手是通过手指的指面做直线往复运动或平面移动来实现张开或闭合，常用于夹持具有平行平面的工件，其结构较复杂，不如回转型夹持手应用广泛。

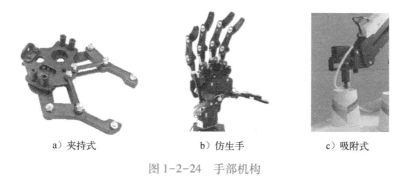

a）夹持式　　　　　　　b）仿生手　　　　　　　c）吸附式

图 1-2-24　手部机构

　　吸附式机械手是目前应用较多的一种执行器，特别是用于搬运机器人。该类执行器可分气吸和磁吸两类。气吸式机械手主要由吸持式装置组成，包含吸盘、吸盘架及进排气系统，利用吸盘内压力和大气压力差工作，而形成压力差的方式主要有真空吸附、气流负压吸附和挤压吸附。气吸式机械手结构简单、质量小、使用方便，主要应用于非金属材料（板材、纸张、玻璃等）或不可有剩磁的材料吸附，且要求物体表面平整光滑，无透气空隙。磁吸式机械手依靠永磁体或电磁铁的磁力吸附，基于此其可分为永磁式和电磁式。磁吸式机械手单位面积吸力大，对工件表面粗糙度、通孔、沟槽无特殊要求，但只对铁磁物体起作用，被吸工件存在剩磁、铁屑，致使其不能可靠地吸住工件，只适用于工件要求不高或有剩磁也无妨的场合，对不允许有剩磁的工件要禁止使用，所以磁吸式机械手的使用有一定的局限性。

仿生手可根据不同形状、不同材质的物体实施夹持和操作，物体表面受力均匀，可提高操作能力、灵活性和快速反应能力。根据仿生手的结构不同可分为柔性手和多指灵活手，其中柔性手的每个手指由多个关节串联而成。手指传动部分由牵引钢丝绳及摩擦滚轮组成，每个手指由两根钢丝绳牵引，一侧为握紧，另一侧为放松。驱动源可采用电动机驱动或液压、气动元件驱动。柔性手可抓取凹凸不平的外形并使物体受力较为均匀。多指灵活手是机器人的手爪和手腕模仿人手的最完美形式。多指灵活手有多个手指，每个手指有 3 个回转关节，每一个关节的自由度都是独立控制的。因此，能模仿完成人手各种复杂的动作，如拧螺钉、弹钢琴和做礼仪手势等。在手部可配置触觉、力觉、视觉和温度等传感器，使多指灵巧手更加智能。多指灵巧手的应用前景十分广泛，可在多种极限环境下完成人无法实现的操作，如核工业领域，宇宙空间作业，在高温、高压和真空环境下作业等。

1.2.4　机械结构设计实例

本节主要介绍如何通过 SolidWorks CAD 软件来制作一个结构件实例。整个结构围绕着 SolidWorks 应用程序的 3 种基本文件：零件、装配体和工程图展开，并将 SolidWorks 常用的操作和工具使用穿插其中加以简单介绍，更详细操作可参阅相关工具书籍。

1. SolidWorks 软件

SolidWorks 是一款机械自动化设计的软件，如图 1-2-25 所示。用户使用它能快速地按照其设计思路绘制草图，尝试运用多种模型特性与不同尺寸，生成模型和工程图。SolidWorks 三维机械设计软件发展至今已成为领先的、主流的三维 CAD 解决方案。该设计软件的最初目标是希望在每一个工程师的桌面上提供一套具有生产力的实体模型设计系统，在其强大的设计功能、丰富的组件和易学易用的操作协同作用下，整个产品设计百分之百可编辑，零件设计、装配设计和工程图之间全相关。

图 1-2-25　SolidWorks 的主界面

2. SolidWorks 基础知识

下面主要介绍用户界面、草图、特征、装配体、工程图和模型编辑等利用 SolidWorks 设计与制作实例时常用的基础知识。

（1）用户界面

SolidWorks 应用程序的用户界面包括工具和功能选择等，帮助高效率地生成和编辑模型。

1）Windows 功能。SolidWorks 应用程序采用了熟悉的 Windows 功能，例如拖动窗口和调整窗口大小，以及许多相同的 Windows 图标，例如打印、打开、保存、剪切和粘贴等。

2）SolidWorks 文档窗口。SolidWorks 文档窗口的管理器窗口主要包括 Feature Manager、Property Manager 和 Configuration Manager，如图 1-2-26 所示。

a）Feature Manager

b）Property Manager

c）Configuration Manager

图 1-2-26　SolidWorks2016 文档窗口

Feature Manager 用于设计零件、装配体或工程图的结构，如图 1-2-26a 所示。例如，从 Feature Manager 设计树中选择一个项目，以便编辑基础草图、编辑特征、压缩和解除压缩特征或零部件。

Property Manager 为草图、圆角特征、装配体配合等诸多功能提供设置，如图 1-2-26b 所示。

Configuration Manager 能够在文档中生成、选择和查看零件和装配体的多种配置，如图 1-2-26c 所示。例如，可以使用螺栓的配置设定不同的长度和直径。

3）功能选择和反馈。SolidWorks 应用程序可通过多种方式来选择不同功能并执行任务。当执行某项任务时，例如绘制实体的草图或应用特征，SolidWorks 应用程序还会给出反馈，例如指针、推理线、预览等。

通过菜单可访问所有 SolidWorks 命令，如图 1-2-27 所示。SolidWorks 菜单使用 Windows 惯例，包括子菜单、指示项目是否激活的复选标记等，还可以通过单击鼠标右键使用上下文相关快捷菜单。

使用工具栏可以访问 SolidWorks 功能，如图 1-2-28 所示。工具栏按功能进行组织，例

图 1-2-27　菜单

如草图工具栏或装配体工具栏。每个工具栏都包含用于特定工具的单独图标，例如旋转视图、回转阵列和圆。

图 1-2-28　工具栏

工具栏可以显示或隐藏、将它们停放在 SolidWorks 窗口的 4 个边界上，或者使它们浮动在屏幕上的任意区域。SolidWorks 软件可以记忆各个会话中的工具栏状态，也可以添加或删除工具以自定义工具栏。将鼠标指针悬停在每个图标上方时会显示工具提示。

Command Manager 是一个上下文相关工具栏（见图 1-2-29），它可以根据处于激活状态的文件类型进行动态更新。当单击位于 Command Manager 下面的选项卡时，它将更新以显示相关工具。对于每种文件类型，如零件、装配体或工程图，均为其任务定义了不同的选项卡。与工具栏类似，选项卡的内容是可以自定义的。例如，如果单击特征选项卡，会显示与特征相关的工具。也可以添加或删除工具以自定义 Command Manager。

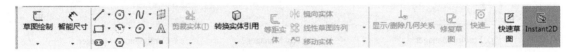

图 1-2-29　Command Manager

通过自定义的快捷栏（见图 1-2-30），可以为零件、装配体、工程图和草图模式创建自己的命令。要访问快捷栏，可以按下用户定义的键盘快捷键，默认情况下是〈S〉键。

当在图形区域中或在 Feature Manager 设计树中选择项目时，关联工具栏出现，如图 1-2-31 所示。通过它可以访问在这种情况下经常执行的操作。关联工具栏可用于零件、装配体及草图。

a）Feature Manager 设计树

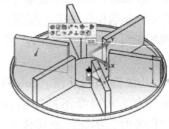

b）图形区域

图 1-2-30　快捷栏　　　　　　　　　图 1-2-31　关联工具栏

鼠标按键可以使用以下方法操作：左键，选择菜单项目、图形区域中的实体以及 Feature Manager 设计树中的对象；右键，显示上下文相关快捷菜单；中键，旋转、平移和缩放零件或装配体，以及在工程图中平移；鼠标笔势，要激活鼠标笔势，在图形区域中，按照命令所对应的笔势方向以右键拖拽。

当右键拖拽鼠标时，有一个指南出现，显示每个笔势方向所对应的命令，且指南会高亮显示即将选择的命令，如图 1-2-32 所示。

a）8种笔势的草图指南　　　　b）8种笔势的工程图指南

图 1-2-32　鼠标笔势

图形控标可在不离开图形区域的情形下，动态地拖拽和设置某些参数，还可以使用 Property Manager 来设置数值，如拉伸深度等，如图 1-2-33 所示。

（2）草图

草图是大多数三维模型的基础，如图 1-2-34 所示。通常，创建模型的第一步就是绘制草图，随后可以从草图生成特征。将一个或多个特征组合即生成零件。然后，可以组合和配合适当的零件以生成装配体。利用零件或装配体，就可以生成工程图。

草图指的是二维轮廓或横断面。用户可以使用基准面或平面来创建二维草图。除了二维草图，还可以创建包括 X 轴、Y 轴和 Z 轴的三维草图。创建草图的方法有很多种。所有草图都包含以下元素：原点、基准面、尺寸和几何关系等。

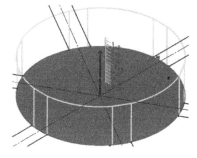

图 1-2-33　拉伸控标

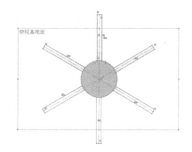

图 1-2-34　草图

（3）特征

完成草图以后，使用拉伸或旋转等特征来生成三维模型，如图 1-2-35 所示。有些基于草图的特征即各种形状，如凸台、切除、孔等。另外一些基于草图的特征（如放样和扫描）则使用沿路径的轮廓。而不基于草图的特征称为应用特征，其主要包括：圆角、倒角或抽壳等。之所以称它们为应用特征是因为要使用尺寸和其他特性将它们应用于现有几何体才能生成该特征。一般可通过基于草图的特征（如凸台和孔）生成零件，然后继续添加应用特征。

（4）装配体

装配体是多个相关零件的集合（见图 1-2-36），该 SolidWorks 文件的扩展名为 . sldasm。装配体最少可以包含两个零部件，最多可以包含超过 1000 个零部件。这些零部件可以是零件，也可以是称为子装配体的其他装配体。通过使用同心和重合等不同类型的配合，可以将多个零件集合为装配体。通过配合定义零部件允许的移动方向，以及借助于移动零部件或旋转零部件之类的工具，可以看到装配体中的零件如何在三维空间中关联运转。为确保装配体正确运转，可以使用碰撞检查等装配体工具。通过碰撞检查，可以在移动或旋转零部件时发现其与其他零部件之间的碰撞。

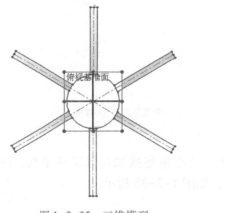

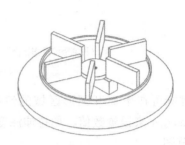

图 1-2-35　三维模型　　　　　　图 1-2-36　装配体

（5）工程图

工程图可以由零件或装配体模型生成。工程图提供有多个视图，如标准三视图和等轴侧视图等，如图 1-2-37 所示，还可以从模型文件导入尺寸并且添加工程图注解（如基准目标符号）等。

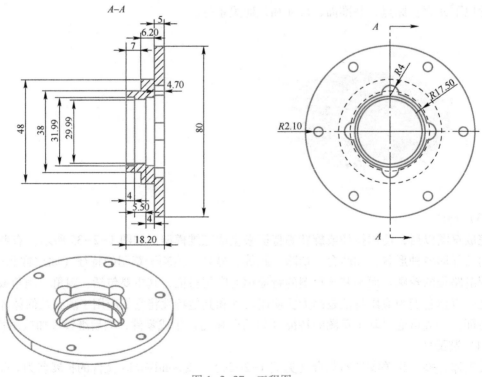

图 1-2-37　工程图

（6）模型编辑

使用 SolidWorks 的 Feature Manager 和 Property Manager 编辑草图、工程图、零件或装配体。还可以通过在图形区域中直接选择特征和草图来编辑它们。有了这种直观的方法，就不需要再知道特征的名称。编辑功能包括：

1）编辑草图。在 Feature Manager 设计树中可以选择一个草图并编辑它。例如，编辑草图实体、更改尺寸、查看或删除现有几何关系、在草图实体之间添加新几何关系或者更改尺寸显示的大小。还可以在图形区域中直接选择要编辑的特征。

2）编辑特征。在生成一个特征后，可以更改其大多数数值。使用编辑特征显示适当的Property Manager。例如，如果对边线应用等半径圆角，则会显示圆角 Property Manager，可以在其中更改半径。还可以通过双击图形区域中的特征或草图使尺寸显示出来，然后就地更改尺寸的方式来编辑尺寸。

3）隐藏和显示。对于某些几何体，例如单个模型中的多个曲面实体，可以隐藏或显示其中一个或多个曲面实体，也可以在所有文件中隐藏和显示草图、基准面和轴，在工程图中隐藏和显示视图、线条和零部件。

4）压缩和解除压缩。从 Feature Manager 设计树中可以选择任何特征，并压缩此特征以查看不包含此特征的模型。压缩某一特征时，该特征暂时从模型中移除，但没有删除，只是从模型视图中消失，然后可以将此特征解除压缩，以初始状态显示模型。也可以压缩和解除压缩装配体中的零部件。

5）退回。在处理具有多个特征的模型时，用户可以将 Feature Manager 设计树退回到先前的某个状态，如图 1-2-38 所示。移动退回控制条将显示至退回状态为止模型中存在的所有特征，直到用户将 Feature Manager 设计树返回至初始状态。退回功能可用于插入其他特征之前的一些特征、在编辑模型的同时缩短重建模型的时间或者学习以前如何生成模型。

3. 制作零件

零件是每个 SolidWorks 模型的基本组件。要生成的每个装配体和工程图均由零件制作而成。在本节中，将通过零件的制作过程介绍 SolidWorks 中一些常用工具的使用操作方法，通过此部分的学习可对 SolidWorks 的零件制作和常用工具的功能有大致的了解。

（1）圆形底座

制作圆形底座主要使用了 SolidWorks 的常用工具——拉伸。

首先，选择"新建"，创建新的 SolidWorks 文件，如图 1-2-39 所示。然后，选择"零件"，单击"确定"按钮，即完成一个新零件的创建。

图 1-2-38　退回功能　　　　　　　　　　　图 1-2-39　新零件的创建

在生成拉伸特征之前，需要先绘制草图。首先，选择"俯视基准面"；然后，在 Solid-Works 图形编辑区的右下角选择"CGS（厘米、克、秒）"，即确定尺寸单位为厘米、克、秒，如图 1-2-40a 所示。再到工具栏选择 ⊙，在上视基准面中，绘制半径为 10 cm、圆心坐标为（0，0）的圆；最后单击图形区域右上角的 ┗₄，完成草图绘制，如图 1-2-40b 所示。

绘制圆形草图之后，使用拉伸工具生成三维的圆底座特征。首先，选择"特征工具栏"的"拉伸凸台"命令，然后，单击要拉伸的圆，在 Property Manager 中输入深度为 1cm，选择拉伸方向为垂直于圆的方向；最后，单击图形编辑区右上角的 ✔，完成拉伸草图在垂直于草图基准面的方向拉伸 1 cm，此模型的等轴侧视图如图 1-2-40c 所示。

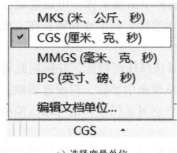 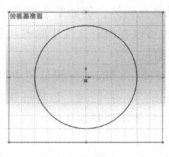 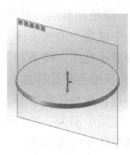

a）选择度量单位 b）绘制草图圆 c）圆形底座的等轴侧视图

图 1-2-40　绘制圆形底座

（2）电动机模型

电动机模型的制作与上述圆形底座的制作过程类似，只是草图形状有所不同，主要也使用了 SolidWorks 的拉伸凸台操作。

首先，建立新的零件文件；然后，选择"俯视基准面"，选择单位为"CGS"，再到工具栏选择 ▭，绘制宽 1.5 cm、长 3.5 cm 的矩形草图。同样，使用拉伸凸台操作，将矩形草图在垂直于草图基准面的方向拉伸 2 cm，完成电动机模型机体的制作。

电动机主体制作完成后，同样利用拉伸操作完成电动机轴的制作。首先，选择电动机主体的顶部面，再到工具栏选择 ⊙，绘制半径为 0.15 cm 的圆形草图；然后，使用拉伸凸台操作，将圆形草图在垂直于草图基准面的方向拉伸 0.4 cm，完成电动机轴的制作，如图 1-2-41 所示。

图 1-2-41　电动机模型的等轴侧视图

（3）载物架

载物架的制作除了使用了 SolidWorks 的拉伸凸台工具，还有线性阵列、放样凸台和切除拉伸，如图 1-2-42 所示。

 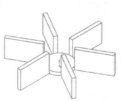 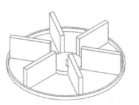 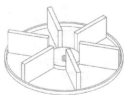

a）拉伸凸台 b）拉伸凸台和线性阵列 c）放样凸台 d）切除拉伸

图 1-2-42　载物架设计方法

载物架的具体制作过程如下。

1）制作中心圆盘基座。首先，选择上视基准面的原点为圆心，绘制半径为 2 cm 圆形草图；然后，利用拉伸凸台将圆形草图在垂直于草图基准面的方向拉伸 0.5 cm，完成中心圆盘基座的制作，如图 1-2-42a 所示。

2）制作载物隔挡。首先，选择上视基准面的圆形草图，以坐标为（0，0.5）的边界为切点绘制 5 cm×0.5 cm 的矩形草图，再利用线性阵列中的圆周线性阵列将矩形间隔 60°旋转，完成 6 个矩形环绕圆形的草图；然后，利用拉伸凸台将 6 个矩形草图在垂直于草图基准面的方向拉伸 2.5 cm，完成载物隔挡的制作，如图 1-2-42b 所示。

3）制作载物围栏。首先，选择中心圆盘基座的上下两个圆面所在基面，分别绘制半径为 7 cm 同心圆草图；然后，选中两个同心圆为轮廓，利用放样凸台工具设置薄壁特征为 0.2 cm，完成载物围栏的制作，如图 1-2-42c 所示。

4）制作中心圆盘基座插孔。首先，选择中心圆盘基座的顶部圆面的圆心，在其所在基面绘制半径为 0.25cm 同心圆草图；然后，选中此同心圆，利用切除拉伸，选择切除方向为成形到顶点，完成中心圆盘基座插孔的制作，如图 1-2-42d 所示。

4. 组建装配体

上述的圆盘底座、电动机模型和载物隔挡 3 个零件制作完成后，则可利用 SolidWorks 的组装文件将其装配在一起生成装配体。

（1）新建装配体文件

首先，新建 SolidWorks 文件，选择装配体，如图 1-2-43 所示；然后，添加上述 3 个零件，并根据最终装配结果预先排列其大致位置。

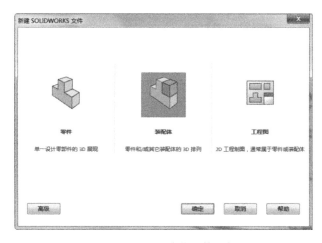

图 1-2-43　新建装配体文件

（2）装配零件

零件加载完毕后，根据预期装配结果依次装配各零件。本节装配上述 3 个零件的具体过程如下：①装配电动机模型和圆盘底座。首先，固定圆盘底座；然后，选中圆盘底座的上顶面和电动机机体的底面，利用重合配合工具将电动机模型放置于圆盘底座上；再选中电动机轴顶的圆心和圆盘底座的圆心，利用同心配合工具将电动机模型置于圆盘底座的中心。②将载物圆盘装配在第①步装配的结果上。首先，选中载物圆盘的插口上截面和电动机轴的上截面，利用同心配合工具使得载物盘与电动机轴同轴；然后，选中载物架中心圆盘的上截面与电动机轴的上截面，利用重合配合工具将载物圆盘装配至电动机轴上，至此，3 个零件的装配完毕，如图 1-2-44 所示。

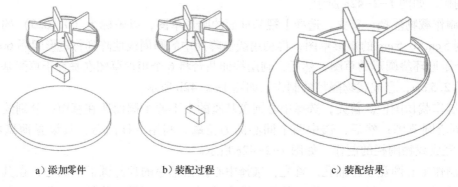

a）添加零件　　　　　　b）装配过程　　　　　　c）装配结果

图 1-2-44　零件的装配

装配体完成后，即可另存为 .stl 文件（见图 1-2-45），发送至 3D 打印机可打印装配体模型。

图 1-2-45　装配体另存为 .stl 文件

5. 生成工程图

SolidWorks 可为设计的实体零件和装配体建立工程图。零件、装配体和工程图是互相链接的文件，即对零件或装配体所做的任何更改会使得工程图文件对应变更。本节以上一节组建的装配体为例生成其工程图。

（1）创建新的工程图文件

创建新的工程图文件的具体操作过程如下。

1）单击"新建▯"（标准工具栏），或单击"文件"→"新建"。

2）在新建 SolidWorks 文档对话框中，单击"工程图"（见图 1-2-46），然后单击"确定"按钮。

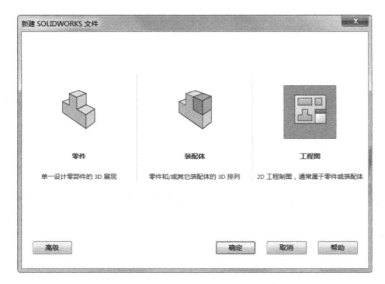

图 1-2-46　新建 SolidWorks 工程图文件

（2）设置绘图标准和单位

在开始绘制工程图之前，需设置文件的绘图标准和测量单位，其具体操作如下。

1）单击"选项 ⚙"（标准工具栏），或者单击"工具"→"选项"。

2）在对话框中，选择"文档属性"选项卡。

3）在"文档属性"→"绘图"标准对话框的"总绘图标准"中，选择"ISO"。

4）在"文档属性"→"单位"对话框的"单位系统"，选择"CGS"，将测量单位设置为厘米、克、秒，如图 1-2-47 所示，然后单击"确定"按钮。

（3）插入标准三视图

利用标准三视图工具生成零件或装配体的 3 个相关的正交视图，其具体操作过程如下。

1）单击"标准三视图 🔠"（工程图工具栏），或单击"插入"→"工程视图"→"标准三视图"。

2）在标准三视图 Property Manager 中要插入的零件/装配体下，单击"浏览"，选择上一节建立的装配体，然后单击"确定"按钮。

上一节建立的装配体的标准三视图出现在该工程图中，且视图采用前视、上视和左视方向，如图 1-2-48 所示。

（4）插入等轴测模型视图

插入模型视图时，可以选择要显示的视图方向。本节选择插入装配体的一个等轴测模型视图，如图 1-2-49 所示。

1）单击"模型视图 🖼"（工程图工具栏），或单击"插入"→"工程视图"→"模型"。

2）在模型视图 Property Manager 中要插入的零件/装配体下，选择装配体并双击。

3）在 Property Manager 中：①在方向下单击"＊等轴测 🔷"；②在显示样式下单击"带边线上色 🧊"。

图 1-2-47　文档属性对话框

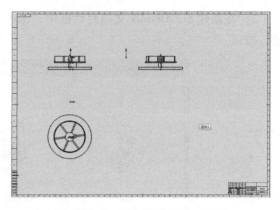

图 1-2-48　装配体的标准三视图

4）在图形区域中，在图纸的右下角单击以放置此工程视图，然后单击 ✔。

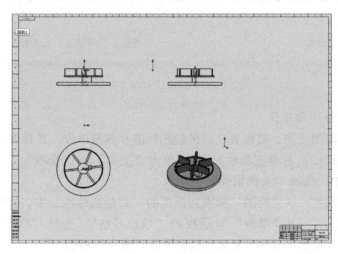

图 1-2-49　插入等轴侧视图的工程图

（5）给工程视图标注尺寸

在此过程中，使用 SolidWorks 的自动标注尺寸给工程视图标注尺寸，如图 1-2-50 所示。

1）单击"智能尺寸 ✦"（尺寸/几何关系工具栏），或单击"工具"→"尺寸"→"智能"。

2）在尺寸 Property Manager 中：

① 选定自动标注尺寸选项卡；

② 在要标注尺寸的实体下，单击"所选实体"；

③ 在水平尺寸下，选择"视图以上"；

④ 在竖直尺寸下，选择"视图左侧"。

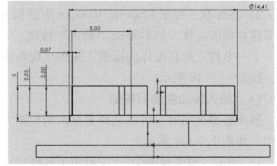

图 1-2-50　前视图已标注尺寸

3）在图形区域的前视图中，在工程视图边界（虚线）与工程视图之间的空白处单击。

4）在 Property Manager 中，单击 ✔，则完成工程视图标注尺寸。

1.2.5　3D 打印

1. 3D 打印概述

通过 SolidWorks 等机械设计软件完成机器人结构件设计后，可使用 3D 打印机快速制作出结构件实物，进行结构件的初步测试，可及时发现问题并改进设计。

3D 打印技术始于 20 世纪 90 年代中期，日常生活中使用的普通打印机可以打印计算机设计的二维图形，而所谓的 3D 打印机与普通打印机工作原理基本相同，只是打印材料有些不同，普通打印机的打印材料是墨水和纸张，而 3D 打印机运用可黏合的材料（主要包括光敏树脂材料、工程塑料、金属材料、陶瓷材料、生物材料、橡胶材料、砂石材料、石墨烯材料、纤维素材料等），通过逐层堆叠累积的方式来构造物体，最终形成计算机设计的三维实物，这项打印技术称为 3D 打印技术。该技术在工业设计、土木工程、汽车、航空航天、医疗、教育等领域都有广泛应用。3D 打印机就是可以"打印"出真实的三维物体的一种设备，比如打印机器人、玩具车、各种模型等。之所以通俗地称其为"打印机"是参照了普通打印机的技术原理，因为分层加工成型的过程与喷墨打印十分相似。下面以常见的 FDM（热熔堆积固化成型法）3D 打印机为例，介绍如何通过 3D 打印机将机械设计文件打印制作成实物。

2. 3D 打印步骤

通过 3D 打印机制作实物一般过程如下：使用 CAD 等建模软件来创建物品的三维立体模型，然后通过数据线、SD 卡或 U 盘等方式将模型文件传送到 3D 打印机中，进行打印设置后，最后打印出三维实物。

3D 打印的具体步骤如下。

（1）建模

3D 建模通俗来讲，就是通过三维制作软件在虚拟三维空间中构建出具有三维数据的模型，并保存为 STL、OBJ、AMF、3MF 等格式的 3D 打印文件，其中 STL 和 OBJ 格式最为常用。例如，打印一辆汽车，则需要有汽车的 3D 打印模型。目前常用的获取 3D 模型的方法如下。

1）网络下载模型：现在网上有较多的 3D 模型网站，通过这类网站可以下载到各种各样的 3D 模型，而且多数模型无须再编辑即可直接 3D 打印。

2）逆向 3D 建模：逆向 3D 建模是利用 3D 扫描仪对实物进行扫描，得到能精确描述物体等三维结构的一系列坐标数据，然后加工修复，最后将其输入 3D 软件中即可得到物体的3D 模型。

3）软件建模：目前，市场上有较多的 3D 建模软件，比如 AutoCAD、SolidWorks 等第三方 3D 建模软件，以及部分 3D 打印机厂商提供的 3D 模型制作软件。3D 建模软件具体可细分为机械设计软件（如 UG、Pro/E、CATIA、SolidWorks 等）、工业设计软件（如 Rhino、Alias 等）、CG 设计软件（如 3DMAX、MAYA、Zbrush 等）。通过 3D 建模软件可对实物进行3D 建模，大大简化了产品设计以及 3D 打印工作。

（2）切片处理

切片处理是指将 3D 模型分成厚度相等的多层结构（见图 1-2-51），分好的层将是 3D 打印的路径。分层的厚度决定了 3D 打印的精度，一般厚度为 $100\,\mu m$，即 0.1mm。切片处理是 3D 模型和 3D 打印机之间的中间驱动和路径规划以及计算环节。通过切片软件（主要有

Simplify3D、Cura、Flashprint 等）即可得到 Gcode 格式的切片文件，部分软件不具备通用性，需要结合具体的打印机选择。

（3）打印过程

启动 3D 打印机，通过数据线、SD 卡等方式将 Gcode 切片文件传送给 3D 打印机，同时，装入 3D 打印材料，调试打印平台，设定打印参数，然后打印机开始工作，打印材料会逐层地打印出来，层与层之间通过特殊的胶水进行黏合，并按照横截面将图案固定住，最后一层一层叠加起来，就完成了一个立体物品的打印。经过分层打印、层层黏合、逐层堆砌，一个完整的物品就被打印出来。

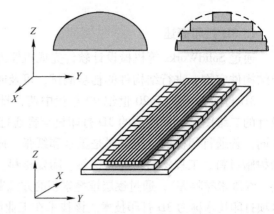

图 1-2-51　切片处理示意图

（4）后期处理

3D 打印完成之后，为提高模具成型强度及延长保存时间，需要将打印的物品静置一段时间，使得成型的切片和黏结剂之间通过交联反应、分子间作用力等作用固化完全。此外，为满足个性化需求，3D 打印物品的后期处理主要包括抛光和上色。

3D 打印出来的物品表面有时会因模型设计或打印材料等问题造成其表面比较粗糙，此时需要进行表面抛光。此外，抛光后的物品也更易于后续的上色处理。常见的抛光方法主要有砂纸打磨、表面喷砂和蒸汽平滑。

彩色 3D 打印技术自 2005 年问世以来，为广大用户提供了许多全新设计和制造解决方案，但从其目前市场推广来看，彩色 3D 打印对于普通用户来说依然有较高的门槛，而要让 3D 打印的单色模型更具表现力，则需要对打磨后的模型进行上色处理，上色方法主要有手工上色、浸染上色、喷漆上色、电镀上色和纳米喷镀上色。

1.3　电路设计

机器人的运动不仅需要机械结构的支持，还需要相应的电路驱动来完成具体工作。本节重点介绍机器人的供电方式、驱动系统以及常用的电路接口等电路设计。

1.3.1　机器人的电源系统

机器人的电源系统是为机器人上所有控制子系统、驱动及执行子系统提供电源的部分。通常小型或微型机器人采用直流电压源作为电源；又因为机器人大多要移动，所以本节重点介绍和对比当今常见的锂电池、直流稳压电源及其充电装置。

1. 机器人供电方式

机器人常见的供电方式有电缆供电方式、发电机供电方式和电池供电方式，下面对每种供电方式进行具体介绍。

（1）电缆供电方式

电缆供电方式主要用于功率较大的机器人。对于大功率机器人系统，其电缆的直径一般较粗，电源线的数量也较多，同时，控制信号线的数量也比较多。自治移动式机器人，在较小的或限定的范围内移动，或在实验室内实验时，也可由电缆提供电动力，实现驱动。
图 1-3-1 为电缆供电方式的水下机器人。

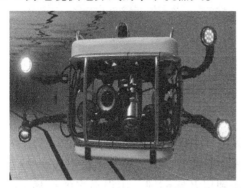

图 1-3-1 电缆供电的水下机器人

（2）发电机供电方式

发电机供电方式，如汽油机和柴油机，一方面，可直接作为动力源驱动机器人运动；另一方面，又可以带动发电机发电，为机器人提供电能。在一般环境中移动的机器人，可采用汽油机或柴油机驱动发电机，再通过电缆为电动机器人提供动力。

例如，在消防系统中，由发动机带动发电机的专用电源车，既为照明系统提供电源，又为灭火机器人和搜救机器人提供电动力。这时，机器人随电源车一起移动，电源车的电源通过电缆向机器人输送电动力。

（3）电池供电方式

移动机器人的一般供电方式为电池供电。常用的电池为锂电池。下面重点介绍锂电池相关内容。图 1-3-2 为锂电池供电的机器人。

a）轮式机器人　　　　　　　　　　　　　　　b）足式机器人

图 1-3-2　锂电池供电的轮式和足式机器人

2. 锂电池

移动机器人供电目前使用最多的供电电池是可充电、重复使用的锂电池，如图 1-3-3 所示。

所谓锂电池是指分别用两个能可逆地嵌入和脱嵌锂离子的化合物作为正负极构成的二次电池。人们将这种靠锂离子在正负极之间的转移来完成电池充放电工作的，拥有独特机理的锂离子电池形象地称为"摇椅式电池"，俗称"锂电"。

按外形锂电池可分为方型锂电池和柱形锂电池；按外包材料锂电池可分为铝壳锂电池、钢壳锂电池、软包电池；按正负极材料（添加剂）锂电池可分为：钴酸锂电池或锰酸锂、磷酸铁锂电池，一次性二氧化锰锂电池；锂电池还分为不可充电和可充电两类。

图 1-3-3　锂电池

锂电池一般包括：正极、负极、电解质、隔膜、正极引线、负极引线、中心端子、绝缘材料、安全阀、密封圈、正温度控制端子、电流切断装置、电池壳及电极引线。

目前较为常用的锂电池材料有钴酸锂、镍酸锂以及锰酸锂。用得最多的材料是钴酸锂，其循环性能好，制造也方便，缺点是钴化合物价格较贵。镍酸锂因为性质不稳定，制造困难，通常用得较多的是钴酸锂掺杂镍的化合物，又称镍钴酸锂。锰酸锂也是非常好的材料，但由于在高温下锰酸锂的衰减比较快等，目前应用多数还停留在实验室阶段。

锂电池的结构主要分卷绕式和层叠式两大类。液态锂电池采用卷绕结构，聚合物锂电池则两种都有。卷绕式将正极膜片、隔膜、负极膜片依次放好，卷绕成圆柱形或扁柱形，主要以 SANYO、TOSHIBA、SONY、ATL 为代表。层叠式则以正极、隔膜、负极、隔膜、正极这样的方式多层堆叠。将所有正极焊接在一起引出，负极也焊在一起引出，主要以 ATL 为代表。锂电池的结构如图 1-3-4 所示。

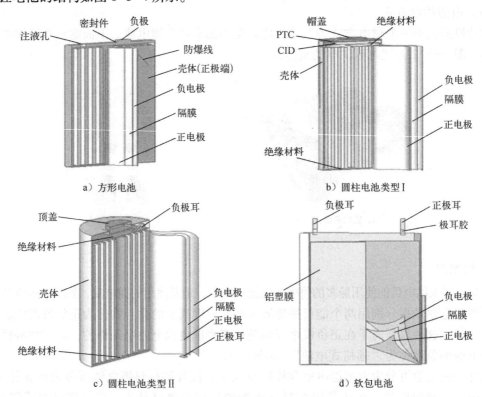

图 1-3-4　锂电池常见的结构图

锂电池和普通电池相比具有很多优点：能量比较高，具有高储存能量密度，目前已达到460~600 W·h/kg，是铅酸电池的 6~7 倍；使用寿命长，可达到 6 年以上；额定电压高（单体工作电压为 3.7 V 或 3.2 V），约等于 3 只镍镉或镍氢充电电池的串联电压，便于组成电池电源组；具备高功率承受力，其中电动汽车用的磷酸亚铁锂锂离子电池可以达到 15~30C 充放电的能力，便于高强度地起动加速；自放电率很低，这是该电池突出的优越性之一，并且无记忆效应；质量小，相同体积下质量为铅酸产品的 1/6~1/5；高低温适应性强，可以在 -20~60℃ 的环境下使用，经过工艺上的处理，可以在 -45℃ 环境下使用；绿色环保，不论生产、使用和报废，都不含有、也不产生任何铅、汞、镉等有毒有害重金属元素和物质。

锂电池（Lithium Battery）虽然有能量比高、寿命长、质量小、自放电率低等优点，但是在长时间的使用过程中往往出现如电池端电压不均匀（主要是对锂电池组）、电池壳变形、电解液渗漏、容量不足、无法充电、发热、甚至燃烧、爆炸等现象，为通信安全、使用人身安全带来隐患。锂电池性能下降原因是，对于通信用磷酸铁锂电池长期浮充，造成锂离子的失散，有机电解液的减少；均充频繁，造成有机电解液的干涸，加快正负极板栅腐蚀；大电流放电或过放电，造成极板变形、反应激烈等，导致电池容量降低甚至失效，给通信安全带来隐患。由于锂电池的电解液是有机液体，再加上电解质锂金属非常活跃，因此电池必须密封。由于是密封状态，在使用中会出现破裂、甚至燃烧、爆炸等现象。这也是锂电池特有的故障现象。

以上是锂电池的工作原理、分类、结构及使用过程中容易出现的现象等，然而在使用过程中重点关注的则是以下内容。

（1）锂电池的主要参数

1）电池容量：电池的容量由电池内活性物质的数量决定，通常用毫安时（mA·h）或者（A·h）表示。例如 1000 mA·h 就是能以 1 A 的电流放电 1 h。

2）标称电压：电池正负极之间的电动势差称为电池的标称电压。标称电压由极板材料的电极电位和内部电解液的浓度决定。一般情况下单元锂离子电池为 3.7 V、磷酸铁锂电池为 3.2 V。通常情况下，机器人供电电池由单节锂电池串联而成，一般两节单节锂电池串联而成的电池为 2S 电池，3 节单节锂电池串联而成的电池为 3S 电池，4 节单节锂电池串联而成的电池为 4S 电池，依次类推。

3）充电终止电压：可充电电池充足电时，极板上的活性物质已达到饱和状态，再继续充电，蓄电池的电压也不会上升，此时的电压称为充电终止电压。锂离子电池为 4.2 V、磷酸铁锂电池为 3.55~3.60 V。

4）放电终止电压：放电终止电压是指蓄电池放电时允许的最低电压。放电终止电压和放电率有关，一般来讲单元锂离子电池为 2.7 V、磷酸铁锂电池为 2.0~2.5 V。

5）电池内阻：电池的内阻由极板的电阻和离子流的阻抗决定，在充放电过程中，极板的电阻是不变的，但离子流的阻抗将随电解液浓度和带电离子的增减而变化。一般来讲单元锂离子电池的内阻为 80~100 mΩ、磷酸铁锂电池小于 20 mΩ。

6）自放电率：是指在一段时间内，电池在没有使用的情况下，自动损失的电量占总容量的百分比。一般在常温下，锂离子电池自放电率为每月只有 5%~8%。

（2）锂电池的正确使用方法

锂电池使用时一定要按照标准的时间和程序充电，即使是前3次也要如此进行。当出现锂电池电量过低提示时，应该尽量及时开始充电，一定不可以完全用光再充电。充电时间不能过长，切勿长时间充电，时间长了会严重影响电池寿命和发生危险。如果长期不使用时，应将锂电池取出，置于阴凉干燥处。切不要进行冷冻，避免水气侵蚀，避免放在高温的环境内使用。如长时间保存，可每隔3~6个月充电1次，将电池充到40%后放置。

（3）锂电池的接插口（T、T60等）

锂电池选用时要注意锂电池接插口的一致性，每次选用的接插口必须型号一致才能使用，型号分别有T口（见图1-3-5）、T60口（见图1-3-6）、T90口、品字形（见图1-3-7）等，如果接口不一致，需要使用转换头（见图1-3-8）转换。

图1-3-5 T型头公母一对

图1-3-6 T60公母一对

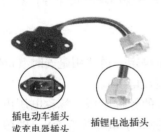

插电动车插头
或充电器插头　　插锂电池插头

图1-3-7 品字形公插头

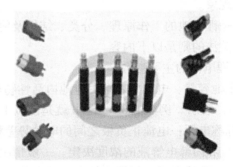

图1-3-8 转换头

3. 直流稳压电路

机器人在行走时，为了行走稳定可控，一般要求在供电系统里增加稳压电路，保证机器人工作电压始终保持不变。稳压的调整方法有很多，下面列举的是几种最常见的方法。

（1）稳压二极管构成的稳压电路

稳压二极管是一种简单经济的电压调整元件。可以使用稳压二极管给电流消耗不大的电路（一般为1A或者2A）进行稳压。在稳压二极管中，平常状态下是没有电流通过的，只有电压达到一定数值时二极管才开始导通。使二极管导通的电压称为击穿电压。稳压二极管有多种电压规格，比如3.3V、5.1V、6.2V等。5.1V的稳压电路非常适合使用5V电压的电路。稳压二极管的标定有1%和5%两种误差。如果需要精确的稳压，需要选用误差为1%规格的二极管。

它们还有自己的额定功率，单位是W。在低电流应用的场合，功率为0.25W或0.5W的稳压二极管就可以满足要求了。高电流的场合则需要1W、5W甚至10W的二极管。

图 1-3-9 中的电阻，限制了流过稳压管的电流。

在计算电阻值时，首先需要知道电路的最大电流消耗，可使用下面的计算方法。

1）计算输入电压与稳压二极管的额定电压之间的电压差。举例说明，假定输入电压是 7.2 V，使用的是 5.1 V 的稳压二极管，则电压差为 7.2 V−5.1 V=2.1 V。

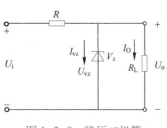

图 1-3-9　稳压二极管
构成的稳压电路

2）确定电路的电流消耗。为了使稳压管可靠工作，电流需要增加一倍的余量。举例说明，电路的电流消耗量是 100 mA，那么电流应该为 0.1 A×2=0.2 A。

3）通过电压差和电流消耗确定分流电阻的阻值。2.1 V/0.2 A=10.5 Ω，阻值最接近的是标准的 10 Ω 电阻，这个阻值已经足够满足实际需要了。

4）确定电阻的功率。用第 1）步中电压差的二次方乘以确定的电流消耗算出电阻的功率。2.1 V×0.2 A=0.42 W，电阻功率常以分数形式来表示：1/8 W、1/4 W、1/2 W、1 W、2 W 等。按照等于或者大于计算值的标准来确定电阻功率，在本例中，确定的电阻功率为 1/2 W。

5）最后确定稳压二极管的耗散功率。用电路的电流消耗乘以稳压管的额定电流：0.2 A×5.1 V=1.02 W，需要使用功率不小于 1 W 的稳压二极管。

（2）线性稳压器构成的稳压电路

与稳压二极管相比，固定线性稳压器使用起来更加灵活，同时它们的价格相对来说也不贵。这种元件非常常见，有多种规格和输出特性可供选择。两种最常见的稳压器是 78×× 和 79××，分别输出正负 ×× V 的电压。需要将它们的正极和负极（或地线）按如图 1-3-10 所示那样连接到电路中。按照惯例，还需要在输入、输出与地线之间接入一些电容器，这些电容器起到滤波作用。

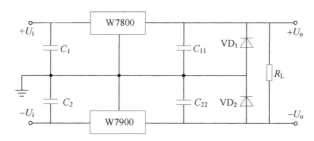

图 1-3-10　线性稳压器构成的稳压电路

（3）集成式直流稳压模块

稳压模块在选用时要注意输出电压、输入电压和最大输出电流参数（以 LM2596 为例），如图 1-3-11 所示。

1）直流输入：直流 3~40 V（输入电压必须比输出电压高 1.5 V 以上）。

2）直流输出：直流 1.5~35 V 电压连续可调，高效率最大输出电流为 3 A。

4. 充电装置

电池按使用情况可分为一次电池和两次电池。一次电池：指无法进行充电，仅能放电的电池，但一次电池容量一般大于同等规格充电电池。二次电池：指可以反复充电再循环的电池，如铅酸、锂离子、锂聚合物、燃料电池等。电池的充电装置总共分为两个部分：电源部

图 1-3-11　集成式直流稳压模块

分和充电器部分。电源按稳压对象可分为直流稳压电源和交流稳压电源。直流稳压电源输出电压为直流量，交流稳压电源输出为交流量，这两种电源都是用交流供电。由于对电池充电需要的是直流电压，电源的输出电压应为直流，因此选用的电源为直流稳压电源。直流稳压电源一般由变压、整流、滤波和稳压4个电路部分组成。电池充电器是伴随着充电电池的发展而发展的，目前电池充电器多采用专用充电IC，采用专用充电IC的优势很突出，由于移动机器人供电主要采用锂电池，故本节重点介绍锂电池充电装置的技术参数及种类。

锂电池充电器是专门用来为锂离子电池充电的充电器。锂离子电池对充电器的要求较高，需要保护电路，所以锂电池充电器通常都有较高的控制精密度，能够对锂离子电池进行恒流恒压充电。一般情况下，锂电池充电器建议选用成品充电器。

（1）充电器技术参数

输入电压：100~240 V；输入频率：50~60 Hz；单节锂电池充电电压：4.2 V。

（2）常见锂电池充电器种类

1）B3充电器：B3充电器（见图1-3-12），一般也叫简易充电器，可以充2S电池（7.4 V，即两节单节大小为4.2 V锂电池串联而成的电池）或者3S电池（11.1 V，即3节单节大小为4.2 V锂电池串联而成的电池）。每次只允许插入一种电池。

2）B6充电器：B6充电器（见图1-3-13）可为2S/3S/4S充电，但每次也只允许插入一种电池。

图 1-3-12　B3 充电器　　　　　　　　　图 1-3-13　B6 充电器

1.3.2　机器人驱动器系统

机器人驱动器是用来使机器人发出动作的动力机构。机器人驱动器可将电能、液压能和气压能转化为机器人的动力。该部分的作用相当于人的关节及肌肉。

1. 驱动器种类

驱动器主要有电动力驱动器、油动力驱动器、液压驱动器和气动驱动器等。电动力驱动器，或称为电驱动系统（Electric Actuator），是以电动机为驱动器的动力系统，如步进电动机、直流电动机、交流电动机；油动力驱动器，如汽油机、柴油机，可满足大功率和高旋转速度的要求，美国的 BigDog 就采用了油动力驱动器，飞行机器人也往往采用油动力系统；液压驱动器（液动力驱动系统），特点是转矩重量比大，即单位重量的输出功率高，适用于重载移动式机器人；气动驱动器（气动力驱动系统），动力源于压缩空气，可实现位置控制、力控制，如真空吸盘可充当机器人的手。

在机器人设计与制作中，由于使用较多的是电动力驱动器，接下来将详细介绍电动机、舵机、步进电动机这几种常用的电动力驱动器。

2. 电动机

（1）电动机的基本介绍

电动机是一种旋转式电动机器，它将电能转变为机械能，主要包括一个用以产生磁场的电磁铁绕组或分布的定子绕组和一个旋转电枢或转子。在定子绕组旋转磁场的作用下，其在电枢鼠笼式铝框中有电流通过并受磁场的作用而使其转动。这些机器中有些类型可作电动机用，也可作发电机用。通常电动机的做功部分做旋转运动，这种电动机称为转子电动机；也有做直线运动的，称为直线电动机。电动机能提供的功率范围很大，从毫瓦级到千瓦级。机床、水泵，需要电动机带动；电力机车、电梯，需要电动机牵引；家庭生活中的电扇、冰箱、洗衣机，甚至各种电动玩具都离不开电动机。电动机已经应用在现代社会生活中的各个方面。

（2）电动机的分类

按工作电源种类划分，电动机可分为直流电动机和交流电动机。

直流电动机按结构及工作原理可分为无刷直流电动机和有刷直流电动机；交流电动机可分为同步电动机和异步电动机。

（3）电动机的型号及参数

1）电动机型号：电动机型号是便于使用、设计、制造等部门进行业务联系和简化技术文件中产品名称、规格、型式等叙述而引用的一种代号。产品代号由电动机类型代号、特点代号和设计序号三个小节顺序组成。电动机类型代号：Y 表示异步电动机；T 表示同步电动机。电动机特点代号表征电动机的性能、结构或用途而采用的汉语拼音字母，如防爆类型的 EXE（增安型）、EXB（隔爆型）、EXP（正压型）等。设计序号用中心高、铁心外径、机座号、凸缘代号、机座长度、铁心长度、功率、转速或级数等表示。

例如，Y2-160 M1-8。其中 Y 表示机型为异步电动机；2 为设计序号，表示在第一次基础上改进设计的产品；160 为中心高，是轴中心到机座平面高度；M1 为机座长度规格，M 是中型，其中脚注"1"是 M 型铁心的第一种规格，而"2"型比"1"型铁心长。8 为极数，指 8 极电动机。

2）电动机的铭牌数据及额定值：型号表示电动机的系列品种、性能、防护结构形式、转子类型等产品代号；功率表示额定运行时电动机轴上输出的额定机械功率，单位为 kW；电压表示直接接到定子绕组上的线电压（V），电动机有 Y 和 △ 联结两种接法，其接法应与电动机铭牌规定的接法相符，以保证与额定电压相适应；电流表示电动机在额定电压和额定频率下，输出额定功率时定子绕组的三相线电流；频率指电动机所接交流电源的频率，我国规定为 50 Hz±1 Hz；转速指的是电动机在额定电压、额定频率、额定负载下，电动机每分钟的转速（r/min）；工作定额指电动机运行的持续时间。

（4）直流电动机

目前使用较多的机器人的驱动器主要是直流电动机，下面重点介绍直流电动机相关内容。

输出或输入为直流电能的旋转电动机，称为直流电动机，它是能实现直流电能和机械能互相转换的电动机。当它作电动机运行时是直流电动机，将电能转换为机械能。图1-3-14为常见的直流电动机。

图1-3-14　直流电动机

直流电动机要实现机电能量变换，电路和磁路之间必须有相对运动。所以旋转电动机具备静止和旋转两大部分。静止和旋转部分之间有一定大小的间隙，称为气隙。静止的部分称为定子，作用是产生磁场和作为电动机的机械支撑，包括主磁极、换向极、机座、端盖、轴承、电刷装置等。旋转部分称为转子或电枢，作用是感应电动势实现能量转换，包括电枢铁心、电枢绕组、换向器、轴和风扇等。直流电动机里面固定有环状永磁体，电流通过转子上的线圈产生安培力，当转子上的线圈与磁场平行时，再继续旋转受到的磁场方向将改变，因此此时转子末端的电刷与转换片交替接触，从而线圈上的电流方向也改变，产生的洛伦兹力方向不变，所以电动机能保持一个方向转动。

直流发电机的工作原理就是把电枢线圈中感应的交变电动势，靠换向器配合电刷的换向作用，使之从电刷端引出时变为直流电动势。感应电动势的方向按右手定则确定（磁感线指向手心，大拇指指向导体运动方向，其他四指的指向就是导体中感应电动势的方向）。导体受力的方向用左手定则确定。这一对电磁力形成了作用于电枢一个力矩，这个力矩在旋转电动机里称为电磁转矩，转矩的方向是逆时针方向，企图使电枢逆时针方向转动。如果此电磁转矩能够克服电枢上的阻转矩（如由摩擦引起的阻转矩以及其他负载转矩），电枢就能按逆时针方向旋转起来。

直流电动机的接口一般包含：VCC、GND和信号口（用于调速），正常情况下只要上电就能工作，工作电压大小和电动机转动速度有一定的关系，如果不需调速，使用时直接将直流电动机的正负极接到电源的正负极即可。电动机可以实现正传和反转，正反转取决于电源的供电（+或者-）。电动机的速度可以通过数字电位器或者PWM波等方式实现调速。但是直流电动机工作一般需要大功率，而普通单片机输出口的电流较小，输出的功率较小，不能驱动电动机工作，所以一般在使用电动机时要加入电动机驱动电路。

电动机驱动电路常见的有：晶体管驱动电路、桥式电路和集成驱动器。

（1）晶体管驱动电路

晶体管驱动电路的原理较为简单，利用了晶体管可以实现放大的功能，设计相应的驱动电路，驱动电动机工作，如图 1-3-15 所示。

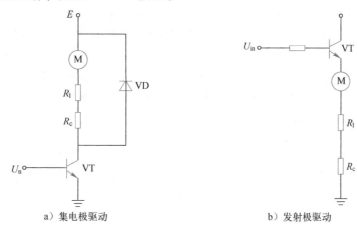

a）集电极驱动　　　　　　　　　　b）发射极驱动

图 1-3-15　晶体管驱动电路

（2）桥式电路

桥式电路，又称 H 型电动机驱动电路，因为它的形状酷似桥而得名，H 桥式驱动电路包含四个晶体管和一个直流电动机。要使电动机运转，必须接通对角线上的一对晶体管。根据不同晶体管对的导通情况，电流可能会从左到右或者从右到左流过电动机，从而控制电动机的转动方向，如图 1-3-16 所示。

（3）集成驱动器

L298N 集成驱动器是 ST 公司生产的一种高电压、大电流电动机驱动芯片。该芯片采用 15 脚封装。

主要特点如下：工作电压高，最高工作电压可达 46 V；输出电流大，瞬间峰值电流可达 3 A，持续工作电流为 2 A；额定功率为 25 W。内含两个 H 桥的高电压大电流全桥式驱动器，可以用来驱动直流电动机和步进电动机、继电器线圈等感性负载；采用标准逻辑电平信号控制；具有两个使能控制端，在不受输入信号影响的情况下允许或禁止器件工作，有一个逻辑电源输入端，使内部逻辑电路部分在低电压下工作；可以外接检测电阻，将变化量反馈给控制电路。使用 L298N 芯片驱动电动机，该芯片可以驱动一台两相步进电动机或四相步进电动机，也可以驱动两台直流电动机。图 1-3-17 是基于 298 芯片制作的电动机驱动器。

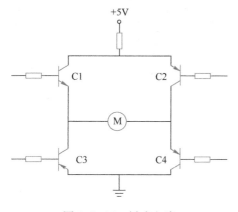

图 1-3-16　桥式电路

图 1-3-17　298 驱动器

实例：使用直流/步进两用驱动器可以驱动两台直流电动机，分别为 M1 和 M2。引脚 A、B 可用于输入 PWM 脉宽调制信号对电动机进行调速控制（如果无须调速可将两引脚接 5V，使电动机工作在最高速状态，即将短接帽短接）。实现电动机正反转就更容易了，输入信号端 IN1 接高电平，输入端 IN2 接低电平，电动机 M1 正转；如果信号端 IN1 接低电平，IN2 接高电平，电动机 M1 反转。控制另一台电动机是同样的方式，输入信号端 IN3 接高电平，输入端 IN4 接低电平，电动机 M2 正转；反之则反转。PWM 信号端 A 控制 M1 调速，PWM 信号端 B 控制 M2 调速，详情见表 1-3-1。

表 1-3-1　电动机驱动的功能表

电动机	旋转方式	控制端 IN1	控制端 IN2	控制端 IN3	控制端 IN4	输入 PWM 信号改变脉宽可调速	
						调速端 A	调速端 B
M1	正转	高	低	—	—	高	
	反转	低	高	—	—	高	
	停止	低	低	—	—	高	
M2	正转	—	—	高	低		高
	反转	—	—	低	高		高
	停止	低	低	—	—		高

（4）MC33886

MC33886 作为一个单片电路 H 桥，是理想的功率分流直流电动机和双向推力电磁铁控制器。它的集成电路包含内部逻辑控制、电荷泵、门控驱动及金属-氧化物-半导体场效应晶体管输出电路。MC33886 能够控制连续感应直流负载上升到 5.0 A，输出负载脉宽调制（PWM-ed）的频率可达 10 kHz，一个故障状态输出可以报告欠电压、短路和过热的情况。两路独立输入控制两个半桥的推拉输出电路的输出。两个无效输入使 H 桥产生三态输出（呈现高阻抗）。

MC33886 制定的参数范围是 $-40℃ \leqslant TA \leqslant 125℃$、$5.0 V \leqslant V_+ \leqslant 28 V$。通过降低规定的定额值，集成电路也可以工作在 40 V。集成电路能够在表面安装带散热装置的电源组件。特点：5.0~40 V 连续运转；120 mΩ RDS（ON）H 桥 MOSFETs；TTL/CMOS 兼容输入；PWM 的频率可达 10 kHz；通过内部常定时关闭对 PWM 有源电流限制（依靠降低温度的阈值）；输出短路保护；欠电压关闭及故障状况报告。

芯片的封装如图 1-3-18 所示，各个引脚的功能见表 1-3-2。

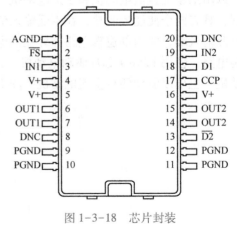

图 1-3-18　芯片封装

表 1-3-2　引脚功能图

终端	终端名称	正式名称	定　义
1	AGND	模拟接地	低电流模拟信号接地
2	$\overline{FS}$	H 桥故障状态	故障状态场效应晶体管低电位有效，要求电阻上拉到 5 V

（续）

终端	终端名称	正式名称	定　　义
3	IN1	逻辑输入控制 1	实际逻辑输入控制的 1 口
4, 5, 16	V+	电源供电	正电源连接
6, 7	OUT1	H 桥输出 1	H 桥输出 1
8, 20	DNC	静止连接	在应用中不连接或者接地。它们仅在制造中用于测试模式终端
9~12	PGND	电源接地	装置电流高功率接地
13	$\overline{D2}$	无效 2	输入低电位有效，用于使两个 H 桥输出同时三态无效。当 D2 为逻辑低，输出都是三态
14, 15	OUT2	H 桥输出 2	H 桥输出 2
17	CCP	电荷泵电容器	外部充电电容器连接内部电荷泵电容器
18	D1	无效 2	输入低电位有效，用于使两个 H 桥输出同时三态无效。当 D1 为逻辑低，输出都是三态
19	IN2	逻辑输入控制 2	实际逻辑输入控制的 2 口

　　MC33886 驱动器的典型实用应用电路如图 1-3-19 所示。

　　（5）BDMC2803 电动机驱动模块

　　BDMC2803 电动机驱动模块是直流有刷电动机控制器（见图 1-3-20），最大电压为 28 V，最大持续电流为 3 A，使用 RS232 通信接口，是北京博创尚和科技有限公司的"创意之星"套件中的配件，主要用于武术擂台机器人等。

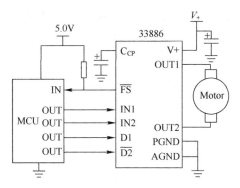

图 1-3-19　MC33886 典型应用电路

图 1-3-20　BDMC2803 驱动器

　　它的电源输入范围：+12~36 V 直流电源，能提供连续电流 2 倍的瞬间电流过载能力，电压波动不大于 5%。BDMC2803 电动机驱动模块在使用时需要配合相应的上位机调速软件使用。该驱动器的线序定义及接线见表 1-3-3。

　　如表 1-3-3 所示，左侧端子接驱动器电源、电动机正负、编码器信号等，右侧端子接驱动器控制信号。驱动器有 4 种工作模式：RS-232 指令模式、模拟电压模式、PPM 脉冲模式和 PWM 脉冲模式，在"创意之星"控制器上，有 8 个 PPM 接口，可直接控制 8 个驱动器。具体使用方法可参考详细的说明书，这里不做介绍。

表 1-3-3　BDMC2803 驱动器线序定义及接线

左侧接线端子 L1~L10			右侧接线端子 R1~R10		
编号	文字	定义	编号	文字	定义
L1	PGND	电源地	R1	R232-RX	RS232-接收
L2	POWER	电源输入	R2	R232-TX	RS232-发送
L3	MOTOR-	电动机绕组-	R3	NC	不连接
L4	MOTOR+	电动机绕组+	R4	NC	不连接
L5	SGND	信号地	R5	SGND	信号地
L6	CHB	通道 B	R6	DIR	方向
L7	CHA	通道 A	R7	PULSE	脉冲
L8	5 V	5 V	R8	Analog+	模拟输入+
L9	R232-TX	RS232-发送	R9	Analog-	模拟输入-
L10	R232-RX	RS232-接收	R10	State	状态输出

3. 舵机（伺服电动机）

舵机是指在伺服系统中控制机械元件运转的发动机，是一种补助电动机间接变速装置。舵机由直流电动机、位置传感器和控制器组成，用于精确定位和高转矩时的转速控制，被广泛应用于机器人竞赛。伺服电动机通过与位置传感器级联封装的电位计控制角位移，主要应用于机械臂、抓手等需要固定角位移的应用中。典型的舵机如图 1-3-21 所示。

舵机可使控制速度，位置精度非常准确，可以将电压信号转化为转矩和转速以驱动控制对象。舵机转子转速受输入信号控制，并能快速反应，在自动控制系统中，用作执行元件，且具有机电时间常数小、线性度高、始动电压等特性，可把所收到的电信号转换成电动机轴上的角位移或角速度输出。舵机（伺服电动机）分为直流和交流伺服电动机两大类，其主要特点是，当信号电压为零时无自转现象，转速随着转矩的增加而匀速下降。

舵机主要由以下几个部分组成：舵盘、减速齿轮组、位置反馈电位计、直流电动机、控制电路等，如 1-3-22 所示。它的体积紧凑，便于安装；输出力矩大，稳定性好；控制简单，便于和数字系统接口。

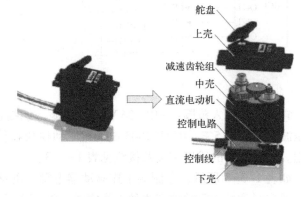

图 1-3-21　伺服电动机图　　　　　　图 1-3-22　舵机的结构及组成

舵机的功能实现有多种方式。例如，调速舵机有有刷和无刷之分，齿轮有塑料和金属之分，输出轴有滑动和滚动之分，壳体有塑料和铝合金之分，速度有快速和慢速之分，体积有大、中、小之分等，组合不同，价格也千差万别。其中小舵机一般称作微舵，同种材料的条件下是中型价格的一倍多，金属齿轮是塑料齿轮价格的一倍多。具体应用中需要根据需求选用不同类型。

舵机按照工作原理可分为速度舵机和角度舵机；速度舵机可以作为小车轮子的驱动设备，角度舵机一般分为 180°、270° 等，可以作为机械臂、抓手等的驱动设备；按照控制方式可分为模拟舵机和数字舵机。

（1）舵机的工作原理

控制电路接收来自信号线的控制信号，控制电动机转动，电动机带动一系列齿轮组，减速后传动至输出舵盘。舵机的输出轴和位置反馈电位计是相连的，舵盘转动的同时，带动位置反馈电位计，电位计将输出一个电压信号到控制电路，进行反馈，然后控制电路根据所在位置决定电动机的转动方向和速度，从而达到目标停止，具体控制流程图如图 1-3-23 所示。

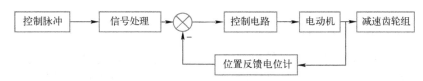

图 1-3-23　舵机闭环反馈控制流程

（2）舵机的接口及供电方式

舵机的输入线共有三条，中间的红色线是电源线，一边黑色（棕）的是地线，这两根线给舵机提供最基本的能源保证，主要是电动机的转动消耗，还有一条白色（橙色）线是信号线，用于调速。

电源有两种规格，一种是 4.8 V，另一种是 6.0 V，分别对应不同的转矩标准，即输出转矩不同，6.0 V 对应的要大一些，具体看应用条件；另外一根线是控制信号线，Futaba 舵机引线一般为白色，JR 的一般为橘黄色。另外要注意一点，SANWA 的某些型号的舵机引线电源线在边上而不是中间，需要辨认。但记住红色为电源，黑色为地线。

（3）用单片机来控制舵机

1）控制速度舵机和角度舵机工作。舵机的控制信号是一个脉宽调制信号，即 PWM 控制，可以很方便和数字系统进行接口。只要能产生标准的控制信号的数字设备都可以用来控制舵机，如 PLC、各种单片机等。

舵机的控制信号为周期是 20 ms 的脉宽调制（PWM）信号，其脉冲宽度为 0.5~2.5 ms，相对应舵盘的位置为 0°~180°，呈线性变化。也就是说，给它提供一定的脉宽，它的输出轴就会保持在一个相对应的角度上，无论外界转矩怎样改变，直到给它提供一个另外宽度的脉冲信号，它才会改变输出角度到新的对应位置上，见表 1-3-4。舵机内部有一个基准电路，产生周期为 20 ms，宽度为 1.5 ms 的基准信号；有一个比较器，将外加信号与基准信号相比较，判断出方向和大小，从而产生电动机的转动信号。由此可见，舵机是一位置伺服的驱动器，转动范围不能超过 180°，适于那些需要角度不断变化并可以保持的驱动中，如机器人的关节、飞机的舵面等。

通过编程同样也可以控制速度舵机实现方向改变和速度调整。另外要记住一点，舵机的转动是需要时间的，因此，程序中时间的变化不能太快，不然舵机跟不上程序。根据需要，选择合适的延时，反复调试，可以让舵机很流畅地转动，而不会产生像步进电动机一样的脉动。这些还需要在实践中慢慢去体会。

表 1-3-4　角度舵机的控制脉宽

输入正脉冲宽度（周期为 20 ms）	伺服电动机输出臂位置
0.5ms	−90°
1.0ms	−45°
1.5ms	0°
2.0ms	45°
2.5ms	90°

2）角度舵机的调速方法。舵机的速度取决于给它的信号脉宽的变化速度。如果要求的速度比较快，舵机就反应不过来了；将脉宽变化值按比例控制在要求的时间内，一点一点地增加脉宽值，就可以控制舵机的速度了。

3）模拟舵机和数字舵机。数字舵机（Digital Servo）和模拟舵机（Analog Servo）功能是一致的，但是使用方法却不一样，源于它们的内部组成不同。数字舵机和模拟舵机在基本的机械结构方面是完全一样的，主要由电动机、减速齿轮、控制电路等组成，而它们的最大区别则体现在控制电路上，数字舵机的控制电路比模拟舵机多了微处理器和晶振。这一点改变，对提高舵机的性能有着决定性的影响。数字舵机在以下两点与模拟舵机不同：处理接收机的输入信号的方式不同，数字舵机只需要发送一次指令就能保持角度不变，模拟舵机需要不断发送指令才能保持角度不变；控制舵机电动机初始电流的方式，减少无反应区（对小量信号无反应的控制区域），增加分辨率以及产生更大的固定力量。

模拟舵机在空载时，没有动力被传到舵机电动机。当有信号输入使舵机移动，或者舵机的摇臂受到外力时，舵机会做出反应，向舵机电动机传动动力（电压）。这种动力实际上每秒传递 50 次，被调制成开/关脉冲的最大电压，并产生小段的动力。当加大每一个脉冲的宽度时，如电子变速器的效能就会出现，直到最大的动力/电压被传送到电动机，电动机转动使舵机摇臂指到一个新的位置。然后，当舵机电位器告诉电子部分它已经到达指定的位置时，动力脉冲就会减小脉冲宽度，并使电动机减速。直到没有任何动力输入，电动机完全停止。

相对于传统模拟舵机，数字舵机的两个优势是：①因为微处理器的关系，数字舵机可以在将动力脉冲发送到舵机电动机之前，对输入的信号根据设定的参数进行处理。这意味着动力脉冲的宽度，也就是激励电动机的动力，可以根据微处理器的程序运算而调整，以适应不同的功能要求，并优化舵机的性能。②数字舵机以高得多的频率向电动机发送动力脉冲，传统舵机的频率为 50 脉冲/秒，数字舵机是 300 脉冲/秒。虽然，由于频率高，每个动力脉冲的宽度被减小了，但电动机在同一时间里收到更多的激励信号，并转动得更快。这也意味着不仅仅舵机电动机以更高的频率响应发射机的信号，而且"无反应区"变小；反应变得更快；加速和减速时也更迅速、更柔和；数字舵机提供更高的精度和更大的固定力量。

4. 步进电动机

步进电动机是一种感应电动机，它的工作原理是利用电子电路，将直流电变成分时供电的多相时序控制电流，用这种电流为步进电动机供电，步进电动机才能正常工作，驱动器就是为步进电动机分时供电的多相时序控制器。虽然步进电动机已被广泛地应用，但步进电动机并不能像普通的直流电动机、交流电动机在常规下使用。它必须由双环形脉冲信号、功率驱动电路等组成控制系统方可使用。因此用好步进电动机并非易事，它涉及机械、电机、电子及计算机等许多专业知识。

步进电动机是一种将电脉冲转化为角位移的执行机构。通俗一点讲：当步进驱动器接收到一个脉冲信号，它就驱动步进电动机按设定的方向转动一个固定的角度（即步进角）。可以通过控制脉冲个数来控制角位移量，从而达到准确定位的目的；同时可以通过控制脉冲频率来控制电动机转动的速度和加速度，从而达到调速的目的。步进电动机分三种：永磁式（PM）、反应式（VR）和混合式（HB）。永磁式步进电动机一般为两相，转矩和体积较小，步进角一般为 7.5°或 15°；反应式步进电动机一般为三相，可实现大转矩输出，步进角一般为 1.5°，但噪声和振动都很大，在欧美等发达地区于 20 世纪 80 年代已被淘汰；混合式步进电动机是指混合了永磁式和反应式的优点，分为两相和五相，两相步进角一般为 1.8°而五相步进角一般为 0.72°，这种步进电动机的应用最为广泛。

通常电动机的转子为永磁体，当电流流过定子绕组时，定子绕组产生一个矢量磁场。该磁场会带动转子旋转到一定角度，使得转子的一对磁场方向与定子的磁场方向一致。当定子的矢量磁场旋转一个角度时，转子也随着该磁场转一个角度。每输入一个电脉冲，电动机转动一个角度前进一步。它输出的角位移与输入的脉冲数成正比、转速与脉冲频率成正比。改变绕组通电的顺序，电动机就会反转。所以可用控制脉冲数量、频率及电动机各相绕组的通电顺序来控制步进电动机的转动。

一般步进电动机的精度误差为步距角的 3%~5%，且不累积。步进电动机的转矩会随转速的升高而下降。当步进电动机转动时，电动机各相绕组的电感将形成一个反向电动势；频率越高，反向电动势越大。在它的作用下，电动机随频率（或速度）的增大而相电流减小，从而导致转矩下降。步进电动机低速时可以正常运转，但若高于一定速度就无法起动，并伴有啸叫声。步进电动机有一个技术参数：空载起动频率，即步进电动机在空载情况下能够正常起动的脉冲频率，如果脉冲频率高于该值，电动机不能正常起动，可能发生丢步或堵转。在有负载的情况下，起动频率应更低。如果要使电动机达到高速转动，脉冲频率应该有加速过程，即起动频率较低，然后按一定加速度升到所希望的高频（电动机转速从低速升到高速）。步进电动机以其显著的特点，在数字化制造时代发挥着重大的用途。伴随着不同的数字化技术的发展以及步进电动机本身技术的提高，步进电动机将会在更多的领域得到应用。

步进电动机使用时，由于功率要求，也需要有步进电动机驱动器，它是把控制系统发出的脉冲信号转化为步进电动机的角位移，或者说，控制系统每发一个脉冲信号，通过驱动器就使步进电动机旋转一个步距角。也就是说，步进电动机的转速与脉冲信号的频率成正比。所以控制步进脉冲信号的频率，就可以对电动机精确调速；控制步进脉冲的个数，就可以对电动机精确定位。步进电动机驱动器有很多，应以实际的功率要求合理选择驱动器。步进电动机的驱动方法可以参考直流电动机。

1.3.3 机器人常见电路接口

机器人的组成中，最核心的器件是处理器，要正确使用处理器，除了要理解驱动程序外，更重要的是理解处理器中外围电路接口的原理及使用方法。下面详细介绍单片机的几种最常用的外围电路接口：A/D 电路接口、上拉/下拉电路接口及 OC/OD 电路接口。

1. A/D 电路接口

在机器人制作过程中经常会用到模拟传感器，模拟传感器输出的信号是模拟信号，由于单片机只能处理数字信号，不能直接读取模拟信号。因此，在对外部的模拟信号进行分析、处理的过程中，必须使用 A/D 转换器将外部的模拟信号转换成单片机所能处理的数字信号。A/D 转换器（Analog-to-Digital Converter），即模拟/数字转换器，主要功能是将连续变化的模拟信号转换为离散的数字信号。

A/D 转换器的主要类型有积分型、逐次逼近型、并行比较型、分级型和 VFC 型，目前使用最为广泛的是逐次逼近型。

不同类型的 A/D 转换器的结构、转换原理和性能指标方面的差异非常大。表 1-3-5 列出了常用类型的 A/D 转换器的主要特点和应用范围。

表 1-3-5 典型 A/D 转换器性能比较

类　　型	并行比较型	分　级　型	逐次逼近型	积　分　型	VFC 型
主要特点	超高速	高速	速度、精度、价格等综合性价比高	高精度、低成本、高抗干扰能力	低成本、高分辨率
分辨率	610	8~16	8~16	16~24	8~16
转换时间	几十 ns	几十至几百 ns	几十至几百 kSPS	几十 kSPS	几至几十 SPS
价格	高	高	中	中	低
主要用途	超高速视频处理	视频处理 高速数据采集	数据采集 工业控制	音频处理 数字仪表	数字仪表 简易 ADC
典型器件	TLC5510	MAX1200	TLC0831	AD7705	AD650

注：SPS 为每秒采样次数。

下面以逐次逼近型为例介绍 A/D 转换器的原理。

设有一待测电压为 4.42 V，满度测量量程 RNFS=5.12 V，砝码有 4 种：RNFS/2(2.56 V)、RNFS/4(1.28 V)、RNFS/8(0.64 V)、RNFS/16(0.32 V)。测量方法采用先大砝码，后小砝码，依次比较，过程如下。

第一次：2.56 V<4.42 V，记为"1"。第二次：2.56 V+1.28 V=3.84 V<4.42 V，记为"1"。第三次：3.84 V+0.64 V=4.48 V>4.42 V，记为"0"。第四次：3.84 V+0.32 V=4.16 V<4.42 V，记为"1"。通过上述 4 次比较后，得出结果。当这一过程应用于 A/D 转换时，如果留下记为"1"，舍去记为"0"，则对应的 A/D 转换结果为 1101。

A/D 转换器的主要技术指标有转换范围、分辨率、绝对精度和转换时间。转换范围即 A/D 转换器能够转换的模拟电压范围。绝对精度是指对应一个给定数字量的理论模拟输入与实际输入之差。通常用最低有效位 LSB 的倍数来表示，如绝对精度不大于 1/2 LSB。转换速度是指 A/D 转换器完成一次转换所需的时间。转换时间是指从接到转换控制信号开始，到输出端得到稳定的数字输出信号所经过的这段时间，它的倒数是转换率。A/D 转换器的分辨率用输出二进制数的位数表示，位数越多，分辨率越高。例如，某款 A/D 转换器的参考电压是 5 V，输出 8 位二进制数可以分辨的最小模拟电压为 $5\,V\times2^{-8}=20\,mV$；而输出 12 位二进制数可以分辨的最小模拟电压为 $5\,V\times2^{-12}\approx1.22\,mV$。

目前很多处理器（如 STM32 单片机）都有 A/D 转换接口，直接将模拟传感器接入处理器的 A/D 转换接口，加上合适的驱动程序，就可以直接读取任意模拟传感器的数值。对于一些没有 A/D 接口的单片机，还有一些 ADC 芯片，将模拟电压信号（V）转换成为相应频率的脉冲量，这类 ADC 被称为 V/F 转换器。以下将以逐次比较型并行接口的典型 ADC 芯片 ADC0809 与 STM32 单片机的接口和应用程序为例，对 ADC 的接口与应用进行介绍。ADC0809 是典型的 8 位逐次编码型 A/D 转换器，其引脚及内部逻辑结构如图 1-3-24 所示。

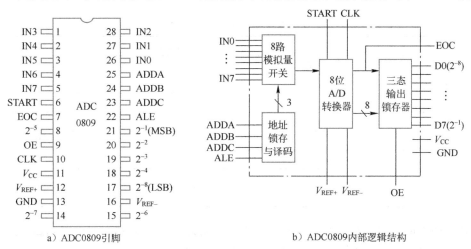

a）ADC0809引脚　　　　　　　　　　b）ADC0809内部逻辑结构

图 1-3-24　ADC0809 芯片引脚与内部逻辑结构

它由 8 路模拟开关、8 位逐次比较型 A/D 转换器、三态输出锁存器以及地址锁存译码逻辑电路等组成，其 28 个引脚的功能如表 1-3-6 所列。

表 1-3-6　ADC0809 芯片各引脚功能

引脚符号	Out/In	功能说明
IN0~IN7	In	8 个输入通道模拟输入端
D0~D7	Out	8 位数字量输出端（输出结果）
ADDA、ADDB、ADDC	In	选择 8 个输入通道的 3 位地址编码信号
ALE	In	地址锁存信号（上升沿有效），锁存三位地址编码信号
START	In	启动信号（正脉冲），启动 A/D 转换过程
EOC	Out	转换结束信号（高电平有效），用于查询或请求中断
OE	In	输出允许控制端（开放输出三态门），用于输出 A/D 结果
CLK	In	时钟信号，最高允许值为 640 kHz
V_{REF+}、V_{REF-}	In	A/D 转换器参考电压（决定模拟电压输入范围）
V_{cc}	In	电源电压，通常接 +5 V

2. 上拉和下拉电路接口

在使用传感器时，可能会遇到这样的情况：假设用一款数字式红外避障传感器连接

STM32 单片机，正常使用时检测到障碍物，单片机应该接收到信号 0（接口电压约为 0）；没有障碍物时，单片机应该接收到信号 1（接口电压约为 3.3 V）。但是在实际中，会发现不管有没有障碍，单片机始终接收到同一信号（全 0 或者全 1），完全不符合预设。遇到这样的情况，不要着急，先用万用表测量连接传感器的那个接口的电压值是否正确，一般会发现如果是全 0 信号，应该出现高电平时电压值实际测量为 2 V 左右，这时电压为模糊带（它高于低电平的最高值并且低于高电平的最小值），单片机无法正常判断高低电平，这时可以在接口电路外加上拉电阻解决。同理，如果识别不到低电平，可以在接口外加下拉电阻解决。什么是上拉电阻？什么是下拉电阻？怎么选择阻值大小？下面将详细介绍。

ADC0809 的 8 个模拟量通道地址编码与输入通道号的关系见表 1-3-7。

表 1-3-7　通道地址编码与输入通道号的关系

ADDC	ADDB	ADDA	输入通道号
0	0	0	IN0
0	0	1	IN1
0	1	0	IN2
0	1	1	IN3
1	0	0	IN4
1	0	1	IN5
1	1	0	IN6
1	1	1	IN7

单片机使用的信号为数字信号，数字信号有三种状态：高电平、低电平和高阻状态，有些应用场合不希望出现高阻状态，可以通过上拉电阻或下拉电阻的方式使之处于稳定状态，具体视设计要求而定。一般说的是 I/O 端口，有的可以设置，有的不可以设置，有的是内置，有的需要外接，I/O 端口的输出类似于一个晶体管的集电极，当集电极通过一个电阻和电源连接在一起时，该电阻成为集电极的上拉电阻。也就是说，如果该端口正常时为高电平，集电极通过一个电阻和地连接在一起时，该电阻称为下拉电阻，使该端口平时为低电平。上拉电阻是用来为总线驱动能力不足时提供电流的，一般说法是拉电流；下拉电阻是用来吸收电流的，也就是灌电流。

上拉就是将不确定的信号通过一个电阻钳位在高电平，电阻同时起限流作用，下拉同理，上拉是对器件注入电流，下拉是输出电流。在电路连接上，上拉电阻就是电阻一端接 V_{CC}，另一端接逻辑电平接入引脚（如单片机引脚），如图 1-3-25 所示。下拉电阻就是电阻一端接 GND，另一端接逻辑电平接入引脚（如单片机引脚），如图 1-3-26 所示。

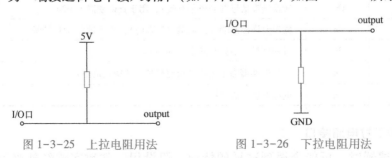

图 1-3-25　上拉电阻用法　　　　　图 1-3-26　下拉电阻用法

上拉和下拉电阻有很多应用的场合，具体如下。

1）当 TTL 电路驱动 COMS 电路时，如果 TTL 电路输出的高电平低于 COMS 电路的最低高电平（一般为 3.5 V），这时就需要在 TTL 的输出端接上拉电阻，以提高输出高电平的值。

2）OC 门电路必须加上拉电阻，才能使用。

3）为加大输出引脚的驱动能力，有的单片机引脚上也常使用上拉电阻。

4）在 COMS 芯片上，为了防止静电造成损坏，不用的引脚不能悬空，一般接上拉电阻以降低输入阻抗，提供泄荷通路。

5）芯片的引脚加上拉电阻来提高输出电平，从而提高芯片输入信号的噪声容限，增强抗干扰能力。

6）提高总线的抗电磁干扰能力。引脚悬空就比较容易接收外界的电磁干扰。

7）长线传输中电阻不匹配容易引起反射波干扰，加上、下拉电阻是电阻匹配，有效地抑制反射波干扰。

8）对于非集电极（或漏极）开路输出型电路（如普通门电路），提升电流和电压的能力是有限的，上拉电阻的功能主要是为集电极开路输出型电路创建一个输出电流通道。

另外，上、下拉电阻的阻值大小选择要根据实际情况而定，具体要参考以下三个原则。①从节约功耗及芯片的灌电流能力考虑应当足够大：电阻大，电流小。②从确保足够的驱动电流考虑应当足够小：电阻小，电流大。③对于高速电路，过大的上拉电阻可能边沿变平缓。

综合考虑以上三点，上、下拉电阻通常在 $1 \sim 10\,k\Omega$ 之间选取。另外，对上、下拉电阻的选择应结合开关管特性和下级电路的输入特性进行设定，主要需要考虑以下几个因素。①驱动能力与功耗的平衡：以上拉电阻为例，一般来说，上拉电阻越小，驱动能力越强，但功耗越大，设计时应注意两者之间的均衡。②下级电路的驱动需求：同样以上拉电阻为例，当输出高电平时，开关管断开，上拉电阻应适当选择，以能够向下级电路提供足够的电流。③高低电平的设定：不同电路的高低电平的门槛电平会有不同，电阻应适当设定以确保能输出正确的电平。以上拉电阻为例，当输出低电平时，开关管导通，上拉电阻和开关管导通电阻分压值应确保在零电平门槛之下。④频率特性：以上拉电阻为例，上拉电阻和开关管漏源级之间的电容和下级电路之间的输入电容会形成 RC 延迟，电阻越大，延迟越大。上拉电阻的设定应考虑电路在这方面的需求。

下拉电阻的设定原则和上拉电阻是一样的。一句话概括为：输出高电平时要喂饱后面的输入口，输出低电平不要把输出口喂撑了（否则多余的电流喂给了级联的输入口，高于低电平门限值就不可靠了）。在数字电路中不用的输入引脚都要接固定电平，通过 $1\,k\Omega$ 电阻接高电平或接地。

3. OC / OD 电路接口

STM32 的 GPIO 口有几种不同的输出模式，分别是推挽输出、开漏输出等，其中 OC/OD 就叫集电极/漏极开路电路。

推挽输出可以输出高、低电平，连接数字器件。对于开漏输出，它的输出端相当于晶体管的集电极或者场效应晶体管的漏极，要得到高电平状态需要上拉电阻才行；适合于作电流型的驱动，其吸收电流的能力相对强（一般 20 mA 以内）。在电路设计时常常遇到开漏和开集的概念。所谓开漏电路概念中提到的"漏"就是指 MOSFET 的漏极。同理，开集电路中的"集"就是指晶体管的集电极。开漏电路就是指以 MOSFET 的漏极为输出的。一般的用法是在漏极外部的电路添加上拉电阻。完整的开漏电路应该由开漏器件和开漏上拉电阻组成，如图 1-3-27 所示。

组成 OC/OD 形式的电路有以下几个特点。

1）利用外部电路的驱动能力，减少 IC 内部的驱动（或驱动比芯片电源电压高的负载）。

2）可以将多个开漏输出的 Pin 连接到一条线上，形成"与逻辑"关系。如图 1-3-28 所示，当 F_1、F_2、F_3 任意一个变低后，开漏线上的逻辑就为 0。如果作为输出必须接上拉电阻。接容性负载时，下降沿是芯片内的晶体管，是有源驱动，速度较快；上升沿是无源的外接电阻，速度慢。如果要求速度高，电阻选择要小，功耗会大。所以负载电阻的选择要兼顾功耗和速度。

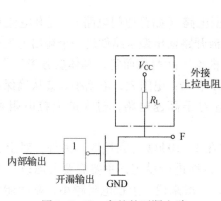

图 1-3-27　完整的开漏电路

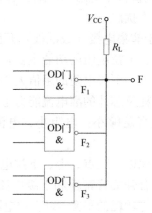

图 1-3-28　开漏门的与逻辑

3）可以利用改变上拉电源的电压，改变传输电平。IC 的逻辑电平由电源 V_{CC1} 决定，而输出高电平则由 V_{CC2}（上拉电阻的电源电压）决定。这样就可以用低电平逻辑控制输出高电平逻辑（可以进行任意电平的转换），如图 1-3-29 所示。

4）开漏 Pin 不连接外部的上拉电阻，则只能输出低电平。

5）标准的 OC/OD 引脚一般只有输出的能力。添加其他的判断电路，才能具备双向输入、输出的能力。

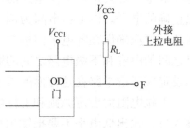

图 1-3-29　开漏门实现电平转换

6）线与功能主要用于有多个电路对同一信号进行拉低操作的场合，如果本电路不想拉低，就输出高电平，因为 OC/OD 门上面的管子被拿掉，高电平是靠外接的上拉电阻实现的。而正常的 CMOS 输出级，如果出现一个输出为高，另外一个为低时，相当于电源短路。

1.3.4　机器人中的串口通信

机器人在工作过程中，经常需要与外部控制设备之间进行信息交互，多个机器人协同工作时也需要进行信息交互，为了保证交互数据的准确性和完整性，就需要按照交互双方可以理解的格式进行数据传输，也就是要满足一定的通信协议，同时还要有相应的通信接口电路。

常用的通信方式可分为有线通信和无线通信；同步通信和异步通信；串行通信和并行通信。其中有线通信和无线通信的区别在于通信介质是否是线缆；同步通信和异步通信的区别在于通信过程中发送时钟和接收时钟是否保持严格的同步；并行通信和串行通信的区别在于通信传输方式不同。

1. 并行通信和串行通信

机器人主控板和外部设备可以采用并行通信和串行通信两种方法进行数据传输。这两种数据传输方式各有其优缺点。

并行通信是指数据的各个二进制位同时进行传输。并行通信的示意图如图 1-3-30 所示。

这种通信方式的优点是传输速率快，效率高；缺点是需要比较多的数据线，数据有多少位就需要多少根数据线，另外并行的数据线易受外界干扰，传输距离不能太远。

串行通信是指数据的各个二进制位按照顺序一位一位地进行传输。串行通信的示意图如图 1-3-31 所示。这种通信方式的优点是所需的数据线少，节省硬件成本及单片机的引脚资源，并且抗干扰能力强，适合于远距离数据传输；缺点是每次发送一个比特，导致传输速率慢，效率低。

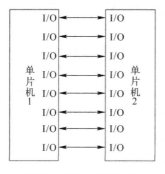

图 1-3-30　并行通信

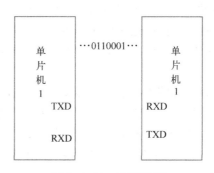

图 1-3-31　串行通信

并行通信和串行通信的概念广泛应用于现代电子设计中，是最基本的通信方式。两个单片机之间、单片机和计算机之间，以及两台计算机之间都可以采用并行接口和串行接口进行通信。

单片机的串行通信是将数据的二进制位，按照一定的顺序进行逐位发送，接收方则按照对应的顺序逐位接收，并将数据恢复出来。单片机的串行通信有异步通信和同步通信两种基本方式。下面分别进行介绍。

（1）异步通信方式

异步通信是一种利用数据或字符的再同步技术的通信方式。在异步通信过程中，数据通常是以帧为单位进行传送的，每个帧为一个字符或一个字节。发送方将字符帧一位一位地发送出去，接收方则一位一位地接收该字符帧。发送方和接收方各自有一个控制发送与接收的时钟，这两个时钟不同步，互相独立。在进行异步串行通信时，字符帧的格式如图 1-3-32 所示。

图 1-3-32 异步通信中字符帧的格式

一个字符帧按顺序一般可以分为 4 部分，即起始位、数据位、奇偶校验位和停止位。下面分别介绍各位的含义。

1）起始位。起始位位于字符帧的开始，用于表示向接收端开始发送数据。起始位占用位，为低电平 0 信号。

2）数据位。数据位即需要发送的数据。根据需要数据位可以是 5 位、6 位、7 位或 8 位数据，发送时首先发送低位，即低位在前，高位在后。

3）奇偶校验位。奇偶校验位为可编程位，用来表明串行数据是采用奇校验还是偶校验。在字符帧中，奇偶校验位只占 1 位。

4）停止位。停止位位于字符帧的末尾，表示一帧信息的结束。停止位可以取 1 位、1 位半或 2 位，其为高电平 1 信号。由于异步串行通信的双方没有同步的时钟，因此在单片机进行异步通信之前，需要通信的双方统一通信格式通信格式，主要表现在字符帧的格式和通信波特率两个方面。下面分别介绍。

① 字符帧：字符帧格式是字符的编码形式、奇偶校验形式及所采用的起始位和停止位的定义。例如，在传送 ASCII 码数据时，起始位占位，有效数据位取 7 位，奇偶校验位占 1 位，停止位取 1 位。这样一个字符帧共 10 位。通信的双方必须采用相同的字符帧格式。

② 波特率：波特率指的是每秒发送的二进制位数，单位为 bit/s，即位/秒。波特率是串口通信的重要指标，表明了数据传输的速率。波特率越高，数据传输速率也就越快。这里需要注意的是，波特率和字符的实际传输速率不相同，波特率等于一个字符帧的二进制编码的位数乘以字符/秒。通信的双方必须采用相同的波特率。

在异步通信的过程中，数据在传输线路上的传送一般是不连续的，即传输时，字符间隔不固定，各个字符帧可以是连续发送，也可以是间断发送。在间断发送时，停止位之后，传输线路上自动保持高电平。

异步串行通信的优点是不需要进行时钟同步，字符帧的长度不受限制，使用起来比较简单，应用范围广；其缺点是传送每个字符都要有起始位、奇偶校验位和停止位，这样便降低了有效的数据传输速率。

（2）同步通信方式

同步通信是一种连续的串行传输数据的通信方式。同步串行通信的一次通信过程只传送一帧的信息。这里的帧和异步串行通信的帧具有不同的含义。同步通信由同步字符、数据字符和校验字符三部分组成。同步通信是把要发送的数据按顺序连接成一个数据块，在数据块的开头附加同步字符，在数据块的末尾附加差错校验字符。在数据块的内部，数据与数据之间没有间隔。

按照同步字符的个数，同步串行通信的字符帧有两种结构，分别为单同步字符帧结构和双同步字符帧结构，如图 1-3-33 所示。

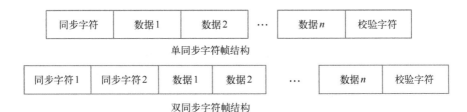

图 1-3-33 同步通信中的字符帧格式

在进行同步串行通信时，发送方首先发送同步字符，数据则紧跟其后发送。接收方检测到同步字符后，开始逐个接收数据，直到所有数据接收完毕，然后按照双方规定的长度恢复成一个一个的数据字节。最后进行校验，如果无传输错误，则可以结束一帧的传输。在进行同步串行通信时，需要注意如下几点。

1）同步串行通信的过程中，数据块之间一般不能有间隔，如果需要间隔，则应发送同步字符来填充间隔。

2）在同步串行通信中，同步字符应该采用统一的格式。例如，在单同步字符帧结构中，同步字符常采用 ASCI 码中规定的 SYN 代码，即 16H；在双同步字符帧结构中，同步字符一般采用国际通用标准代码，即 EB90H。当然，也可以由通信的双方共同规定同步字符的格式。

3）同步串行通信方式中，发送方和接收方需要采用统一时钟，以保持完全的同步，一般来说，如果是近距离数据传输，则可以在发送方和接收方之间增加一根公用的时钟信号线来实现同步；如果是远距离数据通信，则可以通过解调器从数据流中提取出同步信号，采用锁相技术使接收方获得和发送方完全相同的时钟信号，从而实现同步。

同步串行通信的优点是不用单独发送每个字符，其传输速率高，一般用于高速率的数据通信场合；缺点是需要进行发送方和接收方之间的时钟同步，整个系统设计比较复杂。

2. 串行通信具体应用

目前机器人中使用较多的是异步串行通信，异步串行通信的应用很多，有 RS232、TTL、RS485 等多种不同电平标准，其中 TTL 和 RS232 电平标准使用的场合最多，下面将直接介绍这两种。

（1）TTL：全双工

1）逻辑电平"0"为 0 V；逻辑电平"1"为 5 V。

2）TTL 电平串行通信硬件框图如图 1-3-34 所示，TTL 用于两个 MCU 间通信。

（2）RS232：全双工

1）逻辑电平"0"为 3~15 V；逻辑电平"1"为 -15~5 V。

2）硬件框图如图 1-3-35 所示，TTL 用于 MCU 与 PC 之间通信。

（3）不同电平接口通信

不同电平接口的器件是不能直接通信的，实现不同电平器件间的串口通信需要有电平转换模块实现电平的转换，常见的有 RS232 转 TTL 串口模块、

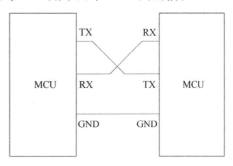

图 1-3-34 TTL 通信示意图

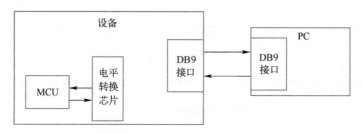

图 1-3-35　RS232 通信示意图

RS232 转 USB 串口模块、TTL 转 USB 串口模块，如图 1-3-36 所示。

图 1-3-36　串口转换模块

1.3.5　机器人主控制系统

机器人的处理控制系统是机器人所需要的承载程序和算法的硬件载体，即机器人的大脑。大脑是机器人区别于简单的自动化设备的主要标志。简单的自动化设备在重复指令下完成一系列重复操作。机器人大脑能够处理外界的环境参数（如灰度信息、距离信息、颜色信息等），然后根据编程或者接线的要求去决定合适的系列反应。在机器人中常见的大脑是由一种或者多种处理器，如 PC、微处理器、FPGA、DSP 等和相应的外围电路所构成的。由于现有的机器人大脑使用最多的是各种微处理器，即单片机，所以本节简单介绍几种常用的单片机的结构及组成：MCS-51 系列单片机、STM32 系列单片机。

单片机是一种广泛应用的微处理器。单片机种类繁多、价格低、功能强大，同时扩展性也强，它包含了计算机的三大组成部分：CPU、存储器和 I/O 接口等部件。由于它是在一个芯片上，形成芯片级的微型计算机，称为单片微型计算机（Single Chip Microcomputer），简称单片机（见图 1-3-37）。

图 1-3-37　常见的单片机

　　单片机系统结构均采用冯·诺依曼提出的"存储程序"思想，即程序和数据都被存放在内存中的工作方式，用二进制代替十进制进行运算和存储程序。人们将计算机要处理的数据和运算方法、步骤，事先按计算机要执行的操作命令和相关原始数据编制成程序（二进制代码），存放在计算机内部的存储器中，计算机在运行时能够自动地、连续地从存储器中取出并执行，不需人工加以干预。

　　（1）单片机的组成

　　单片机是中央处理器，将运算器和控制器集成在一个芯片上。它主要由以下几个部分组成：①运算器（实现算术运算或逻辑运算），包括算术逻辑单元 ALU、累加器 A、暂存寄存器 TR、标志寄存器 F 或 PSW、通用寄存器 GR；②控制器（中枢部件），控制计算机中的各个部件工作，包括指令寄存器 IR、指令译码器 ID、程序计数器 PC、定时与控制电路；③存储器（记忆，由存储单元组成），包括 ROM、RAM；④总线 BUS（在微型计算机各个芯片之间或芯片内部之间传输信息的一组公共通信线），包括数据总线 DB（双向，宽度决定了微机的位数）、地址总线 AB（单向，决定 CPU 的寻址范围）、控制总线 CB（单向）；⑤I/O 接口（数据输入/输出），包括输入接口、输出接口（见图 1-3-38）。

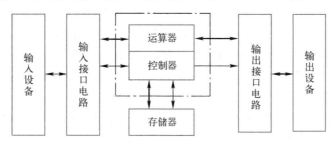

图 1-3-38　单片机的组成

　　单片机能够一次处理的数据的宽度有：1 位、4 位、8 位、16 位、32 位。典型的 8 位单片机是 MCS-51 系列；16 位单片机是 AVR 系列；32 位单片机是 ARM 系列。

　　（2）单片机主要技术指标

　　字长：CPU 能并行处理二进制的数据位数有 8 位、16 位、32 位和 64 位。内存容量：存储单元能容纳的二进制数的位数。容量单位：1 KB、8 KB、64 KB、1 MB、16 MB、64 MB。运算速度：CPU 处理速度。时钟频率、主频、每秒运算次数有 6 MHz、12 MHz、24 MHz、100 MHz、300 MHz。内存存取时间：内存读写速度 50 ns、70 ns、200 ns。

　　（3）单片机开发环境

　　单片机在使用的时候，除了硬件开发平台外，还需要一个友好的软件编程环境。在单片机程序开发中，Keil 系列软件是最为经典的单片机软件集成开发环境，同时使用的编程语言比较普遍的是 C 语言，MCS-51 系列单片机和 STM32 单片机均使用 Keil 集成开发环境。

　　基于单片机编程实际上就是基于硬件的编程，在使用过程中，一定要注意单片机的性质，相关的外设电路与单片机接口的连接关系，始终做到软件要配合硬件，软硬件结合使用，在编程前先对外设使用的输入/输出口或者其他功能进行电气定义或者是初始化操作。

1. 认识 MCS-51 系列单片机

　　MCS-51 系列是经典的 8 位处理器，如 80MCS-51、87MCS-51 和 8031 均采用 40 引脚双列直插封装（DIP）方式。对于不同 MCS-51 系列单片机来说，不同的单片机型号，不同的封装具有不同的引脚结构，但是 MCS-51 单片机系统只有一个时钟系统。因受到引脚数目的限制，有不少引脚具有第二功能。MCS-51 单片机引脚如图 1-3-39 所示。

（1）单片机的引脚

MCS-51 单片机的 40 个引脚，可分为端口线、电源线和控制线三类。

1）端口线（4×8=32 条）

P0.0~P0.7：共有 8 个引脚，为 P0 口专用。P0.0 为最低位，P0.7 为最高位。第一功能（不带片外存储器）：作通用 I/O 口使用，传送 CPU 的输入/输出数据。第二功能（带片外存储器）：访问片外存储器时，先传送低 8 位地址，然后传送 CPU 对片外存储器的读/写数据。

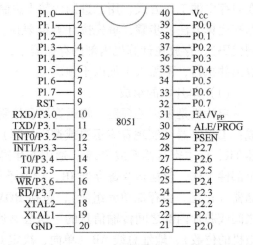

图 1-3-39　单片机的引脚排列和功能

P1.0~P1.7：8 个引脚与 P0 口类似。P1.0 为最低位，P1.7 为最高位。第一功能：与 P0 口的第一功能相同，也用于传送用户的输入/输出数据。第二功能：对 52 子系列而言，第二功能为定时器 2 输入。

P2.0~P2.7：带内部上拉的双向 I/O 口。第一功能：与 P0 口的第一功能相同，作通用 I/O 口。第二功能：与 P0 口的第二功能相配合，用于输出片外存储器的高 8 位地址，共同选中片外存储器单元。

P3.0~P3.7：带内部上拉的双向 I/O 口。第一功能：与 P0 口的第一功能相同，作通用 I/O 口。第二功能：为控制功能，每个引脚并不完全相同。

2）电源线（2 条）

V_{CC} 为+5V 电源线，GND 接地。

3）控制线（6 条）

功能：ALE/$\overline{PROG}$ 与 P0 口引脚的第二功能配合使用；P0 口作为地址/数据复用口，用 ALE 来判别 P0 口的信息。$\overline{EA}/V_{PP}$ 引脚接高电平时：先访问片内 EPROM/ROM，执行内部程序存储器中的指令。但在程序计数器计数超过 0FFFH 时（即地址大于 4 KB 时），执行片外程序存储器内的程序。$\overline{EA}/V_{PP}$ 引脚接低电平时：只访问外部程序存储器，而不管片内是否有程序存储器。

RST 是复位信号，功能是使单片机复位/备用电源引脚。RST 是复位信号输入端，高电平有效。时钟电路工作后，在此引脚上连续出现两个机器周期的高电平（24 个时钟振荡周期），就可以完成复位操作。

XTAL1 和 XTAL2 是片内振荡电路输入线。这两个端子用来外接石英晶体和微调电容，即用来连接 80MCS-51 片内的定时反馈回路。

（2）单片机最小系统

单片机最小系统是单片机正常工作的最小硬件要求，包括供电电路、时钟电路、复位电路，如图 1-3-40 所示。

判断单片机芯片及时钟系统是否正常工作有一个简单的办法，就是用万用表测量单片机晶振引脚（18 脚、19 脚）的对地电压，以正常工作的单片机用数字万用表测量为例：18 脚

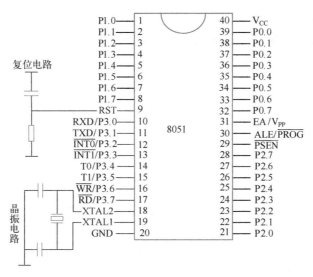

图 1-3-40　单片机的最小应用系统

对地约 2.24 V，19 脚对地约 2.09 V。对于怀疑是复位电路故障而不能正常工作的单片机也可以采用模拟复位的方法来判断，单片机正常工作时第 9 脚对地电压为零，可以用导线短时间和+5 V 连接一下，模拟一下上电复位，如果单片机能正常工作了，说明这个复位电路有问题。

（3）单片机的内部结构

单片机由五个基本部分组成，包括中央处理器 CPU、存储器、输入/输出口、定时器/计数器、中断系统等，如图 1-3-41 所示。

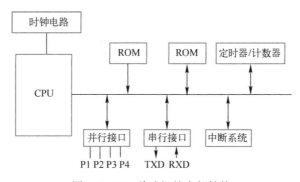

图 1-3-41　单片机的内部结构

1）单片机 CPU 内部结构。MCS-51 单片机内部有一个 8 位的 CPU，包含运算器、控制器及若干寄存器等。

2）单片机的存储器。存储器是用来存放程序和数据的部件，MCS-51 单片机芯片内部存储器包括程序存储器和数据存储器两大类。程序存储器（ROM）一般用来存放固定程序和数据，特点是程序写入后能长期保存，不会因断电而丢失，MSC-MCS-51 系列单片机内部有 4 KB 的程序存储空间，可以通过外部扩展到 64 KB。数据存储器（RAM）主要用于存放各种数据。优点是可以随机读入或读出，读写速度快，读写方便；缺点是电源断电后，存储的信息丢失。

3）单片机的并行 I/O。

① P0 口。P0 口的口线逻辑电路如图 1-3-42 所示。

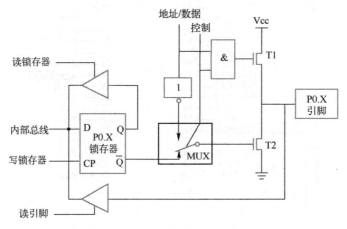

图 1-3-42　P0 口的口线逻辑电路

② P1 口。P1 口的口线逻辑电路如图 1-3-43 所示。

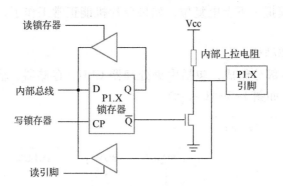

图 1-3-43　P1 口的口线逻辑电路

③ P2 口。P2 口的口线逻辑电路如图 1-3-44 所示。

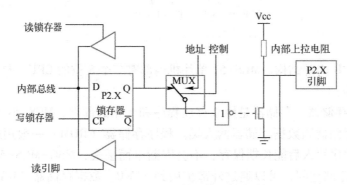

图 1-3-44　P2 口的口线逻辑电路

④ P3 口。P3 口的口线逻辑电路如图 1-3-45 所示。

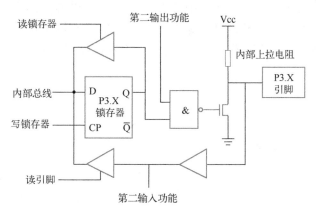

图 1-3-45　P3 口的口线逻辑电路

（4）单片机的时钟和时序

1）时钟电路

单片机时钟电路通常有两种形式：内部振荡方式和外部振荡方式。MCS-51 单片机片内有一个用于构成振荡器的高增益反相放大器，引脚 XTAL1 和 XTAL2 分别是此放大器的输入端和输出端。连接放大器与晶体振荡器，就构成了内部自激振荡器并产生振荡时钟脉冲。外部振荡方式就是把外部已有的时钟信号直接连接到 XTAL1 端引入单片机内，XTAL2 端悬空不用。

2）时序

振荡周期：为单片机提供时钟信号的振荡源的周期。时钟周期：是振荡源信号经二分频后形成的时钟脉冲信号。因此时钟周期是振荡周期的两倍，即一个 S 周期被分成两个节拍——P1、P2。指令周期：CPU 执行一条指令所需要的时间（用机器周期表示）。各时序之间的关系如图 1-3-46 所示。

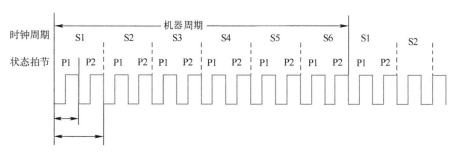

图 1-3-46　各时序之间的关系

2. 认识 STM32 单片机

STM32 系列单片机是典型的 32 位单片机，其在 MCS-51 系列单片机的基础上，增加了很多附加功能。它的组成、引脚、基本功能等与其他单片机类似，但是它的系统架构和时钟源比 MCS-51 单片机强大很多，用法也相对复杂很多，具体用法将在下面几节介绍。下面主要仅从以系统架构和时钟源这两个区别于其他单片机的角度讲解 STM32 单片机。

（1）系统架构

STM32 系统架构的知识在《STM32 中文参考手册》有讲解，具体内容可以查看中文手册。如果需要详细深入地了解 STM32 的系统架构，还需要在网上搜索其他资料学习。这里所讲的 STM32 系统架构主要针对 STM32F103 芯片。首先看看 STM32 的系统架构，如图 1-3-47 所示。

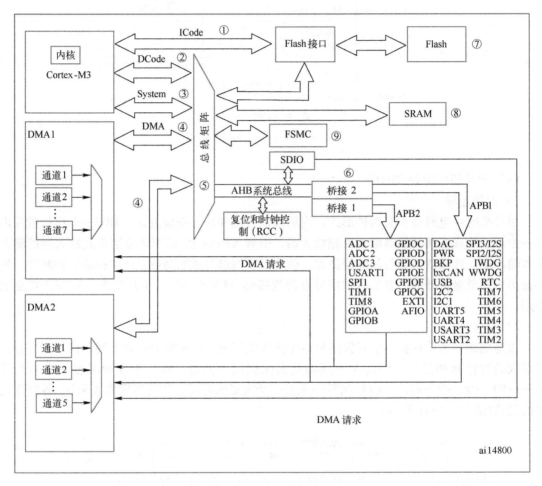

图 1-3-47　系统架构图

STM32 主系统主要由四个驱动单元和四个被动单元构成。四个驱动单元是：内核 DCode 总线、系统总线、通用 DMA1、通用 DMA2。四个被动单元是：AHB 到 APB 的桥，它连接所有的 APB 设备、内部 FlASH 闪存、内部 SRAM、FSMC。

下面具体讲解图中几个总线。①ICode 总线：该总线将 M3 内核指令总线和闪存指令接口相连，指令的预取在该总线上面完成。②DCode 总线：该总线将 M3 内核的 DCode 总线与闪存存储器的数据接口相连接，常量加载和调试访问在该总线上面完成。③系统总线：该总线连接 M3 内核的系统总线到总线矩阵，总线矩阵协调内核和 DMA 间访问。④DMA 总线：该总线将 DMA 的 AHB 主控接口与总线矩阵相连，总线矩阵协调 CPU 的 DCode 和 DMA 到 SRAM，闪存和外设的访问。⑤总线矩阵：总线矩阵协调内核系统总线和 DMA 主控总线之间的访问仲裁，仲裁利用轮换算法。⑥AHB/APB 桥：这两个桥在 AHB 和 2 个 APB 总线间提供同步连接，APB1 操作速度限于 36 MHz，APB2 操作速度全速。

（2）STM32 时钟系统

众所周知，时钟系统是 CPU 的脉搏，就像人的心跳一样。所以时钟系统的重要性就不言而喻了。STM32 的时钟系统比较复杂，不像简单的 MCS-51 单片机一个系统时钟就可以解决一切。肯定有人会问，采用一个系统时钟不是挺简单吗？为什么 STM32 要有很多个时钟源呢？那是因为首先 STM32 本身非常复杂，外设非常多，但是并不是所有外设都需要有系统时钟那么高的频率，比如看门狗等，通常只需要几十 kHz 的时钟即可。同一个电路，时钟越快功耗越大，同时抗电磁干扰的能力也会越弱，所以对于复杂的 MCU 通常都是采取多个时钟源的方法来解决类似的问题。

在 STM32 中，有 5 个时钟源分别为 HSI、LSI、HSE、LSE、PLL。时钟树如图 1-3-48 所示。按时钟频率来分可以分为高速时钟源和低速时钟源，在这 5 个时钟源中，HIS、HSE 以及 PLL 是高速时钟，LSI 和 LSE 是低速时钟。按来源可分为外部时钟源和内部时钟源，外部时钟源就是从外部通过接晶振的方式获取时钟源，其中 HSE 和 LSE 是外部时钟源，其他的是内部时钟源。下面介绍 STM32 的 5 个时钟源。

1）HSI 是高速内部时钟，RC 振荡器，频率为 8 MHz。

2）HSE 是高速外部时钟，可接石英/陶瓷谐振器，或者接外部时钟源，频率范围为 4~16 MHz。开发板接的是 8 MHz 的晶振。

3）LSI 是低速内部时钟，RC 振荡器，频率为 40 kHz。独立看门狗的时钟源只能是 LSI，同时 LSI 还可以作为 RTC 的时钟源。

4）LSE 是低速外部时钟，接频率为 32.768 kHz 的石英晶体。这个主要是 RTC 的时钟源。

5）PLL 为锁相环倍频输出，其时钟输入源可选择为 HSI/2、HSE 或者 HSE/2。倍频可选择为 2~16 倍，但是其输出频率最大不得超过 72 MHz。

LQFP 也就是薄型 QFP，是指封装本体厚度为 1.4 mm 的 QFP。QFP 封装的中文含义叫方型扁平式封装技术，该技术实现的 CPU 芯片引脚之间距离很小，引脚很细，一般大规模或超大规模集成电路采用这种封装形式，其引脚数一般都在 100 以上。

（3）认识封装

封装就是指把硅片上的电路引脚用导线接引到外部接头处，以便与其他器件连接。封装形式是指安装半导体集成电路芯片用的外壳。它不仅起着安装、固定、密封、保护芯片及增强电热性能等方面的作用，而且还通过芯片上的接点用导线连接到封装外壳的引脚上，这些引脚又通过印制电路板上的导线与其他器件相连接，从而实现内部芯片与外部电路的连接。芯片内部必须与外界隔离，以防止空气中的杂质对芯片电路的腐蚀而造成电气性能下降。另外，封装后的芯片也更便于安装和运输。由于封装技术的好坏还直接影响到芯片自身性能的发挥和与之连接的 PCB（Printed Circuit Board，印制电路板）的设计和制造，因此它是至关重要的。

封装主要分为 DIP（Dual In-line Package，双列直插式封装）和 SMD（Surface Mounted Devices，表面贴装器件封装）两种。其中，SMD 是 SMT（Surface Mounted Technology，表面贴片技术）元器件中的一种。当代集成电路的装配方式从通孔插装（Plating Through Hole，

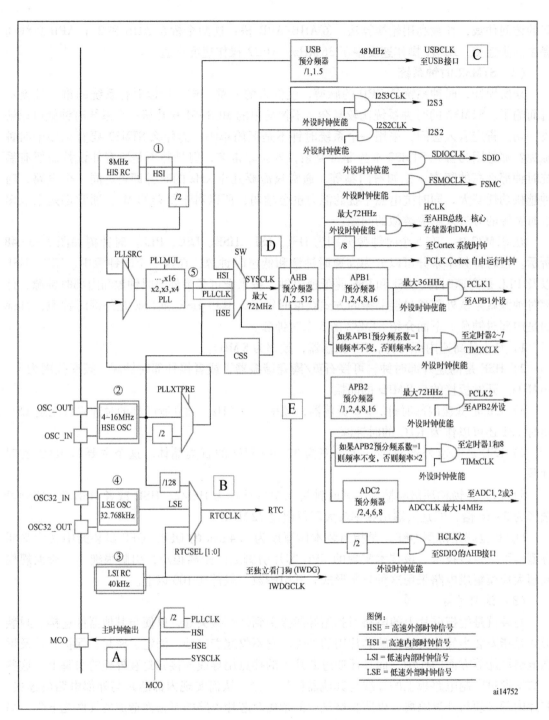

图 1-3-48　STM32 时钟树

PTH）逐渐发展到表面组装（SMT）。从结构方面，封装经历了最早期的晶体管 TO（如 TO-89、TO92）封装发展到了双列直插封装，随后由 PHILIPS 公司开发出了 SOP 小外形封装；从材料介质方面，包括金属、陶瓷、塑料等。目前很多高强度工作条件需求的电路，如军工和宇航级别仍用大量的金属封装。

几种常用封装介绍如下。

1）TO：Transistor Out-line，晶体管外形封装。这是早期的封装规格，如 TO-92、TO-220 等都是插入式封装设计。

2）SIP：Single In-line Package，单列直插式封装。引脚从封装一个侧面引出，排列成一条直线。当装配到印制基板上时封装呈侧立状。例如单排针座和单排孔座。

3）DIP：Dual In-line Package，双列直插式封装，引脚从封装两侧引出，封装材料有塑料和陶瓷两种。DIP 是最普及的插装型封装，应用范围包括标准逻辑 IC、存储器等。

4）PLCC：Plastic Leaded Chip Carrier，带引线的塑料芯片载体。表面贴装型封装之一。

5）QFP：Quad Flat Package，四侧引脚扁平封装，表面贴装型封装之一，引脚从四个侧面引出呈海鸥翼（L）型。基材有陶瓷、金属和塑料三种。QFP 的缺点是，当引脚中心距小于 0.65 mm 时，引脚容易弯曲。为了防止引脚变形，出现了几种改进的 QFP 品种，如 BQFP（Quad Flat Package with Bumper），带缓冲垫的四侧引脚扁平封装，在封装本体的四个角设置突起（缓冲垫）以防止在运送过程中引脚发生弯曲变形。

6）QFN：Quad Flat Non-leaded Packag，四侧无引脚扁平封装，表面贴装型封装之一。现在多称为 LCC。QFN 是日本电子机械工业会规定的名称，封装四侧配置有电极触点，由于无引脚，贴装占有面积比 QFP 小，高度比 QFP 低。但是，当印刷基板与封装之间产生应力时，在电极接触处就不能得到缓解。因此电极触点难于做到 QFP 的引脚那样多，一般从 14~100。材料有陶瓷和塑料两种。当有 LCC 标记时基本上都是陶瓷 QFN。

7）BGA：Ball Grid Array，球形触点阵列，表面贴装型封装之一。

8）SOP：Small Out-line Package，小外形封装，是从 SMT 技术衍生出的，表面贴装型封装之一。引脚从封装两侧引出呈海鸥翼状（L 字形），材料有塑料和陶瓷两种。SOP 封装的应用范围很广，后来逐渐派生出 SOJ（Small Out-line J-lead，J 型引脚小外形封装）、TSOP（ThinSOP，薄小外形封装）、VSOP（Very SOP，甚小外形封装）、SSOP（Shrink SOP，缩小型 SOP）、TSSOP（Thin Shrink SOP，薄的缩小型 SOP）及 SOT（Small Out-line Transistor，小外形晶体管）、SOIC（Small Out-line Integrated Circuit，小外形集成电路）等，在集成电路中都起到了举足轻重的作用。

9）CSP（hip Scale Package），是芯片级封装的意思。CSP 封装是最新一代的内存芯片封装技术，可以让芯片面积与封装面积之比超过 1:1.14，已经相当接近 1:1 的理想情况，绝对尺寸也仅有 32 mm^2，约为普通 BGA 的 13，仅仅相当于 TSOP 内存芯片面积的 16。CSP 封装线路阻抗显著减小，芯片速度随之大幅度提高，而且芯片的抗干扰、抗噪性能也能得到大幅提升，这也使得 CSP 的存取时间比 BGA 改善 15%~20%。CSP 技术是在电子产品的更新换代时提出来的，它的目的是在使用大芯片替代以前的小芯片时，其封装体占用印刷板的面积保持不变或更小。正是由于 CSP 产品的封装体小、薄，因此它在手持式移动电子设备中迅速获得了应用。

（4）STM32F103 命名说明

对于 STM32F103xxyy 系列，第一个 x 代表引脚数：T 代表 36 引脚，C 代表 48 引脚，R 代表 64 引脚，V 代表 100 引脚，Z 代表 144 引脚。第二个 x 代表内嵌的 Flash 容量：6 代表 32K，8 代表 64K，B 代表 128K，C 代表 256K，D 代表 384K，E 代表 512K。第一个 y 代表封装：H 代表封装，T 代表 LQFP 封装，U 代表 QFN 封装。第二个 y 代表工作温度范围：

6 代表-40~85℃，7 代表-40~105℃。现在明白 F103VB、VC、VE 等的含义了，但这种组合不是任意的，如没有 STMF32F103TC 等。

STM32F103 系列微控制器的后缀不同，其引脚数量也不同，有 36、48、64、100、144 引脚。STM32F103Vx 系列共有 100 根引脚，其中 80 根是 I/O 端口引脚，而 STM32F103Rx 系列有 64 根引脚，其中 51 根是 I/O 端口引脚。这些 I/O 引脚中的部分 I/O 端口可以复用，将它配置成输入、输出、模/数转换口或者串口等。

第 2 章　基于 STM32 微控制器的程序设计

机器人的工作需要一定的控制技术，包含控制器和相应的控制程序。本章介绍主流的小型机器人主控制器——STM32 单片机，学习如何使用 STM32 单片机控制 LED 灯、蜂鸣器、按键、定时器和中断，使读者掌握机器人主控制器的基本原理及使用方法。

2.1　STM32 单片机教学开发板的使用

学习 STM32 单片机教学开发板，实际上就是在 Keil MDK 开发编译环境中对 CPU 进行编程，以此来实现用 STM32 单片机驱动外围设备工作。需要有一点电工基础、数字电路和软件编程的基础知识。其中软件编程是面向硬件的编程，软硬件结合，编写的程序要能够符合硬件的电气逻辑关系，满足电气连接要求。

本书所使用的教学开发板为德飞莱的开发板，如图 2-1-1 所示。本章对 STM32 单片机教学开发板的介绍均基于这款开发板及相关配套软件介绍。

在本章的学习中，使用图 2-1-1 中 STM32 单片机教学开发板将反复用到几款软件：Keil MDK 集成开发环境、下载软件、串口调试软件等。集成开发环境允许在计算机上编写程序，并编译生成可执行文件，然后下载到单片机上；串口调试软件则是帮助实现单片机和计算机的通信，知道单片机在干什么，并且可以观察执行的结果。

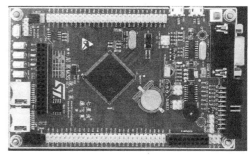

图 2-1-1　单片机教学开发板

1. Keil MDK 集成开发环境

Keil MDK，也称 MDK-ARM。Keil MDK 软件为基于 Cortex-M3、Cortex-M4、ARM7、ARM9 处理器的设备提供了一个完整的开发环境，如图 2-1-2 所示。Keil MDK 专为微控制器应用而设计，不仅易学易用，而且功能非常强大，能够满足大多数要求严格的嵌入式应用。Keil MDK 有 4 个可用版本，分别是 MDK-Lite、MDK-Basic、MDK-Standard、MDK-Professional。所有版本都提供一个完善的 C/C++开发环境，最终可以在开发环境中编译生成单片机识别的可执行文件。

图 2-1-2   Keil MDK 集成开发环境

2. 串口下载软件

STM32 单片机开发板下载程序的方法有串口程序下载和利用 JLink 进行下载。在硬件上，计算机至少要有串口或者 USB 口来实现与单片机教学开发板的串口连接。串口下载软件如图 2-1-3 所示。

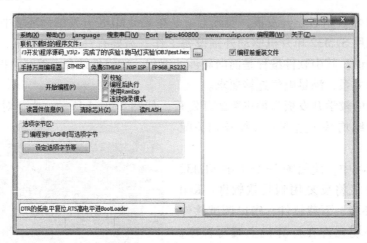

图 2-1-3   串口下载软件

3. 串口调试软件

串口调试助手（见图 2-1-4）是用来显示单片机与计算机的交互信息。此软件是一款通过计算机串口（包括 USB 口）收发数据并且显示的应用软件，一般用于计算机与嵌入式系统的通信。该软件不仅可以用来调试串口通信或者系统的运行状态，还可以用于采集其他系统的数据，以及观察系统的运行情况。

2.1.1   Keil MDK 开发环境的安装

本节通过具体步骤讲解如何安装和使用 Keil MDK 编程开发环境，并用 C 语言开发一个简单的点亮二极管的程序。具体任务包括：

1）安装开发编译环境。

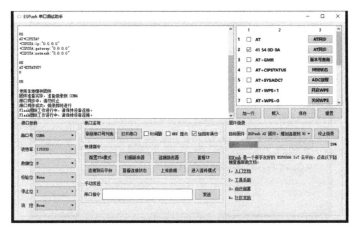

图 2-1-4　串口调试助手

2）运用 C 语言编写程序，编译生成可执行文件。

3）将可执行文件下载到单片机上，观察执行结果。

在本书的附件资料中，包含软件安装包，包括某个版本的 MDK 安装包、串口调试助手、STM32 库文件和本书例程的源码，如图 2-1-5 所示。

图 2-1-5　安装包

下面具体介绍软件具体的安装过程。

1. 安装 mdk_514. exe

右键单击以管理员身份安装，如图 2-1-6 所示。

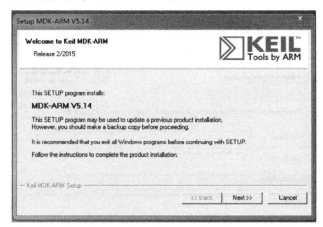

图 2-1-6　安装步骤 1

单击 "Next"，如图 2-1-7 所示。

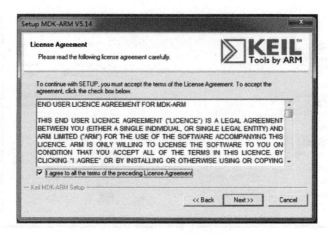

图 2-1-7　安装步骤 2

选择安装的地址，如图 2-1-8 所示。

图 2-1-8　安装步骤 3

填入个人信息，如图 2-1-9 所示。

图 2-1-9　安装步骤 4

单击"Next"，开始安装，如图 2-1-10 所示。

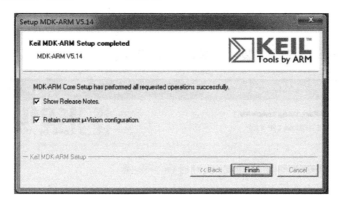

图 2-1-10　安装步骤 5

继续安装直到结束，如图 2-1-11 所示。

图 2-1-11　安装步骤 6

2. 安装 Keil. STM32F1xx_DFP. 1. 0. 5. pack

右键单击开始，如图 2-1-12 所示。

图 2-1-12　安装步骤 7

单击"Next"，如图 2-1-13 所示。

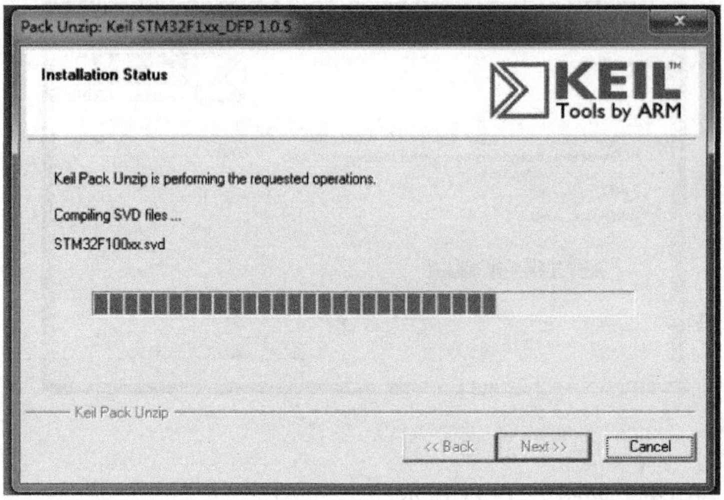

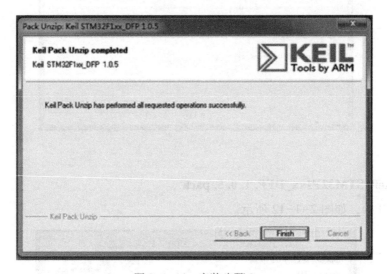

图 2-1-13　安装步骤 8

最后单击"Finish"，完成安装，如图 2-1-14 所示。

图 2-1-14　安装步骤 9

2.1.2　硬件连接

基于 ARM Cortex-M3 的 STM32F103 ZET6 微控制器单片机教学开发板（或者说机器人大脑）需要连接电源以便运行，同时也需要连接到 PC 或笔记本电脑以便编程和交互。以上接线完成后，就可以用编辑器软件来对系统进行开发与测试。下面将介绍如何完成上述硬件连接任务。

（1）基于 Jlink 的 JTAG 下载线连接线套件

程序是通过连接到 PC 或者笔记本电脑 USB 口的 JLink 来下载到教学开发板上的单片机

内。图 2-1-15 所示为 JLink 下载工具。下载线一端通过 USB 线连接到 PC 或者笔记本电脑的 USB 口上，而另一端连接到 JTAG 口，这里用的 USB 线一端是扁形（A 型），另一端是方形（B 型）。扁形口接计算机，方形口接 JLink。

（2）串口线连接

STM32F103 微控制器单片机教学开发板通过 USB 转串口模块连接到 PC 或笔记本电脑上以便与用户交互，如图 2-1-16 所示。将一端的串口连接到教学开发板上，而另一端连接到计算机的 USB 口上，并安装对应的 USB 驱动程序。

图 2-1-15　JLink 下载工具　　　　　　　图 2-1-16　USB 转串口模块

（3）电源的安装

教学开发板可以使用从计算机 USB 口引出的 5 V 电源供电，也可以使用锂电池加稳压模块（见图 2-1-17）的形式供电。

图 2-1-17　锂电池和稳压模块

2.1.3　创建工程及执行程序

本节简易介绍如何在 MDK 中创建新的工程，如何将启动文件、各种库函数、各种功能函数等添加到工程里，如何编译生成单片机可执行文件等，详细内容可参考《原子教你玩 STM32》一书。

1. 新建基于固件库的工程模板

新建工程的方法详见（图 2-1-18～图 2-1-45）。

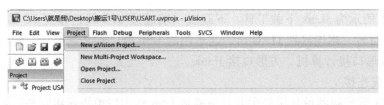

图 2-1-18　新建工程 1—新建项目

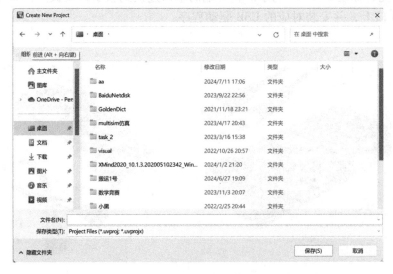

图 2-1-19　新建工程 2—定义文件名

接下来会出现一个选择 CPU 的界面，就是选择芯片型号。如图 2-1-20 所示，这里选择所使用的 STM32 型号为 STM32F103ZET6，特别注意：一定要安装对应的器件 pack 才会显示这些内容！单击"OK"，完成即可。至此，只是建了一个框架，还需要添加启动代码，以及 .c 文件等。现在 USER 目录下面包含 2 个文件夹和 2 个文件，如图 2-1-21 所示。

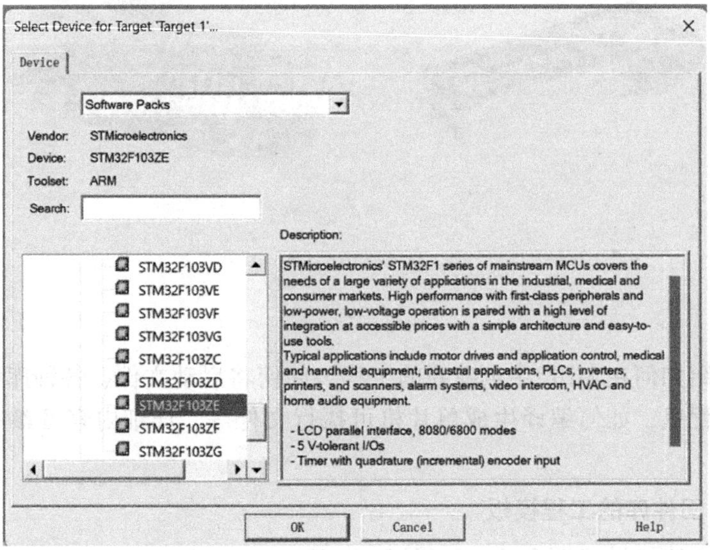

图 2-1-20　新建工程 3—选择芯片

图 2-1-21　新建工程 4—工程文件夹界面

这里说明一下，jqr. uvprojx 是工程文件，非常关键，不能轻易删除。Listings 和 Objects 文件夹是 MDK 自动生成的文件夹，用于存放编译过程产生的中间文件。这里，把两个文件夹删除，会在下一步骤中新建一个 OBJ 文件夹，用来存放编译中间文件。

接下来，在 Template 工程目录下面，新建 3 个文件夹 CORE、OBJ 以及 STM32F10x_FWLib，如图 2-1-22 所示。CORE 用来存放核心文件和启动文件，OBJ 用来存放编译过程文件以及 hex 文件，STM32F10x_FWLib 文件夹顾名思义用来存放 ST 官方提供的库函数源码文件。已有的 user 目录除了用来放工程文件外，还用来存放主函数文件 main. c，以及其他文件包括 system_stm32f10x. c 等。

图 2-1-22　新建工程 5—新建核心文件夹

下面将官方的固件库包里的源码文件复制到工程目录文件夹下面，如图 2-1-23 所示。src 存放的是固件库的 . c 文件，inc 存放的是对应的 . h 文件，每个外设对应一个 . c 文件和一个 . h 头文件。

图 2-1-23　新建工程 6—官方库源码文件夹

下面将固件库包里面相关的启动文件复制到工程目录 CORE 之下。打开官方固件库包，定位到 STM32F10x_StdPeriph_Lib_V3. 5. 0\Libraries\CMSIS\CM3\CoreSupport 下，将文件 core_cm3. c 和文件 core_cm3. h 复制到 CORE 中。然后定位到目录 STM32F10x_StdPeriph_Lib_V3. 5. 0\Libraries\CMSIS\CM3\DeviceSupport\ST\STM32F10x\startup\arm 下，将里面的 startup_stm32f10x_hd. s 文件复制到 CORE 中。之前已经解释了不同容量的芯片使用不同的启动文件，芯片 STM32F103ZET6 是大容量芯片，所以这里选择上述启动文件。现在 CORE 文件夹下的文件如图 2-1-24 所示。

图 2-1-24　新建工程 7—启动文件夹

如图 2-1-25 所示，定位到目录 STM32F10x_StdPeriph_Lib_V3.5.0\Libraries\CMSIS\CM3\DeviceSupport\ST\STM32F10x 下，将路径内的 stm32f10x.h、system_stm32f10x.c、system_stm32f10x.h 复制到 USER 目录下。然后将 STM32F10x_StdPeriph_Lib_V3.5.0\Project\STM32F10x_StdPeriph_Template 下的 4 个文件 main.c、stm32f10x_conf.h、stm32f10x_it.c、stm32f10x_it.h 复制到 USER 目录中。

图 2-1-25　新建工程 8—USER 目录文件浏览

前面 8 个步骤，将需要的固件库相关文件复制到了的工程目录下面，下面将这些文件加入工程中。右键单击"Target1"，选择"Manage Components"，如图 2-1-26 所示。

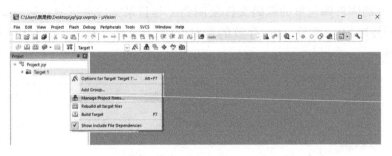

图 2-1-26　新建工程 9—Manage Project Itmes

在"Project Targets"一栏，将"Target"名字修改为"jqr"，然后在"Groups"一栏删掉"SourceGroup1"，建立三个 Groups：USER、CORE、FWLIB。然后单击"OK"，可以看到 Target 名字以及 Groups 情况。

下面向"Group"里面添加需要的文件。按照新建分组的方法，右键单击"Tempate"，选择"Manage Components"，然后选择需要添加文件的 Group，这里第一步选择"FWLIB"，然后单击右边的"Add Files"，定位到刚才建立的目录"STM32F10x_FWLib/src"下，将里面所有的文件选中，单击"Add"，然后单击"Close."可以看到"Files"列表下面包含添加的文件。这里需要说明一下，对于写代码，如果只用到了其中的某个外设，就可以不用添加没有用到的外设的库文件。例如只用 GPIO，可以只添加"stm32f10x_gpio.c"而其他的可以不用添加。这里全部添加进来是为了后面方便，不用每次添加，当然这样的坏处是工程太

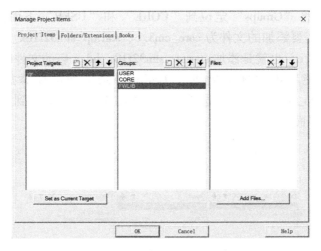

图 2-1-27　新建工程 10—新建分组

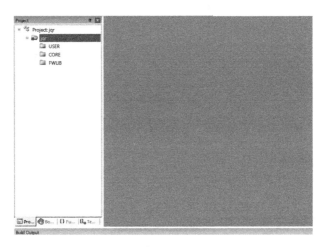

图 2-1-28　新建工程 11—工程主界面

大，编译起来速度慢，用户可以自行选择。

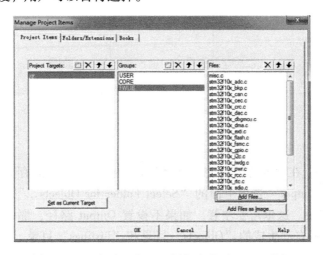

图 2-1-29　新建工程 12—添加文件到 FWLib 分组

用同样的方法，将"Groups"定位到"CORE"和"USER"下面，添加需要的文件。这里"CORE"下面需要添加的文件为 core_cm3. c、startup_stm32f10x_hd. s（注意：默认添加的时候文件类型为 . c，也就是添加 startup_stm32f10x_hd. s 启动文件时，需要选择文件类型为"All files"才能看得到这个文件），USER 目录下面需要添加的文件为 main. c、stm32f10x_it. c、system_stm32f10x. c。这样需要添加的文件已经添加到工程中了，最后单击"OK"，回到工程主界面。

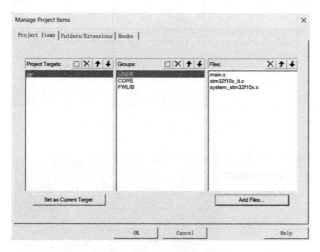

图 2-1-30　新建工程 13—添加文件到 USER 分组

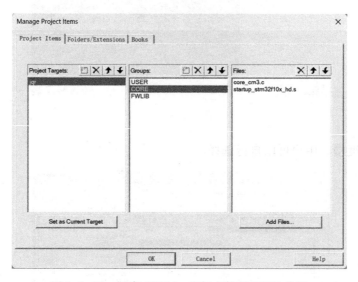

图 2-1-31　新建工程 14—添加文件到 CORE 分组

接下来编译工程，在编译之前首先要选择编译中间文件编译后存放目录。方法是单击"⚒"按钮，选择"Output"选项下面的"Select Folder for Objects…"，然后选择目录为上面新建的"OBJ"目录。这里需要注意，如果不设置 Output 路径，那么默认的编译中间文件存放目录就是 MDK 自动生成的"Objects"目录和"Listings"目录。

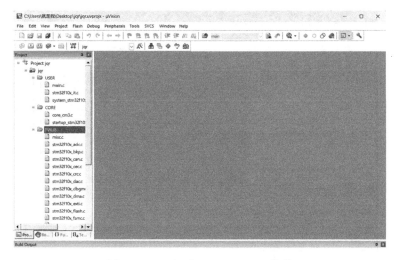

图 2-1-32　新建工程 15—工程结构

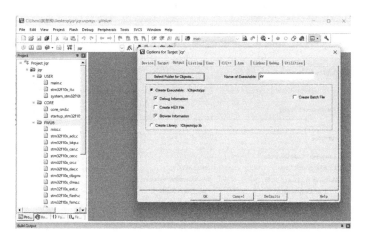

图 2-1-33　新建工程 16—选择编译后文件存放路径

单击编译按钮"🔨"编译工程，可以看到很多报错，因为找不到头文件。

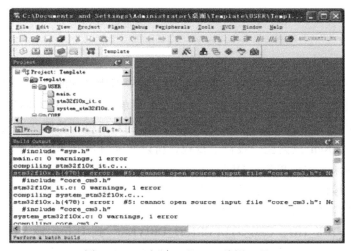

图 2-1-34　新建工程 17—编译工程

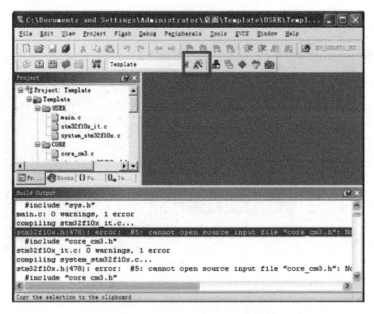

图 2-1-35　新建工程 18—目标选项

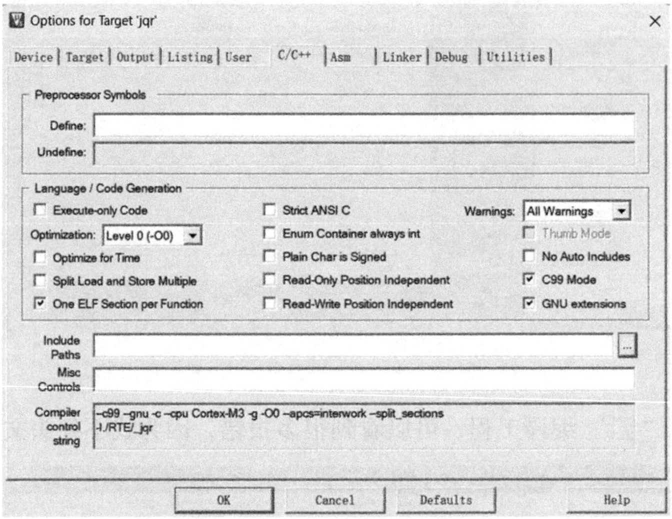

图 2-1-36　新建工程 19—C/C++选项卡

这里要注意，对于任何一个工程，都需要把工程中引用到的所有头文件的路径都包含进来。回到工程主菜单，单击"🔨"按钮，弹出一个菜单，单击"C/C++"选项卡，然后单击"Include Paths"右边的按钮。弹出一个添加 Path 的对话框，将图 2-1-37 上面的 3 个目录添加进去。记住，Keil 只会在一级目录查找，所以如果目录下面还有子目录，则一定要定位到最后一级子目录，然后单击"OK"。

接下来，再来编译工程，可以看到又报了很多同样的错误。为什么呢？这是因为 3.5 版本的库函数在配置和选择外设时是通过宏定义来选择的，所以需要配置一个全局的宏定义变量，填写"STM32F10X_HD，USE_STDPERIPH_DRIVER"到 Define 输入框里，如图 2-1-38 所示。这里解释一下，如果用的是中容量，那么将"STM32F10X_HD"修改为"STM32F10X_

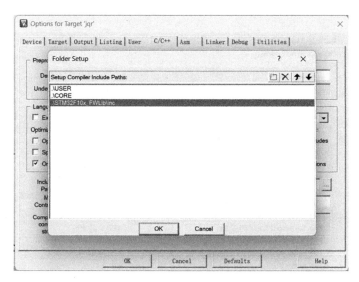

图 2-1-37 新建工程 20—添加头文件到 Path

MD"，小容量修改为"STM32F10X_LD"，然后单击"OK"。

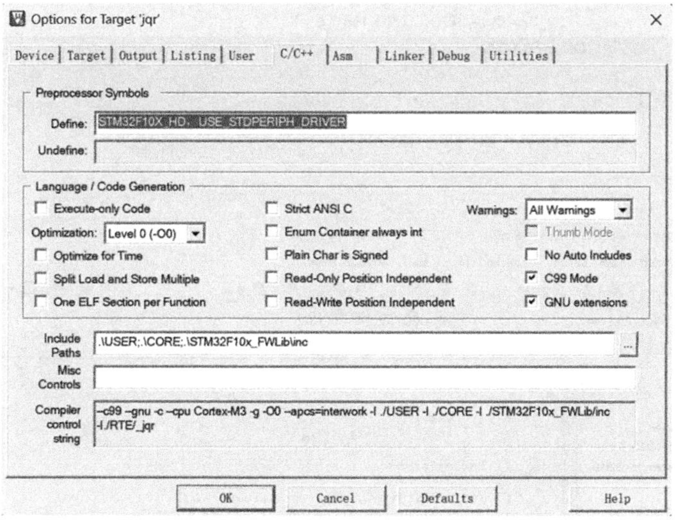

图 2-1-38 新建工程 21—添加全局宏定义标识符

这次在编译之前，记得打开工程 USER 下面的 main. c，复制图 2-1-39 所示代码到 main. c，覆盖已有代码，然后进行编译（记得在代码的最后面加上一个回车，否则会有警告），可以看到，这次编译已经成功了。

这里注意，上面 main. c 文件的代码，可以打开配套资源的工程模板，从工程的 main. c 文件中复制过来即可。

一个工程模板就建立好了。下面还需要进行配置，使编译之后能够生成 hex 文件。同样单击"🔨"按钮，进入配置菜单，单击"Output"选项卡。然后勾选图 2-1-41 所示的三个选项。其中"Create HEX file"是编译生成 hex 文件，Browser Information 可以查看变量和函数定义。

```c
#include "stm32f10x.h"
void Delay(u32 count)
{
    u32 i=0;
    for(;i<count;i++);
}
int main(void)
{
    GPIO_InitTypeDef    GPIO_InitStructure;
    RCC_APB2PeriphClockCmd(RCC_APB2Periph_GPIOB|
                RCC_APB2Periph_GPIOE, ENABLE);      //使能 PB,PE 端口时钟
    GPIO_InitStructure.GPIO_Pin = GPIO_Pin_5;       //LED0-->PB.5 端口配置
    GPIO_InitStructure.GPIO_Mode = GPIO_Mode_Out_PP;  //推挽输出
    GPIO_InitStructure.GPIO_Speed = GPIO_Speed_50MHz;  //IO 口速度为 50MHz
    GPIO_Init(GPIOB, &GPIO_InitStructure);          //初始化 GPIOB.5
    GPIO_SetBits(GPIOB,GPIO_Pin_5);                 //PB.5 输出高
    GPIO_InitStructure.GPIO_Pin = GPIO_Pin_5;       //LED1-->PE.5 推挽输出
    GPIO_Init(GPIOE, &GPIO_InitStructure);          //初始化 GPIO
    GPIO_SetBits(GPIOE,GPIO_Pin_5);                 //PE.5 输出高
    while(1)
    {
        GPIO_ResetBits(GPIOB,GPIO_Pin_5);
        GPIO_SetBits(GPIOE,GPIO_Pin_5);
        Delay(3000000);
        GPIO_SetBits(GPIOB,GPIO_Pin_5);
        GPIO_ResetBits(GPIOE,GPIO_Pin_5);
        Delay(3000000);
    }
}
```

图 2-1-39　新建工程 22—输入工程代码

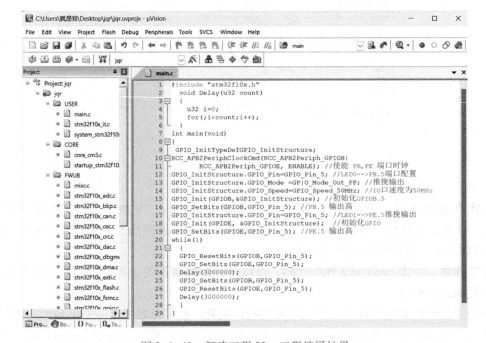

图 2-1-40　新建工程 23—工程编译结果

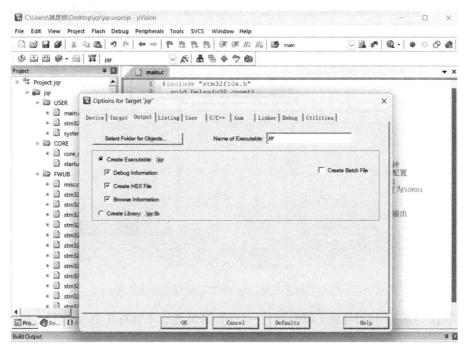

图 2-1-41　新建工程 24—Output 选项卡设置

　　重新编译代码，可以看到在 OBJ 目录下面生成了 hex 文件，将这个文件下载到 MCU 即可。至此，一个基于固件库 V3.5 的工程模板就建立了。

　　首先，找到源程序文件夹，打开任何一个固件库的实验，可以看到下面有一个 SYSTEM 文件夹，比如打开实验 1 的工程目录，如图 2-1-42 所示。

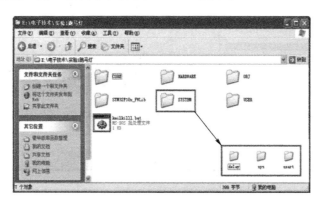

图 2-1-42　新建工程 25—USER 目录文件结构

　　可以看到有一个 SYSTEM 文件夹，进入 SYSTEM 文件夹，里面有三个子文件夹分别为 delay、sys、usart，每个子文件夹下面都有相应的 . c 文件和 . h 文件。接下来要将这三个目录下面的代码加入工程中。用之前讲解步骤 13 的办法，在工程中新建一个组，命名为 "SYSTEM"，然后加入这三个文件夹下面的 . c 文件，即 sys. c、delay. c、usart. c，如图 2-1-43 所示。

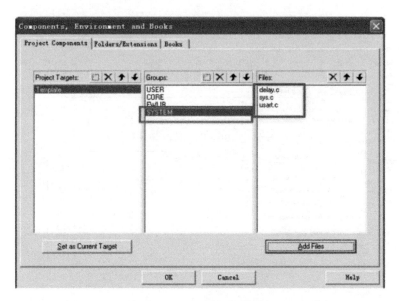

图 2-1-43　新建工程 26—添加文件到 SYSTEM 分组

　　然后单击"OK"，可以看到工程中多了一个 SYSTEM 组，下面有 3 个 .c 文件，如图 2-1-44 所示。

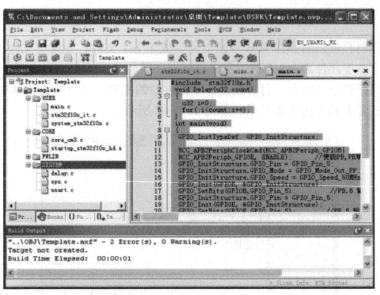

图 2-1-44　新建工程 27—添加到 SYSTEM 分组后的工程界面

　　接下来将对应的三个目录（sys、usart、delay）加入 Path 中，因为每个目录下面都有相应的 .h 头文件，参考步骤 15 即可，加入后的界面如图 2-1-45 所示。

　　最后单击"OK"，工程模板就彻底完成了，这样就可以调用提供的 SYSTEM 文件夹里面的函数。建立好的工程模板在附件资料的实验目录里面有，可以打开对照一下。

2. 程序下载

　　前面学会了如何在 MDK 下创建 STM32 工程。下面将向读者介绍 STM32 的代码下载以及调试。这里的调试包括了软件仿真和硬件调试（在线调试）。

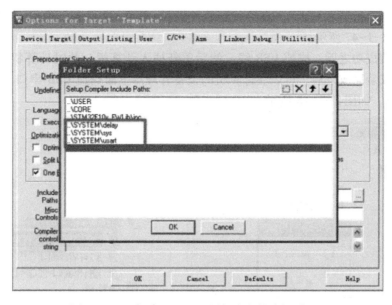

图 2-1-45　新建工程 28—添加头文件路径到 Path

（1）STM32 串口程序下载

STM32 的程序下载有多种方法：USB、串口、JTAG、SWD 等，都可以用来给 STM32 下载代码。不过，最常用的、最经济的就是通过串口给 STM32 下载代码。STM32 的串口下载一般是通过串口 1 下载的，本书的实验平台通过自带的 USB 串口来下载。看起来像是 USB 下载（只需一根 USB 线，并不需要串口线）的，实际上，是通过 USB 转成串口，再下载的。下面详细介绍如何在实验平台上利用 USB 串口来下载代码。

在 USB_232 处插入 USB 线，并接上计算机，如果之前没有安装 CH340G 的驱动（如果已经安装过了驱动，则应该能在设备管理器里面看到 USB 串口，如果不能则要先卸载之前的驱动，卸载完后重启计算机，再重新安装提供的驱动），则计算机会提示找到新硬件，如图 2-1-46 所示。

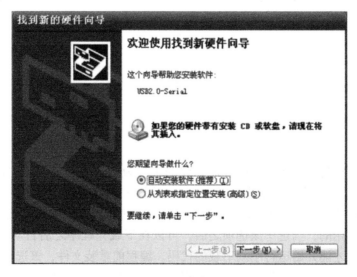

图 2-1-46　安装驱动

选择默认，单击"下一步"，直接找到软件资料-软件-文件夹下的 CH340 驱动，安装该驱动，如图 2-1-47 所示。

在驱动安装成功之后，拔掉 USB 线，然后重新插入计算机，此时计算机就会自动给其安装驱动。在安装完成之后，可以在计算机的设备管理器里面找到 USB 串口（如果找不到，则重启计算机），如图 2-1-48 所示。

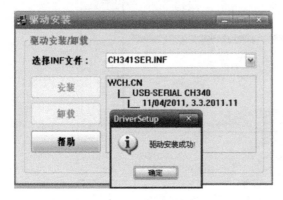

图 2-1-47 驱动安装完成　　　　　　　　　图 2-1-48 串口显示正常

在图 2-1-48 中可以看到，USB 串口被识别为 COM3，这里需要注意的是，不同计算机可能不一样，有的可能是 COM4、COM5 等，但是 USB-SERIAL CH340 一定是一样的。

如果没找到 USB 串口，则有可能是安装有误，或者系统不兼容。在安装 USB 串口驱动之后，就可以开始串口下载代码了。该软件启动界面如图 2-1-49 所示。

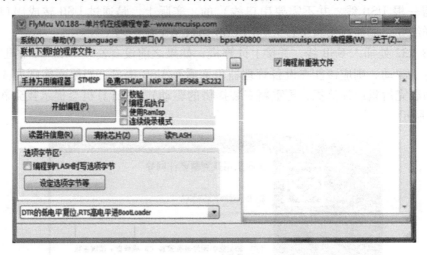

图 2-1-49 串口调试助手

然后选择要下载的 hex 文件，以前面新建的工程为例，用串口下载软件打开 OBJ 文件夹，找到 Template.hex，打开并进行相应设置，如图 2-1-50 所示。

图 2-1-50 圈中的设置，是建议的设置。"编程后执行"这个选项在无"一键下载"功能的条件下是很有用的，当选中该选项之后，可以在下载完程序之后自动运行代码；否则，还需要按复位键，才能开始运行刚刚下载的代码。编程前重装文件，该选项也比较有用，当选中该选项之后，串口下载软件会在每次编程之前，将 hex 文件重新装载一遍，这对于代码

调试是比较有用的。特别提醒：不要选择使用 RamIsp，否则可能无法正常下载。

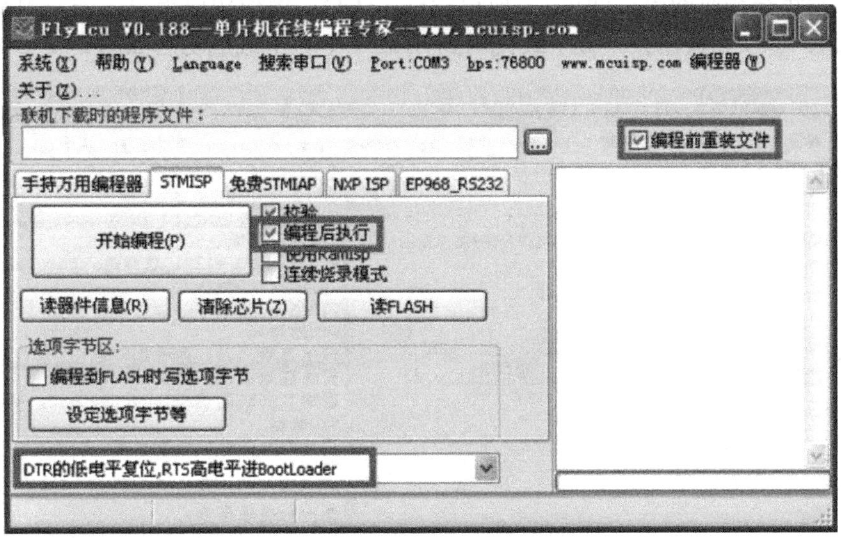

图 2-1-50　下载软件设置

最后，选择"DTR 的低电平复位，RTS 高电平进 BootLoader"，串口下载软件就会通过 DTR 和 RTS 信号来控制板载的"一键下载"功能电路，以实现"一键下载"功能。如果不选择，则无法实现，这个是必要的选项（在 BOOT0 接 GND 的条件下）。

在装载了 hex 文件之后，要下载代码还需要选择串口，这里串口下载软件有智能串口搜索功能。每次打开串口下载软件，软件会自动去搜索当前计算机上可用的串口，然后选中一个作为默认的串口（一般是最后一次关闭时所选择的串口）；也可以通过单击菜单栏的搜索串口，来实现自动搜索当前可用串口。串口波特率可以通过 bps 设置，对于 STM32，该波特率最大为 460800 bit/s。然后找到 CH340 虚拟的串口，如图 2-1-51 所示。

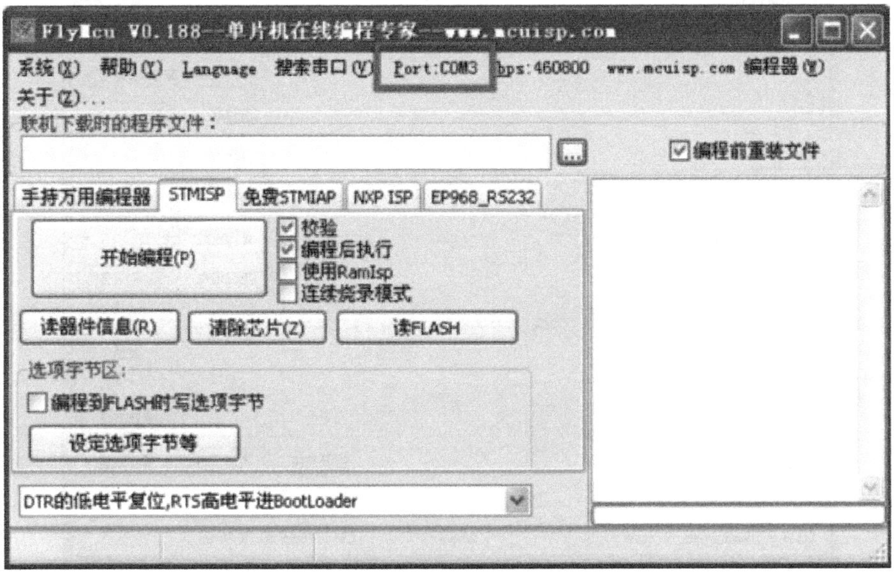

图 2-1-51　选择下载的文件

从之前 USB 串口的安装可知，开发板的 USB 串口被识别为 COM3（如果计算机识别为其他串口，则选择相应的串口即可），所以选择 COM3。选择相应串口之后，就可以通过单击"开始编程（P）"按钮，一键下载代码到 STM32 上，下载成功后如图 2-1-52 所示。

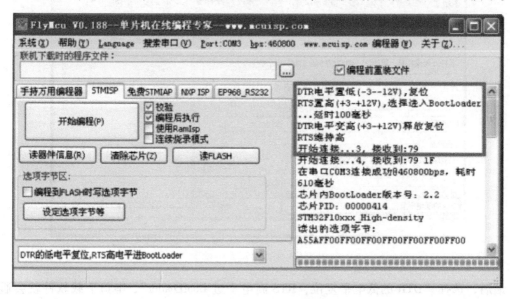

图 2-1-52 下载成功界面

图 2-1-52 中，圈出了串口下载软件对一键下载电路的控制过程，其实就是控制 DTR 和 RTR 电平的变化来自动配置 BOOT0 和 RESET，从而实现自动下载。下载成功后，会有"共写入 xxxxKB，耗时 xxxx 毫秒"的提示，并且从 0X80000000 处开始运行了，打开串口调试助手（XCOM V2.0），选择 COM3（根据计算机实际情况选择），设置波特率为 115200 bit/s，会看到从 ALIENTEK 战舰 STM32F103 发回来的信息，如图 2-1-53 所示。

图 2-1-53 串口调试界面

接收到的数据和仿真的是一样的，证明程序没有问题。至此，说明下载代码成功了，并且也从硬件上验证了代码的正确性。

（2）JTAG/SWD 程序下载

上面介绍了如何通过利用串口给 STM32 下载代码，并验证了程序的正确性。这个代码比较简单，所以不需要硬件调试，但是如果代码工程比较大，就有必要通过硬件调试来解决问题了。串口只能下载代码，并不能实时跟踪调试，而利用调试工具，比如 JLink、ULink、STLink 等就可以实时跟踪程序，从而找到程序中的 bug，使开发事半功倍。这里以 JLinkV8 为例，说明如何在线调试 STM32。JLink V8 支持 JTAG 和 SWD，同时 STM32 也支持 JTAG 和 SWD。所以，有两种方式可以用来调试：JTAG 调试时，占用的 I/O 线比较多，而 SWD 调试时占用的 I/O 线很少，只需要两根即可。JLink V8 的驱动安装比较简单，此处不再说明。在安装 JLink V8 的驱动之后，接上 JLink V8，并将 JTAG 口插到 STM32 开发板上，打开"Options for Target"设置界面，在 Debug 栏选择仿真工具为"J-LINK/J-TRACE Cortex"，如图 2-1-54 所示。

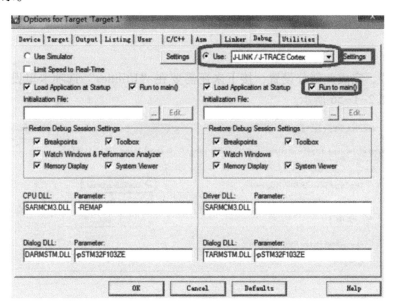

图 2-1-54　仿真设置界面

图 2-1-54 中还勾选了"Run to main（）"，选中该选项后，只要单击"Start Stop Debug Session"就会直接运行到 main 函数，如果没选择这个选项，则会先执行"startup_stm32f10x_hd.s"文件的 Reset_Handler，再跳转到 main 函数。

然后单击"Settings"按钮（注意，如果 JLink 固件比较老，此时可能会提示升级固件，单击"确认"升级即可），设置 JLink 的一些参数，如图 2-1-55 所示。

图 2-1-55 中，使用 JLink V8 的 SW 模式调试，因为 JTAG 需要占用比 SW 模式多很多的 I/O 口，而在 ALIENTEK 战舰 STM32 开发板上这些 I/O 口可能被其他外设用到，造成部分外设无法使用。所以，建议在调试时，一定要选择 SW 模式。Max Clock 可以单击"Auto Clk"来自动设置，图 2-1-55 中设置 SWD 的调试速度为 10 MHz，这里，如果 USB 数据线比较差，可能会出问题，此时，可以通过降低调试速度来试试。

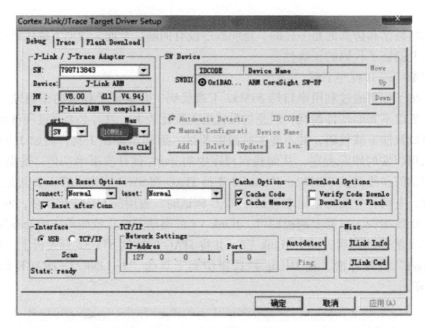

图 2-1-55　仿真调试界面

单击"OK"，完成此部分设置，接下来还需要在"Utilities"选项卡里设置下载时的目标编程器，如图 2-1-56 所示。

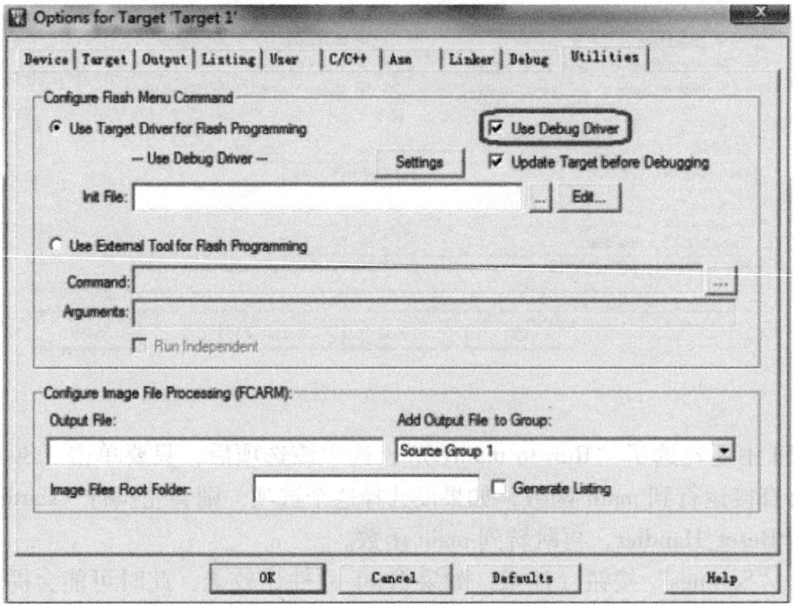

图 2-1-56　"Utilities"选项卡设置

在图 2-1-56 中，直接勾选"Use Debug Driver"，即和调试一样，选择 JLink 来给目标器件的 FLASH 编程，然后单击"Settings"按钮，进入 FLASH 算法设置，如图 2-1-57所示。

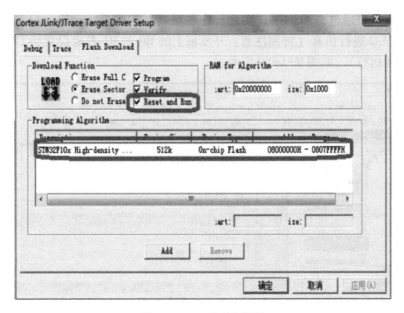

图 2-1-57　选项卡设置

　　这里 MDK5 会根据新建工程时选择的目标器件，自动设置 FLASH 算法。使用的 STM32F103ZET6 的 FLASH 容量为 512 KB，所以 Programming Algorithm 里面默认会有 512K 型号的 STM32F10x High-density Flash 算法。另外，如果这里没有 FLASH 算法，可以单击 "Add" 按钮，在弹出的窗口自行添加即可。最后，勾选 "Reset and Run" 选项，以实现在编程后自动运行，其他默认设置即可，如图 2-1-57 所示。在设置完成之后，单击 "OK"，回到 IDE 界面，编译一下工程。如果这时要进行程序下载，那么只需要单击下载图标即可下载程序到 STM32，非常方便实用，参考图 2-1-58。

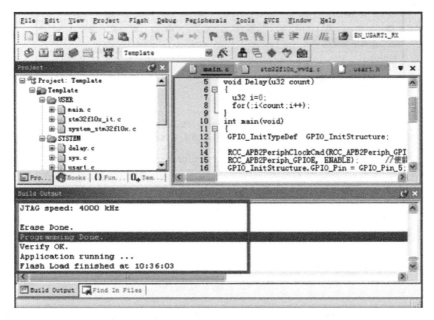

图 2-1-58　下载成功

接下来主要讲解通过 JTAG/SWD 实现程序在线调试的方法。这里，只需要单击图标就可以开始对 STM32 进行仿真（特别注意：开发板上的 B0 和 B1 都要设置到 GND，否则代码下载后不会自动运行），如图 2-1-59 所示。

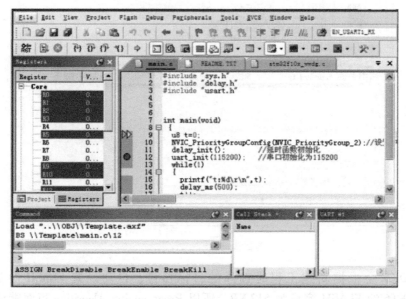

图 2-1-59　仿真

因为之前勾选了"Run to main()"选项，所以，程序直接就运行到 main 函数的入口处，在 uart_init()处设置了一个断点，单击"▤"，程序将会快速执行到该处，如图 2-1-60 所示。

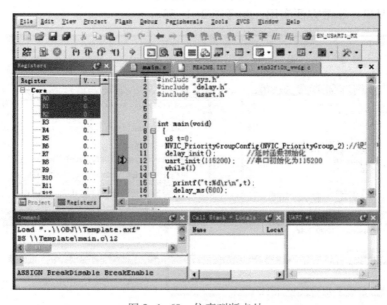

图 2-1-60　仿真到断点处

接下来，就可以开始操作了，不过这是真正的在硬件上的运行，而不是软件仿真，其结果更可信。

2.2　STM32 单片机的基本实验

2.2.1　点亮 LED 灯

本节讲解 STM32 单片机的基本内容，以及以点亮发光二极管为例讲解 STM32 单片机的输入/输出口作为"输出功能"的基本使用方法。为此，需要掌握和理解 STM32 输入/输出端口的配置方法及其相关原理和编程技术。

1. I/O 口简介

STM32-M3 单片机有 5 个 16 位的并行 I/O 口：PA、PB、PC、PD、PE。这 5 个端口，既可以作为输入，也可以作为输出；可按 16 位处理，也可按位方式（1 位）使用。

2. 硬件设计

在本任务中，使用 PE5 和 PB5 来控制发光二极管以 1 Hz 的频率不断闪烁。

发光二极管是一种常用的二极管，当通过二极管的正负极之间的电压差大于或等于导通电压时，发光二极管亮，否则发光二极管灭。本实验中，当输出低电平时，发光二极管亮；输出高电平时，发光二极管灭。点亮发光二极管的实验电路图如图 2-2-1 所示。

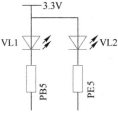

图 2-2-1　点亮发光二极管实验电路图

3. 软件设计

（1）主程序

```
#include "stm32f10x. h"
#include "led. h"
#include "delay. h"
int main( void)
{
LED_Init( );                              //初始化 LED
SysTick_Init( );                          //初始化时钟
while(1)
 {
 GPIO_SetBits( GPIOE,GPIO_Pin_5);         //PE5 输出高电平
 GPIO_SetBits( GPIOB,GPIO_Pin_5);         //PB5 输出高电平
 Delay_ms( 500);                          //延时 500 ms
 GPIO_ResetBits( GPIOE,GPIO_Pin_5);       //PE5 输出低电平
 GPIO_ResetBits( GPIOB,GPIO_Pin_5);       //PB5 输出低电平
 Delay_ms( 500);                          //延时 500 ms
 }
}
```

主程序是如何工作的？结合电路图可知，当 PB5 或者 PE5 输出低电平时，发光二极管亮；

当 PB5 或者 PE5 输出高电平时，发光二极管灭。再看 while(1) 逻辑块中的语句，两次调用了延时函数，让单片机微控制器在给 PB5 或者 PE5 引脚端口输出高电平和低电平之间都延时 500 ms，即输出的高电平和低电平都保持 500 ms，从而达到发光二极管 LED 以 1Hz 的频率不断闪烁的效果。

头文件 delay.h 中定义了两个延时函数：Delay_us 与 void Delay_ms( )。用这两个函数控制灯闪烁的时间间隔。Delay_us( ) 是微秒级延时；Delay_ms( ) 是毫秒级延时。

以上仅从主函数角度讲解如何实现闪烁，但是仅有这些程序开发板实际是不能让二极管闪烁的。一般而言，嵌入式系统在正式工作前，都要进行一些初始化工作，主要包括 RCC_Configuration（复位和时钟设置）和 GPIO_Configuration（I/O 口设置）。接下来讲解如何进行外设的时钟设置和 I/O 口设置。

（2）STM32 单片机的时钟配置

如何正确使用时钟源？先认识一下开发板初始化函数中的复位和时钟配置函数 RCC_Configuration（Reset and Clock Configuration，RCC），它与 STM32 系列微控制器中的时钟有关。

每个外设挂在不同的时钟下面，尤其需要理解 APB1 和 APB2 的区别，APB1 上面连接的是低速外设，包括电源接口、备份接口、CAN、USB、I2C1、I2C2、UART2、UART3 等，APB2 上面连接的是高速外设，包括 UART1、SPI1、Timer1、ADC1、ADC2、所有普通 I/O 口（PA～PE）、第二功能 I/O 口等。在以上的时钟输出中，有很多是带使能控制的，例如 AHB 总线时钟、内核时钟、各种 APB1 外设、APB2 外设等。当需要使用某模块时，记得一定要先使能对应的时钟。具体使用方法见以下程序：

```
RCC_APB2PeriphClockCmd(RCC_APB2Periph_GPIOB,ENABLE)；//打开 PB 口时钟
RCC_APB2PeriphClockCmd(RCC_APB2Periph_GPIOE,ENABLE)；//打开 PE 口时钟
```

（3）STM32 单片机的 I/O 端口配置

STM32 单片机的 I/O 端口结构如图 2-2-2 所示。

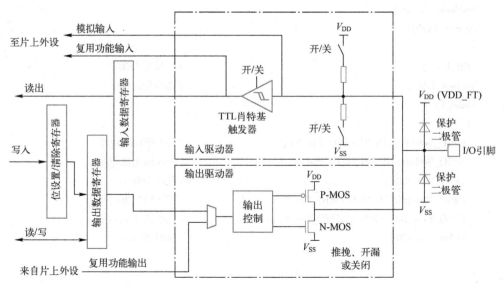

图 2-2-2 I/O 端口结构图

while(1)逻辑块中的代码是例程主程序的功能主体:

```
while(1)
{
        GPIO_SetBits(GPIOE,GPIO_Pin_5);             //PE5 输出高电平
        GPIO_SetBits(GPIOB,GPIO_Pin_5);             //PB5 输出高电平
        Delay_ms(500);                              //延时 500 ms
        GPIO_ResetBits(GPIOE,GPIO_Pin_5);           //PE5 输出低电平
        GPIO_ResetBits(GPIOB,GPIO_Pin_5);           //PB5 输出低电平
        Delay_ms(500);                              //延时 500 ms
}
```

先给 PB5 引脚输出低电平,由赋值语句 GPIO_ResetBits(GPIOB, GPIO_Pin_5)完成,然后调用延时函数 delay_ms(500)等待 500 ms,再给 PB5 引脚输出高电平,即 GPIO_SetBits(GPIOB, GPIO_Pin_5),再次调用延时 500 ms 函数 delay_ms(500)。这样就完成了一次闪烁。

在程序中,没有看到 PB5、GPIOB 和 GPIO_Pin_5 的定义,它们已经在固件函数标准库(stm32f10x_map_h 和 stm32f10x_gpio.h)中定义好了,由头文件 stm32f10x_led.h 包括进来。GPIO_SetBits 和 GPIO_ResetBits 这两个函数在 stm32f10x_gpio.c 中实现,后面将做介绍。

时序图反映的是高、低电压信号与时间的关系图,时间从左到右增长,高、低电压信号随着时间在低电平或高电平之间变化。这个时序图显示的是刚才实验中的 1000 ms 高、低电压信号片段。右边的省略号表示的是这些信号是重复出现的。

微控制器的最大优点之一就是它们能不停地重复做同样的事情。为了让单片机不断闪烁,需要将让 LED 闪烁一次的几个语句放在 while(1){…}循环里。这里用到了 C 语言实现循环结构的一种形式:

```
while(表达式)    循环体语句
```

当表达式为非 0 值时,执行 while 语句中的内嵌语句,其特点是先判断表达式,后执行语句。例程中直接用 1 代替了表达式,因此总是非 0 值,循环永不结束,也就可以一直让 LED 灯闪烁。

注意:循环体语句如果包含一个以上的语句,就必须用花括号"{ }"括起来,以复合语句的形式出现。如果不加花括号,则 while 语句的范围只到 while 后面的第一个分号处。例如,本例中 while 语句中如果没有花括号,则 while 语句的作用范围只到"GPIO_SetBits(GPIOB, GPIO_Pin_5);"。

循环体语句也可以为空,就直接用 while(1);程序将一直停在此处。

接下来认识下 GPIO_Configuration 函数,I/O 口在使用前除了要使能时钟外,还必须使能端口。具体参考以下程序:

```
GPIO_InitTypeDef GPIO_InitStructure;
GPIO_InitStructure. GPIO_Pin = GPIO_Pin_5;
//端口速度
GPIO_InitStructure. GPIO_Speed = GPIO_Speed_50 MHz;
//输出为推挽模式
GPIO_InitStructure. GPIO_Mode = GPIO_Mode_Out_PP;
```

```
//初始化 PB、PE
GPIO_Init( GPIOB, &GPIO_InitStructure);
```

使能端口一共分为三步。

1) 选择 I/O 的引脚号，比如 PB5 都需要使能 GPIO_Pin_5。

2) 选择端口的工作速度，GPIO_Speed_2/10/50 MHz。

3) 选择输入/输出引脚的工作模式，STM32 系列单片机的输入/输出引脚可配置成以下 8 种（4 输入+2 输出+2 复用输出）。

浮空输入：In_Floating。

带上拉输入：IPU（In Push-Up）。

带下拉输入：IPD（In Push-Down）。

模拟输入：AIN（Analog In）。

开漏输出：OUT_OD，OD 代表开漏（Open-Drain）。

推挽输出：OUT_PP，PP 代表推挽式（Push-Pull）。

复用功能的推挽输出：AF_PP，AF 代表复用功能（Alternate-Function）。

复用功能的开漏输出：AF_OD。

点亮 LED 灯主要采用的是 I/O 端口的输出功能，一般采用开漏输出或推挽输出，具体区别如下。

开漏输出：MOS 管漏极开路。要得到高电平状态需要上拉电阻才行。一般用于线或、线与，适合做电流型的驱动，其吸收电流的能力相对强（一般 20 mA 以内）。开漏是对 MOS 管而言，开集是对双极型管而言，在用法上没区别，开漏输出端相当于晶体管的集电极。如果开漏引脚不连接外部的上拉电阻，则只能输出低电平。因此，对于经典的 MCS-51 单片机的 P0 口，要想做输入/输出功能必须加外部上拉电阻，否则无法输出高电平逻辑。一般来说，可以利用上拉电阻接不同的电压，改变传输电平，以连接不同电平（3.3 V 或 5 V）的器件或系统，这样就可以进行任意电平的转换了。

推挽输出：如果输出级的两个参数相同，MOS 管（或晶体管）受两互补信号的控制，始终处于一个导通、一个截止的状态，就是推挽相连，这种结构称为推拉式电路。推挽输出电路输出高电平或低电平时，两个 MOS 管交替工作，可以降低功耗，并提高每个管的承受能力。又由于不论走哪一路，管子导通电阻都很小，使 RC 常数很小，逻辑电平转变速度很快，因此，推拉式输出既可以提高电路的负载能力，又能提高开关速度，且导通损耗小、效率高。输出既可以向负载灌电流（作为输出），也可以从负载抽取电流（作为输入）。

除此以外，其他的外设引脚设置应该参考以下原则。

1) 外设对应的引脚为输入：根据外围电路的配置可以选择浮空输入、带上拉输入或带下拉输入。

2) ADC 对应的引脚：配置引脚为模拟输入。

3) 外设对应的引脚为输出：需要根据外围电路的配置选择对应的引脚为复用功能的推挽输出或复用功能的开漏输出。

如果把端口配置成复用输出功能，则引脚和输出寄存器断开并和片上外设的输出信号连接。将引脚配置成复用输出功能后，如果外设没有被激活，那么它的输出将不确定。

当 GPIO 口设为输入模式时，输出驱动电路与端口是断开的，此时输出速度配置无意义，不用配置。在复位期间和刚复位后，复用功能未开启，I/O 端口被配置成浮空输入模式。所有端口都有外部中断能力。为了使用外部中断线，端口必须配置成输入模式。

当 GPIO 口设为输出模式时，有 3 种输出速度可选（2 MHz、10 MHz 和 50 MHz），这个速度是指 I/O 口驱动电路的响应速度而不是输出信号的速度，输出信号的速度与程序有关（芯片内部在 I/O 口的输出部分安排了多个响应速度不同的输出驱动电路，可以根据需要选择合适的驱动电路）。

对于串口，假如最大波特率只需 115.2 kbit/s，则 2 MHz 的 GPIO 引脚速度就足够了，既省电噪声也小；对于 I²C 接口，假如使用 400 kbit/s 传输速率，若想把余量留大些，那么用 2 MHz 的 GPIO 引脚速度或许不够，这时可以选用 10 MHz 的 GPIO 引脚速度；对于 SPI 接口，假如使用 18 MHz 或 9 MHz 传输速率，用 10 MHz 的 GPIO 引脚速度显然不够，需要选用 50 MHz 的 GPIO 引脚速度。

由此可见，STM32 系列单片机的 GPIO 功能很强大，具有以下功能。

最基本的功能是可以驱动 LED、产生 PWM、驱动蜂鸣器等。具有单独的位设置或位清除，编程简单，端口配置好以后只需 GPIO_SetBits（GPIOx，GPIO_Pin_x）就可以实现对 GPIOx 的 pinx 位为高电平，GPIO_Reset Bits（GPIOx，GPIO_Pin_x）就可以实现对 GPIOx 的 pinx 位为低电平。具有外部中断唤醒能力，端口配置成输入模式时，具有外部中断能力。具有复用功能，复用功能的端口兼有 I/O 功能等。软件重新映射 I/O 复用功能：为了使不同器件封装的外设 I/O 功能的数量达到最优，可以把一些复用功能重新映射到其他一些引脚上，这可以通过软件配置相应的寄存器来完成。GPIO 口的配置具有锁定机制，当配置好 GPIO 口后，在一个端口位上执行了锁定（LOCK），可以通过程序锁住配置组合，在下一次复位之前，将不能再更改端口位的配置。STM32 系列单片机的每个 GPIO 端口有两个 32 位配置寄存器（GPIOx_CRL，GPIOx_CRH）、两个 32 位数据寄存器（GPIOx_IDR，GPIOx_ODR）、一个 32 位置位/复位寄存器（GPIOx_BSRR）、一个 16 位复位寄存器（GPIOx_BRR）和一个 32 位锁定寄存器（GPIOx_LCKR）。GPIO 端口可以由软件分别配置成多种模式。每个 I/O 端口位可以自由编程。

2.2.2　蜂鸣器实验

本节讲解 STM32 单片机的基本内容，以及以蜂鸣器实验为例巩固 STM32 单片机的输入/输出口作为"输出功能"的基本使用方法，通过本实验加深理解 STM32 输入/输出端口的配置方法及其相关原理和编程技术。

1. 蜂鸣器简介

蜂鸣器是一种一体化结构的电子讯响器，采用直流电压供电，广泛应用于计算机、打印机、复印机、报警器、电子玩具、汽车电子设备、电话机、定时器等电子产品中作发声器件。蜂鸣器主要分为压电式蜂鸣器和电磁式蜂鸣器两种类型。

前面已经对 STM32 的 I/O 做了简单介绍，利用 STM32 的 I/O 口直接驱动 LED，那蜂鸣器能否直接用 STM32 的 I/O 口驱动呢？原因如下：STM32 的单个 I/O 最大可以提供 25 mA 电流（来自数据手册），而蜂鸣器的驱动电流是 30 mA 左右，两者十分相近，但需全盘考虑，STM32 整个芯片的电流，最大也就 150 mA，如果用 I/O 口直接驱动蜂鸣器，其他地方用电就得省着点了。所以，最好不要用 STM32 的 I/O 直接驱动蜂鸣器，而是通过晶体管扩流后再驱动蜂鸣器，这样 STM32 的 I/O 只需要提供不到 1 mA 的电流就足够了。

　　I/O 口使用虽然简单，但是和外部电路的匹配设计，还是要十分讲究的，考虑越多，设计就越可靠，可能出现的问题也就越少。

2. 硬件设计

　　在本任务中，使用 PB8 来控制蜂鸣器以 2 Hz 的频率不断响断。

　　本实验需要用到的硬件有蜂鸣器。蜂鸣器在硬件上也是直接连接好了的，不需要经过任何设置，直接编写代码就可以了。蜂鸣器的驱动信号连接在 STM32 的 PB8 上，如图 2-2-3 所示。

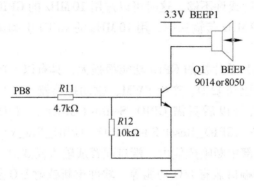

图 2-2-3　蜂鸣器实验电路图

3. 软件设计

（1）主程序

```
#include "stm32f10x. h"
#include "beep. h"
#include "delay. h"
int main( void)
{
beep_Init( );                                //初始化 beep
SysTick_Init( );                             //初始化时钟
while( 1)
    {
    GPIO_SetBits( GPIOB,GPIO_Pin_8);         //PB8 输出高电平
    Delay_ms( 1000);                         //延时 1000 ms
    GPIO_ResetBits( GPIOB,GPIO_Pin_5);       //PB8 输出低电平
    Delay_ms( 1000);                         //延时 1000 ms
    }
}
```

　　结合电路图可知，当 PB8 发出低电平时，蜂鸣器发出响声；当 PB8 输出高电平时，蜂鸣器停止响声。再看 while(1)逻辑块中的语句，两次调用了延时函数，让单片机微控制器在给 PB8 引脚端口输出高电平和低电平之间都延时 1000 ms，即输出的高电平和低电平都保持 1000 ms，从而实现蜂鸣器以 2 Hz 的频率不断响和断的效果。

头文件 delay. h、时钟配置及端口配置方法与点亮二极管实验是一致的。

（2）STM32 单片机的时钟配置

当需要使用某模块时，记得一定要先使能对应的时钟。PB 口是挂在 APB2 时钟上的，具体使用方法见以下程序：

```
RCC_APB2PeriphClockCmd（RCC_APB2Periph_GPIOB, ENABLE）；  //打开 PB 口时钟
```

（3）STM32 单片机的 I/O 端口配置

STM32 单片机的 I/O 端口结构和配置方法等内容，在上一节已经介绍，这里不再重复介绍。

接下来认识下 GPIO_Configuration 函数，输入/输出口在使用前除了要使能时钟外，还必须使能端口。具体参考以下程序：

```
GPIO_InitTypeDef GPIO_InitStructure;
GPIO_InitStructure. GPIO_Pin = GPIO_Pin_8;                //端口速度
GPIO_InitStructure. GPIO_Speed = GPIO_Speed_50MHz;        //输出为推挽模式
GPIO_InitStructure. GPIO_Mode = GPIO_Mode_Out_PP;         //初始化 PB
GPIO_Init（GPIOB, &GPIO_InitStructure）；
```

使能端口一共分为三步：选择 I/O 的引脚号，比如 PB8 都需要使能 GPIO_Pin_8；选择端口的工作速度，GPIO_Speed_2/10/50 MHz；选择输入/输出引脚的工作模式，蜂鸣器实验需要的是输出功能，没有特殊要求，选择推挽输出即可。

2. 2. 3　按键输入实验

本节讲解 STM32 单片机的基本内容，以及以按键输入实验为例讲解 STM32 单片机的输入/输出口作为"输入功能"的基本使用方法，通过本实验加深理解 STM32 输入/输出端口的配置方法及其相关原理和编程技术。

1. 开关简介

开关是一种控制电流是否通过的器件，是电工电子设备中用来接通、断开和转换电路的机电元器件。开关的种类非常多，有按钮开关、钮子开关、船型开关、键盘开关、拨动开关等，如图 2-2-4 所示。

图 2-2-4　各种开关

2. 硬件设计

在本任务中，使用四个按键分别来控制两个 LED 灯的不同变化。

本实验用到的硬件资源有：指示灯（LED2、LED3）；4 个按键（S1、S2、S3 和 S4）。

LED2 和 LED3 与 STM32 的连接在前面都已经分别介绍了，在 STM32 开发板上的按键 S1 连接在 PE4 上，S2 连接在 PE3 上，S3 连接在 PE2 上，S4 连接在 PA0 上，如图 2-2-5 所示。这里需要注意的是，S1、S2 和 S3 是低电平有效的，而 S4 是高电平有效的，并且外部都没有上、下拉电阻，所以，需要在 STM32 内部设置上、下拉电阻。

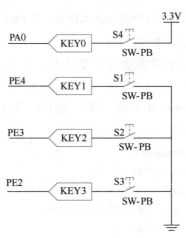

图 2-2-5　按键实验电路图

3. 软件设计

（1）主程序

先进行一系列的初始化操作，然后在死循环中调用按键值，最后根据按键值控制 LED。

```
#include "stm32f10x.h"
#include "led.h"
#include "key.h"
#include "delay.h"
int main(void)
{
    BEEP_Init();            //初始化 BEEP
    KEY_Init();             //按键初始化
    SysTick_Init();         //初始化时钟
    while (1)
    {
        if(! S1)
        {
            Delay_ms(10);
            if(! S1)
            {
                while(! S1);    //等待按键释放
                LED2_REV;
            }
        }
    }
}
```

```
/////////////////////////////////////
if( ! S2)
{
    Delay_ms(10);
    if( ! S2)
    {
        while( ! S2);
        LED3_REV;
    }
}
/////////////////////////////////////
if( ! S3)
{
    Delay_ms(10);
    if( ! S3)
    {
        while( ! S3);
        LED2_REV;
        LED3_REV;
    }
}
/////////////////////////////////////
if(S4)
{
    Delay_ms(10);
    if(S4)
    {
        while(S4);
        for(j=0;j<10;j++)
        {
            LED2_REV;
            LED3_REV;
            Delay_ms(100);
        }
    }
}
```

结合电路图可知，S1 控制 LED2，按一次亮，再按一次灭；S2 控制 LED3，按一次亮，再按一次灭；S3 控制 LED2 和 LED3，它们的状态就立刻翻转一次；S3 控制 LED2 和 LED3，它们的状态就翻转 10 次。

（2）STM32 单片机的时钟和 I/O 端口配置

void KEY_Init(void)函数

首先使能 GPIOA 和 GPIOE 时钟，然后实现 PA0、PE2~PE4 的输入设置。

```
void KEY_Init(void)
{
    GPIO_InitTypeDef GPIO_InitStructure;                              //打开 PB 口时钟
    RCC_APB2PeriphClockCmd(RCC_APB2Periph_GPIOB, ENABLE);//打开 PA 口时钟
    RCC_APB2PeriphClockCmd(RCC_APB2Periph_GPIOA, ENABLE);//打开 PE 口时钟
    RCC_APB2PeriphClockCmd(RCC_APB2Periph_GPIOE, ENABLE);//PE2, PE3, PE4 引脚设置
    GPIO_InitStructure. GPIO_Pin = GPIO_Pin_2 | GPIO_Pin_3 | GPIO_Pin_4;  //端口速度
    GPIO_InitStructure. GPIO_Speed = GPIO_Speed_10MHz;               //端口模式, 此为输入上拉
                                                                       模式
    GPIO_InitStructure. GPIO_Mode = GPIO_Mode_IPU;                  //初始化对应的端口
    GPIO_Init(GPIOE, &GPIO_InitStructure);                          //PA0 引脚设置
    GPIO_InitStructure. GPIO_Pin = GPIO_Pin_0;                      //端口速度
    GPIO_InitStructure. GPIO_Speed = GPIO_Speed_10MHz;             //端口模式, 此为输入下拉
                                                                       模式
    GPIO_InitStructure. GPIO_Mode = GPIO_Mode_IPD;                 //初始化对应的端口
    GPIO_Init(GPIOA, &GPIO_InitStructure);
}
```

2.2.4　串口实验

1. 串口简介

串行通信是指数据的各个二进制位按照顺序一位一位地进行传输。单片机的串行通信是将数据的二进制位，按照一定的顺序进行逐位发送，接收方则按照对应的顺序逐位接收，并将数据恢复出来，如图 2-2-6 所示。这种通信方式的优点是所需的数据线少，节省硬件成本及单片机的引脚资源，并且抗干扰能力强，适合于远距离数据传输，其缺点是传输速率慢、效率低。

串口作为 MCU 的重要外部接口，同时也是软件开发重要的调试手段。STM32F3 系列单片机最多可提供 5 路串口，有分数波特率发生器、支持同步单线通信和半双工单线通信等。

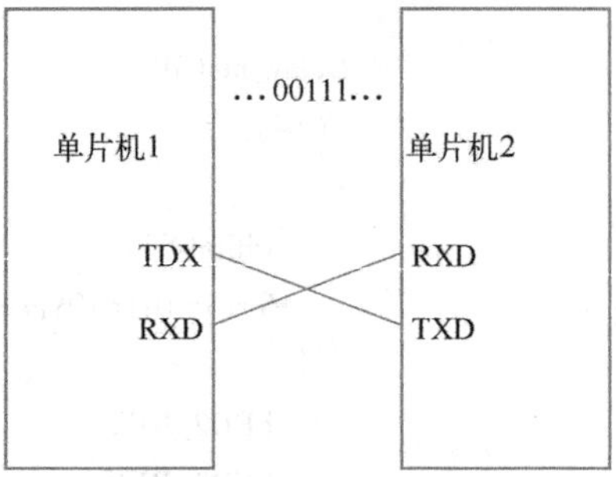

图 2-2-6　串行通信

2. 硬件设计

本实验任务是每间隔 500 ms，通过串口向外发送"开发板串口测试程序"，同时 LED2 灯状态取反一次。

本实验需要用到的硬件资源有 LED2 和串口 1。

串口 1 之前还没有介绍过，本实验用到的串口 1 与 USB 串口并没有在 PCB 上连接在一起，需要通过跳线帽来连接一下。这里将 P6 的 RXD 和 TXD 用跳线帽与 PA9 和 PA10 连接起来，如图 2-2-7 所示。

3. 软件设计

串口设置的一般步骤可以总结如下：串口时钟使能，GPIO 时钟使能；串口复位；GPIO

端口模式设置；串口参数初始化；开启中断并且初始化 NVIC（如果需要开启中断才需要这个步骤）；使能串口；编写中断处理函数。

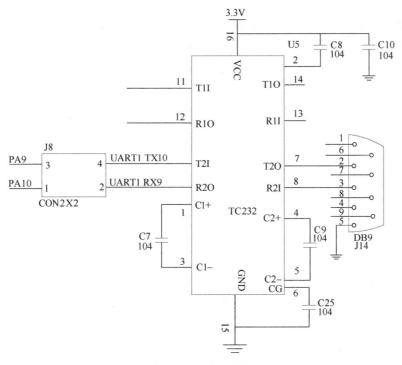

图 2-2-7　串口通信

（1）主程序

```
#include " stm32f10x. h"
#include " led. h"
#include " delay. h"
int main( void)
{
GPIO_InitTypeDef GPIO_InitStructure;
USART_InitTypeDef USART_InitStructure;
RCC_APB2PeriphClockCmd( RCC_APB2Periph_USART1 | RCC_APB2Periph_GPIOA, ENABLE);
                                            //使能 USART1, GPIOA 时钟
USART_DeInit( USART1);                      //复位串口 1//USART1_TX PA. 9
GPIO_InitStructure. GPIO_Pin = GPIO_Pin_9;  //PA. 9
GPIO_InitStructure. GPIO_Speed = GPIO_Speed_50 MHz;
GPIO_InitStructure. GPIO_Mode = GPIO_Mode_AF_PP;    //复用推挽输出
GPIO_Init( GPIOA, &GPIO_InitStructure);     //初始化 PA9
GPIO_InitStructure. GPIO_Pin = GPIO_Pin_10;
GPIO_InitStructure. GPIO_Mode = GPIO_Mode_IN_FLOATING;  //浮空输入
GPIO_Init( GPIOA, &GPIO_InitStructure);     //初始化 PA10
USART_InitStructure. USART_BaudRate = 9600;
```

```
USART_InitStructure. USART_WordLength = USART_WordLength_8b;
USART_InitStructure. USART_StopBits = USART_StopBits_1;
USART_InitStructure. USART_Parity = USART_Parity_No;
USART_InitStructure. USART_HardwareFlowControl = USART_HardwareFlowControl_None;
USART_InitStructure. USART_Mode = USART_Mode_Rx | USART_Mode_Tx;
USART_Init(USART1, &USART_InitStructure);
USART_Cmd(USART1, ENABLE);                     //使能串口
LED_Init();                                    //LED 初始化
SysTick_Init();                                //延时初始化
while (1)
  {
    printf(" \n\rUSART Printf Example:开发板串口测试程序\r");
    Delay_ms(500);
    LED2_REV;
  }
}
```

（2）串口通信程序相关配置程序

1）串口时钟使能。串口是挂载在 APB2 下面的外设，所以使能函数为

```
RCC_APB2PeriphClockCmd(RCC_APB2Periph_USART1);
```

2）串口复位。当外设出现异常时可以通过复位设置，实现该外设的复位，然后重新配置这个外设达到让其重新工作的目的。一般在系统刚开始配置外设时，都会先执行复位该外设的操作。复位是在函数 USART_DeInit() 中完成：

```
void USART_DeInit(USART_TypeDef * USARTx);        //串口复位
```

比如要复位串口 1，方法为

```
USART_DeInit(USART1);        //复位串口 1
```

3）串口参数初始化。一般的实现格式为

```
USART_InitStructure. USART_BaudRate = bound;                    //波特率设置；
USART_InitStructure. USART_WordLength = USART_WordLength_8b;    //字长为 8 位数据格式
USART_InitStructure. USART_StopBits = USART_StopBits_1;         //一个停止位
USART_InitStructure. USART_Parity = USART_Parity_No;            //无奇偶校验位
USART_InitStructure. USART_HardwareFlowControl
USART_HardwareFlowControl_None;                                //无硬件数据流控制
USART_InitStructure. USART_Mode = USART_Mode_Rx | USART_Mode_Tx; //收发模式
USART_Init(USART1, &USART_InitStructure);                       //初始化串口
```

从上面的初始化格式可以看出，初始化需要设置的参数为波特率、字长、停止位、奇偶校验位、硬件数据流控制、模式（收或发）。

4）数据的发送与接收。STM32 的发送与接收是通过数据寄存器 USART_DR 来实现的，这是一个双寄存器，包含了 TDR 和 RDR。当向该寄存器写数据时，串口就会自动发送，当收到数据时，也是存在该寄存器内。

STM32 库函数操作：USART_DR 寄存器发送数据的函数为

> void USART_SendData(USART_TypeDef * USARTx,uint16_t Data) ;

通过该函数向串口寄存器 USART_DR 写入一个数据。

USART_DR 寄存器读取串口接收到的数据的函数为

> uint16_t USART_ReceiveData(USART_TypeDef * USARTx) ;

通过该函数可以读取串口接收到的数据。

5）串口状态。串口的状态可以通过状态寄存器 USART_SR 读取。在固件库函数里，读取串口状态的函数为

> FlagStatus USART_GetFlagStatus(USART_TypeDef * USARTx,uint16_t USART_FLAG) ;

这个函数的第二个入口参数非常关键，它是标示要查看串口的哪种状态，比如上面讲解的 RXNE（读数据寄存器非空）以及 TC（发送完成）。例如要判断读寄存器是否非空（RXNE），操作库函数的方法为

> USART_GetFlagStatus(USART1, USART_FLAG_RXNE) ;

要判断发送是否完成（TC），操作库函数的方法为

> USART_GetFlagStatus(USART1, USART_FLAG_TC) ;

这些标识号在 MDK 里面是通过宏定义定义的：

```
#define USART_IT_PE ( ( uint16_t) 0x0028)
#define USART_IT_TXE ( ( uint16_t) 0x0727)
#define USART_IT_TC ( ( uint16_t) 0x0626)
#define USART_IT_RXNE ( ( uint16_t) 0x0525)
#define USART_IT_IDLE ( ( uint16_t) 0x0424)
#define USART_IT_LBD ( ( uint16_t) 0x0846)
#define USART_IT_CTS ( ( uint16_t) 0x096A)
#define USART_IT_ERR ( ( uint16_t) 0x0060)
#define USART_IT_ORE ( ( uint16_t) 0x0360)
#define USART_IT_NE ( ( uint16_t) 0x0260)
#define USART_IT_FE ( ( uint16_t) 0x0160)
```

6）串口使能。串口使能是通过函数 USART_Cmd( )来实现的，使用方法为

> USART_Cmd(USART1, ENABLE) ;　　　//使能串口

2. 2. 5　中断实验

1. 中断简介

单片机中断是指 CPU 在正常执行程序的过程中，由于计算机内部或外部发生了另一事件（如定时时间到、外部中断触发等），请求 CPU 迅速去处理，CPU 暂时停止当前程序的运行，而转去处理所发生的事件，等这个突发事件处理完成后，再回到正常执行程序。常见的单片机中断方式有三种：外部中断、定时中断和串口中断，本节主要讲解外部中断的使用。

STM32 的每个 I/O 都可以作为外部中断的中断输入口，这点也是 STM32 的强大之处。STM32F103 的中断控制器支持 19 个外部中断事件请求。每个中断设有状态位，每个中断事件都有独立的触发和屏蔽设置。STM32F103 的 19 个外部中断为：线 0~15 对应外部 I/O 口的输入中断；线 16 连接到 PVD 输出；线 17 连接到 RTC 闹钟事件；线 18 连接到 USB 唤醒事件。

STM32 供 I/O 口使用的中断线只有 16 个，但是 STM32 的 I/O 口却远远不止 16 个，STM32 就这样设计，GPIO 的引脚 GPIOx. 0~GPIOx. 15(x = A, B, C, D, E, F, G)分别对应中断线 0~15。这样每个中断线对应了最多 7 个 I/O 口，以线 0 为例，它对应了 GPIOA0、GPIOB0、GPIOC0、GPIOD0、GPIOE0、GPIOF0、GPIOG0。而中断线每次只能连接到 1 个 I/O 口上，这样就需要通过配置来决定对应的中断线配置到哪个 GPIO 上了。

2. 硬件设计

本次实验任务要实现通过中断检测按键的功能，但是这里使用的是中断来检测按键，S1 控制 LED2，按一次亮，再按一次灭；S2 控制 LED3，按一次亮，再按一次灭；S3 控制 LED2 和 LED3，它们的状态就立刻翻转一次；S3 控制 LED2 和 LED3，它们的状态就翻转 10 次。

本实验用到的硬件资源有：指示灯（LED2、LED3）；4 个按键（S1、S2、S3、S4）。

LED2 和 LED3 和 STM32 的连接在前面都已经分别介绍了，在 STM32 开发板上的按键 S1 连接在 PE4 上、S2 连接在 PE3 上、S3 连接在 PE2 上、S4 连接在 PA0 上。这里需要注意的是，S1、S2 和 S3 是低电平有效的，而 S4 是高电平有效的，并且外部都没有上、下拉电阻，所以，需要在 STM32 内部设置上、下拉电阻。

3. 软件设计

（1）主程序

```
#include "stm32f10x. h"
#include "led. h"
#include "delay. h"
#include "key. h"
#include "exti. h"
int main(void)
{
delay_init();                                    //延时函数初始化
NVIC_PriorityGroupConfig(NVIC_PriorityGroup_2);  //设置 NVIC 中断分组 2
LED_Init();                                      //初始化与 LED 连接的硬件接口
KEY_Init();                                      //初始化与按键连接的硬件接口
EXTIX_Init();                                    //外部中断初始化
LED2 = 0;                                        //点亮 LED2
while(1)
{
printf("OK\r\n");                                //打印 OK
delay_ms(1000);
}
}
```

在初始化中断后，点亮 LED2，就进入死循环等待了，在死循环里面通过一个 printf 函数来显示系统正在运行，在中断发生后，就执行中断服务函数做出相应的处理。

（2）中断服务程序

使用 I/O 口外部中断的一般步骤如下：

1）初始化 I/O 口为输入。

2）开启 AFIO 时钟。

3）设置 I/O 口与中断线的映射关系。

4）初始化线上中断，设置触发条件等。

5）配置中断分组（NVIC），并使能中断。

6）编写中断服务函数。

下面介绍中断服务程序的具体内容。

外部中断初始化函数：

```
void EXTI0_IRQHandler( void) 是外部中断 0 的服务函数,负责 S1 按键的中断检测;
void EXTI2_IRQHandler( void) 是外部中断 2 的服务函数,负责 S2 按键的中断检测;
void EXTI3_IRQHandler( void) 是外部中断 3 的服务函数,负责 S3 按键的中断检测;
void EXTI4_IRQHandler( void) 是外部中断 4 的服务函数,负责 S4 按键的中断检测;
```

对于每个中断线的配置几乎一样，下面列出中断线 2 的相关配置代码：

首先调用 KEY_Init( ) 函数，接着配置中断线和 GPIO 的映射关系，然后初始化中断线。

```
#include " exti. h"
#include " led. h"
#include " key. h"
#include " delay. h"
#include " usart. h"
#include " beep. h"
//外部中断 0 服务程序
void EXTIX_Init( void)
{
EXTI_InitTypeDef EXTI_InitStructure;
NVIC_InitTypeDef NVIC_InitStructure;
KEY_Init( );                                        //①按键端口初始化
RCC_APB2PeriphClockCmd( RCC_APB2Periph_AFIO,ENABLE);   //②开启 AFIO 时钟
//GPIOE. 2 中断线以及中断初始化配置,下降沿触发
GPIO_EXTILineConfig( GPIO_PortSourceGPIOE,GPIO_PinSource2);   //③设置 I/O 口与中断线的映
射关系
EXTI_InitStructure. EXTI_Line=EXTI_Line2;
EXTI_InitStructure. EXTI_Mode = EXTI_Mode_Interrupt;
EXTI_InitStructure. EXTI_Trigger = EXTI_Trigger_Falling;   //下降沿触发
EXTI_InitStructure. EXTI_LineCmd = ENABLE;
EXTI_Init( &EXTI_InitStructure);                    //④初始化中断线参数
NVIC_InitStructure. NVIC_IRQChannel = EXTI2_IRQn;    //使能按键外部中断通道
NVIC_InitStructure. NVIC_IRQChannelPreemptionPriority = 0x02;   //抢占优先级 2,
```

```
NVIC_InitStructure. NVIC_IRQChannelSubPriority = 0x02;    //子优先级 2
NVIC_InitStructure. NVIC_IRQChannelCmd = ENABLE;         //使能外部中断通道
NVIC_Init(&NVIC_InitStructure);                          //⑤初始化 NVIC
}
//⑥外部中断 2 服务程序
```

接下来介绍各按键的中断服务函数，一共 4 个。

先看按键 S2 的中断服务函数 void EXTI2_IRQHandler（void），该函数代码比较简单，先延时 10 ms 以消抖，再检测 KEY2 是否还是为低电平，如果是，则执行此次操作（翻转 LED0 控制信号），如果不是，则直接跳过，最后有一句 EXTI_ClearITPendingBit（EXTI_Line2）；通过该句清除已经发生的中断请求。同样，可以发现 S1、S3 和 S4 的中断服务函数和 S2 按键的十分相似。

```
void EXTI2_IRQHandler( void)
{
delay_ms(10);                    //消抖
if( KEY2 = = 0)                  //按键 KEY2
{
LED3 = ! LED3;
}
EXTI_ClearITPendingBit( EXTI_Line2);    //清除 LINE2 上的中断标志位
}
```

第 3 章 轮式机器人的设计与制作

轮式机器人是最常见的机器人，它不仅移动速度快、稳定性好，而且移动方向易于控制，广泛应用于安防、医疗、工业等多个领域。轮式机器人为了到达目的地，有时需要一定的引导方式，最常见的就是沿着地面引导线行走。此时机器人需要利用传感器采集地面信息，识别引导线，做出正确的路径判断，再驱动机器人的本体移动。本章从机械结构、电路硬件、舵机和电动机驱动等方面详细介绍轮式机器人的设计与制作过程。

 轮式机器人设计基础

3.1.1 机械结构

常见的轮式机器人有两轮驱动和四轮驱动两种类型，图 3-1-1 分别为两轮和四轮驱动的巡线机器人。

a）两轮巡线机器人   b）四轮巡线机器人

图 3-1-1 巡线机器人

1. 两轮结构

两轮机器人的主体采用两轮加万向轮的结构，车后侧安装万向轮实现车身稳定及转向功能，如图 3-1-2 所示。

2. 四轮结构

四轮结构机器人的主体采用前面两轮加后面两轮的结构，每个轮子上安装电动机，通过控制四个电动机实现机器人的各种行走方式，如图 3-1-3 所示。

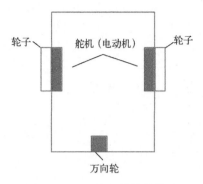

图 3-1-2　两轮机械结构设计

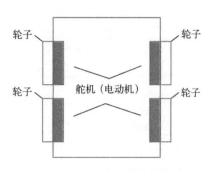

图 3-1-3　四轮机械结构设计

3.1.2　电路硬件

1. 主控板

为了完成轮式巡线机器人的控制，主控板选用 STM32 单片机开发板，如图 3-1-4 所示。主控芯片是 STM32F103ZET6，芯片图如图 3-1-5 所示，它是 STM32 系列中性价比较适中的一款芯片。芯片采用了高性能的 32 位精简指令内核 ARM Cortex-M3，具有 128 KB Flash，以及 112 路通用 I/O 口，能满足多路传感器和驱动器的接入；提供三个 12 位 ADC、四个通用 16 位定时器和两个 PWM 定时器，以及 I^2C、SPI、USART、USB 和 CAN 等多种通信接口。与 MCS-51 等单片机相比运算速度更快、集成度更高、对数据量的处理功能更强大，具有高性能、低功耗、低成本等特性，较适合于小型机器人的开发。

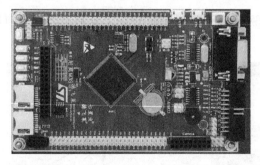

图 3-1-4　STM32 单片机开发板

图 3-1-5　STM32F103ZET6 芯片

2. 驱动器的选择

适合轮式机器人驱动的方式主要有速度舵机和直流电动机等方式。其中，直流电动机转速快、力矩大，更加适合快速移动、负重要求较高的机器人；速度舵机控制精度较高，更加适合机械臂、抓手等高精度定位的领域。

（1）舵机

设计轮式巡线机器人时，可以选用 FS5113R 舵机作为轮式机器人的驱动器，如图 3-1-6 所示。此款舵机的齿轮为铜质结构，结实耐用，为连续旋转舵机，工作电压为 4.8~6 V，

图 3-1-6　舵机

在 6 V 电源供电条件下，额定转矩为 12 kg/cm，可作为轻型轮式机器人的驱动器。此款舵机有三根连接线，其中红色线连接电源正极，棕色线连接电源负极，橙色线连接控制信号。

（2）直流电动机

设计轮式巡线机器人时，也可以选用 6 V 直流电动机作为轮式机器人的驱动器。此款直流电动机的减速箱减速比为 48:1，空载速度为 48 m/min，最高可达 240 r/min。电动机由于工作时所需电流较大，需要外接电动机驱动器 L295 模块。6 V 直流电动机及其驱动电路如图 3-1-7 所示。

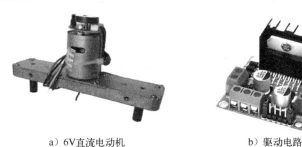

　　a）6V直流电动机　　　　　　　　b）驱动电路

图 3-1-7　直流电动机及驱动电路

3. 电源模块

稳定的供电电压是保障硬件电路稳定工作的前提。主控制板芯片的工作电压为 2~3.6 V，舵机和小直流电动机的工作电压为 4.8~7.2 V，选择额定电压为 7.4 V 的 2S 锂电池供电，如图 3-1-8a 所示。为了给电路提供稳定的直流电压，选用 LM2596S DC-DC 稳压模块，如图 3-1-8b 所示，可实现稳定的 3.3 V、5 V、12 V 的电压转换。此模块输入电压范围为 3.2~35 V，输出电压范围为 2.45~30 V，输出电流可达 3A。

　　a）2S锂电池　　　　　　　　　b）LM2596SDC-DC稳压模块

图 3-1-8　电源模块

4. 传感器

机器人实现巡线功能需要借助数字灰度传感器，实现避障功能需要借助红外传感器。

数字灰度传感器主要用于探测白色地图中黑色边界线，所以选用型号为 SEN1595 的灰度传感器，如图 3-1-9 所示。Sen1595 模块是一款常用的数字输出灰度传感器，可用于识别常见的黑白色等，对外接口有三个，分别为 VCC（电源）、GND（地）和 SIG（输出信号），其中供电电压为 DC 4~6 V。它由 LED 发光

图 3-1-9　灰度传感器

二极管、光敏电阻、可调电位器和电压比较器等部分组成。探测距离为 8~35 mm，推荐 10~20 mm。通过电位器可以调节基准电压以保证传感器正常工作。

5. 陀螺仪

陀螺仪选用 JY901，其参数及外形如图 3-1-10 所示，它集成了高精度的陀螺仪、加速度计、地磁场传感器，采用高性能的微处理器和先进的动力学解算与卡尔曼动态滤波算法，能够快速求解出模块当前的实时运动姿态。

JY901	单片机
VCC	3.3V 或 5V
SCL	I²C 时钟线
SDA	I²C 数据线
GND	GND

图 3-1-10　JY901 模块

3.1.3　舵机和电动机驱动

1. I/O 接口驱动舵机

舵机是机器人中常见的执行部件，通常使用特定频率的 PWM 进行控制。舵机的主要组成部位由一个小型的电动机和传动机构（齿轮组）构成，多被用于操控飞行器上的舵面，故而得名舵机。通常舵机的三根线按照颜色分别为：黑色—GND，红色—VCC，黄色—PWM。

图 3-1-11 为常用的舵机，控制舵机转动的 PWM 如图 3-1-12 所示。舵机使用的 PWM 信号一般为频率 50 Hz、高电平时间 0.5~2.5 ms 的 PWM 信号，不同占空比的 PWM 信号对应舵机转动的角度，以 180°舵机为例，对应时序图如图 3-1-12 所示。控制电动机运动转速的是高电平持续时间，当高电平持续 1.5 ms 时，该脉冲序列发给经过零点标定后的舵机，舵机不会旋转。当高电平持续时间为 1.3 ms 时，电动机顺时针全速旋转，当高电平持续时间为 1.7 ms 时，电动机逆时针全速旋转。下面介绍如何给 STM32 微控制器编程，使 PD 端口的第 9、10 引脚（PD9、PD10）产生舵机的控制信号。

首先确认一下机器人两个舵机的控制线是否已经正确连接到 STM32 开发板的两个接口上。将电源线、地线和信号线与开发板正确连接，PD9 与左边的舵机信号线相接，而 PD10 引脚与右边的舵机信号线相接。

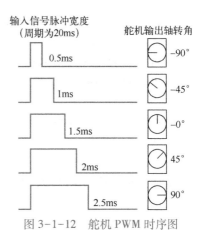

图 3-1-11 舵机   图 3-1-12 舵机 PWM 时序图

下面对微控制器编程。发给舵机的高、低电平信号必须具备更精确的时间，要求具有比 delay_ms( )函数的时间更精确的函数，这就需要用另一个延时函数 delay_us( )。这个函数可以实现更小的延时，它的延时单位是 μs。

控制 PD10 引脚的代码如下。

```
while(1)
{
    GPIO_SetBits(GPIOD ,GPIO_Pin_10);        //PD10 输出高电平
    Delay_us(1500);                          //延时 1500 μs
    GPIO_ResetBits( GPIOD, GPIO_ Pin_10)      //PD10 输出低电平
    Delay_us(20000);                         //延时 20 ms
}
```

此时，舵机应该静止不动。如果它在慢慢转动，就说明舵机需要进行零点标定。舵机全速旋转的代码如下。

```
while(1)
{
    GPIO_SetBits(GPIOD ,GPIO_ Pin_10);       //PD10 输出高电平
    Delay_us(1300);                          //延时 1300 μs 为顺时针全速旋转，延时 1700 μs 为
                                             逆时针全速旋转
    GPIO_ResetBits( GPIOD, GPIO_ Pin_10)      //PD10 输出低电平
    Delay_us(20000);                         //延时 20 ms
}
```

刚才是让连接到 PD10 引脚的舵机轮子全速旋转，可以修改程序让连接到 PD9 的机器人轮子全速旋转。当然，修改程序也可让机器人的两个轮子都能够旋转。让机器人两个轮子都顺时针全速旋转可参考下面的程序。这里需要注意的是，在机器人安装舵机时，由于两侧是相反放置的，程序设计时应考虑这一点。

直行时，左轮顺时针转动，右轮则逆时针转动，两个轮子的转速相同，直行的控制代码样例如下。

```
while(1)
{
```

```
GPIO_SetBits(GPIOD ,GPIO_Pin_10);        //PD10 输出高电平
Delay_us(1700);                          //延时 1700 μs
GPIO_ResetBits(GPIOD,GPIO_ Pin_10);
GPIO_SetBits(GPIOD,GPIO_ Pin_9);         //PD9 输出高电平
Delay_us(1300);                          //延时 1300 μs
GPIO_ResetBits(GPIOD,GPIO_ Pin_10);      //PD10 输出低电平
Delay_us(20000);                         //延时 20 ms
}
```

左转时，左轮转动速度慢，右轮转动速度快，左转的控制代码样例如下。

```
while(1)
{
GPIO_SetBits(GPIOD ,GPIO_Pin_10);        //PD10 输出高电平
Delay_ us(1700);                         //延时 1700 μs
GPIO_ResetBits(GPIOD, GPIO_ Pin_10);
GPIO_SetBits(GPIOD,GPIO_ Pin_9);         //PD9 输出高电平
Delay_us(1400);                          //延时 1400 μs
GPIO_ResetBits(GPIOD, GPIO_ Pin_10);     //PD10 输出低电平
Delay_us(20000);                         //延时 20 ms
}
```

右转时，右轮转动速度慢，左轮转动速度快。左转的控制代码样例如下。

```
while(1)
{
GPIO_SetBits(GPIOD ,GPIO_Pin_10);        //PD10 输出高电平
Delay_ us(1600);                         //延时 1600 μs
GPIO_ResetBits(GPIOD, GPIO_ Pin_10);
GPIO_SetBits(GPIOD,GPIO_ Pin_9);         //PD9 输出高电平
Delay_us(1300);                          //延时 1300 μs
GPIO_ResetBits(GPIOD, GPIO_ Pin_10);     //PD10 输出低电平
Delay_us(20000);                         //延时 20 ms
}
```

2. I / O 口驱动直流电动机

直流电动机工作时由于需要的电流较大，通常要用到电动机驱动器。电动机工作电压大小和电动机转动速度有一定的关系。电动机可以实现正转和反转，正反转取决于电源的供电（+或者-）；电动机的速度也可以通过 PWM 波等方式实现调速。表 3-1-1 为电动机驱动的功能表。

表 3-1-1　电动机驱动的功能表

电动机	旋转方式	控制端 IN1	控制端 IN2	调速使能 EN
M1	正转	高	低	PWM 调速
	反转	低	高	
	停止	低	低	

电动机只要通过电动机驱动器提供足够的电压和电流就能工作，所以在电气连接上仅考虑 IN1 和 IN2，就可以实现电动机的全速正转、全速反转和停止。图 3-1-13 为电动机全速转动时各部分连接图。除满足电气连接以外，还要考虑程序的实现，下面是如何控制直流电动机转动的程序。

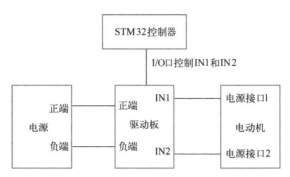

图 3-1-13　电动机全速转动时各部分连接图 1

```
#define IN1_1    GPIO_SetBits(GPIOD,GPIO_Pin_5);
#define IN1_0    GPIO_ResetBits(GPIOD,GPIO_Pin_5);
#define IN2_1    GPIO_SetBits(GPIOD,GPIO_Pin_6);
#define IN2_0    GPIO_ResetBits(GPIOD,GPIO_Pin_6);
#define L_go     IN1_0;IN2_1           //电动机全速正转
#define L_back   IN1_1;IN2_0           //电动机全速反转
#define L_stop   IN1_0;IN2_0           //电动机停止
while(1)
    {
    L_go;
    Delay_ms(1000);                    //延时 1000 ms
    L_back;
    Delay_ms(1000);                    //延时 1000 ms
    L_stop;
    Delay_ms(1000);                    //延时 1000 ms
    }
```

STM32 单片机 I/O 口驱动直流电动机调速，IN 的使用方法和全速转动时方法一致，另外需要考虑 EN 使能端口的使用。EN 是电动机驱动电路的输入使能开关，对于直流电动机这里可接 PWM 调制波控制速度，既可以通过 I/O 输出不同比例的高低电平，也可以通过 STM32 自带的 PWM 输出功能。图 3-1-14 为电动机全速转动时各部分连接图。这里仅介绍输出口输出 PWM 功能，此时将 EN 连接到 PD10，实现电动机以近似一半的速度转动的代码如下。

```
while(1)
    {
    GPIO_SetBits(GPIOD,GPIO_Pin_10);    //PD10 输出高电平
    Delay_ms(1000);                     //延时 1 s
```

```
GPIO_ResetBits( GPIOD,GPIO_Pin_10)；        //PD10 输出低电平
Delay_ms(1000)；                            //延时 1 s
}
```

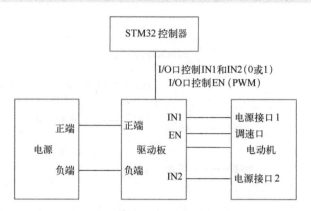

图 3-1-14　电动机全速转动时各部分连接图 2

3.1.4　传感器数据采集

为了确定小车行进的方向，就需要从灰度传感器读取地面引导线信息。灰度传感器从数据的返回类型来看，可以分为数字式灰度传感器和模拟式灰度传感器。读取数字式灰度传感器只需将其接到 STM32 单片机的 I/O 口，读取模拟式灰度传感器则需将其接到 STM32 单片机的 ADC 接口。

1. 读取数字灰度传感器

STM32 单片机接数字式灰度传感器，实际上是使用 STM32 单片机 I/O 接口的输入功能。当遇到黑线时，传感器返回高电平；当遇到白线时，传感器返回低电平，具体操作步骤如下。

1）时钟配置：

```
RCC_APB2PeriphClockCmd( RCC_APB2Periph_GPIOD, ENABLE)；        //打开 PD 口时钟
```

2）I/O 口配置，对 PD1、PD2、PD3 进行配置的代码如下：

```
GPIO_InitTypeDef   GPIO_InitStructure；
GPIO_InitStructure. GPIO_Pin = GPIO_Pin_1；
GPIO_InitStructure. GPIO_Pin = GPIO_Pin_2；
GPIO_InitStructure. GPIO_Pin = GPIO_Pin_3；
GPIO_InitStructure. GPIO_Speed = GPIO_Speed_50 MHz；        //端口速度
GPIO_InitStructure. GPIO_Mode = GPIO_Mode_In_Floating；     //输入为浮空模式
GPIO_Init( GPIOD,&GPIO_InitStructure)；                     //初始化 PD
```

3）调用函数 GPIO_ReadInputDataBit( )来读取 I/O 接口的状态。获得了 I/O 接口的值即可为机器人的行进做出判断。本节传感器分别接单片机的 PD1、PD2 和 PD3 口，因此读取这三个口的状态值。

```
GPIO_ReadInputDataBit( GPIOD,GPIO_pin_1)；
```

```
GPIO_ReadInputDataBit(GPIOD,GPIO_pin_2);
GPIO_ReadInputDataBit(GPIOD,GPIO_pin_3);
```

2. 读取模拟灰度传感器

当机器人行走的地图颜色情况较多，不是只有黑白两种状态时，这时就要借助模拟传感器获取不同颜色的灰度信息，并据此判断地图颜色信息。模拟传感器产生的信号是模拟信号，由于单片机只能处理数字信号，不能直接读取模拟信号。因此，要将模拟灰度传感器的信号口连接到 ADC 接口，用来读取数据，下面讲解 STM32 中 ADC 的使用方法。

STM32 的 ADC 是 12 位逐次逼近型的模拟数字转换器。它有 18 个通道，可测量 16 个外部和 2 个内部信号源（温度传感器、内部参考电压）。A/D 输入引脚与 I/O 口线复用（STM32F103ZET6）。

下面介绍使用库函数来设定使用 ADC1 的通道 1 进行 A/D 转换。这里需要说明一下，使用到的库函数分布在 stm32f10x_adc.c 文件和 stm32f10x_adc.h 文件中。下面讲解其详细设置步骤。

1）开启 PA 口时钟和 ADC1 时钟，设置 PA1 为模拟输入。STM32F103ZET6 的 ADC 通道 1 在 PA1 上，所以，先要使能 PORTA 时钟和 ADC1 时钟，然后设置 PA1 为模拟输入。使能 GPIOA 和 ADC 时钟用 RCC_APB2PeriphClockCmd 函数，设置 PA1 的输入方式，使用 GPIO_Init 函数即可。表 3-1-2 为 ADC 对应引脚图。

表 3-1-2 ADC 对应引脚图

通 道	ADC1	ADC2	ADC3
通道 0	PA0	PA0	PA0
通道 1	PA1	PA1	PA1
通道 2	PA2	PA2	PA2
通道 3	PA3	PA3	PA3
通道 4	PA4	PA4	PF6
通道 5	PA5	PA5	PF7
通道 6	PA6	PA6	PF8
通道 7	PA7	PA7	PF9
通道 8	PB0	PB0	PF10
通道 9	PB1	PB1	
通道 10	PC0	PC0	PC0
通道 11	PC1	PC1	PC1
通道 12	PC2	PC2	PC2
通道 13	PC3	PC3	PC3
通道 14	PC4	PC4	
通道 15	PC5	PC5	
通道 16	温度传感器		
通道 17	内部参照电压		

2）复位 ADC1，同时设置 ADC1 分频因子。开启 ADC1 时钟之后，要复位 ADC1，将 ADC1 的全部寄存器重设为默认值之后就可以通过 RCC_CFGR 设置 ADC1 的分频因子。分频因子要确保 ADC1 的时钟（ADCCLK）不超过 14 MHz。设置分频因子为 6，时钟为 72/6 = 12 MHz，库函数的实现方法如下：

```
RCC_ADCCLKConfig( RCC_PCLK2_Div6);
```

ADC 时钟复位的方法如下：

```
ADC_DeInit( ADC1);
```

这个函数就是复位指定的 ADC。

3）初始化 ADC1 参数，设置 ADC1 的工作模式以及规则序列的相关信息。在设置完分频因子之后，就可以开始 ADC1 的模式配置了，设置单次转换模式触发方式选择、数据对齐方式等都在这一步实现。同时还要设置 ADC1 规则序列的相关信息，这里只有一个通道，并且是单次转换的，所以设置规则序列中通道数为 1。

4）使能 ADC 并校准。在设置完以上信息后，就使能 A/D 转换器，执行复位校准和 A/D 校准，注意这两步是必需的！不校准将导致结果很不准确。

5）读取 ADC 值。在上面的校准完成之后，ADC 就准备好了。接下来要做的就是设置规则序列 1 里面的通道、采样顺序，以及通道的采样周期，然后启动 ADC 转换。在转换结束后，即可读取 ADC 转换结果。

3. 读取二维码

OPENMV 摄像头如图 3-1-15 所示，是一款小巧、低功耗、低成本的电路板，它能够很轻松地完成机器视觉（Machine Vision）应用，可以使用外部终端触发拍摄或者执行算法，也可以利用算法的结果来控制 I/O 引脚。OPENMV 官网有大量相关例程代码可供参考：https://book. openmv. cc/image/code. html。

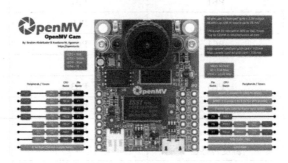

图 3-1-15　OPENMV 及其引脚定义

　　二维码的识别可以通过 OPENMV 摄像头获得二维码数据，再经过算法处理将识别结果输出给 STM32，图 3-1-16 显示了 OPENMV 识别二维码的过程。

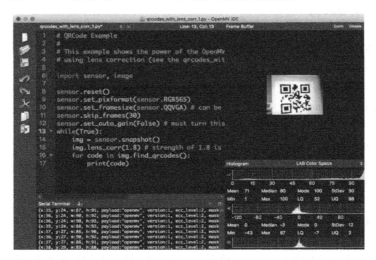

图 3-1-16　OPENMV 识别二维码

　　以下是示意例程代码：

```
import sensor, image
sensor. reset( )
sensor. set_pixformat( sensor. RGB565)
sensor. set_framesize( sensor. QQVGA) # can be QVGA on M7...
sensor. skip_frames( 30)
sensor. set_auto_gain( False) # must turn this off to prevent image washout...
while( True) :
    img = sensor. snapshot( )
    img. lens_corr( 1. 8) # strength of 1. 8 is good for the 2. 8mm lens.
    for code in img. find_qrcodes( ) :
        print( code)
```

4. 读取颜色

　　OPENMV 摄像头也可以用作颜色识别，颜色识别的关键在于阈值的选取，根据阈值即可确定识别的颜色。以红色、黄色、绿色、蓝色为例，定义红色的阈值为(44,75,8,77,−44,21)，绿色的阈值为(50,60,−48,−30,15,38)，蓝色的阈值为(61,95,−23,−10,−30,−10)，黄色的阈值为(36,75,−20,11,23,48)，可以对它们的 code 值进行输出，当摄像头识别到物体的颜色时，可自动对焦并输出其 code 值，然后与它们的进制数进行比对，即可确定摄像头识别到的颜色。

```
import sensor, image, time
sensor. reset( )
sensor. set_pixformat( sensor. GRAYSCALE)
sensor. set_framesize( sensor. QVGA)
sensor. skip_frames( time = 2000)
```

```
sensor. set_auto_gain(False)
sensor. set_auto_whitebal(False)
clock = time. clock()

r = [(320//2)-(50//2),(240//2)-(50//2),50,50]
for i in range(60):
    img = sensor. snapshot()
    img. draw_rectangle(r)
threshold = [128,128] # Middle grayscale values.
for i in range(60):
    img = sensor. snapshot()
    hist = img. get_histogram(roi=r)
    lo = hist. get_percentile(0.01)    hi = hist. get_percentile(0.99)
    threshold[0] = (threshold[0] + lo. value())     //2
    threshold[1] = (threshold[1] + hi. value())     //2
    for blob in img. find_blobs([threshold], pixels_threshold = 100, area_threshold = 100, merge =
True, margin = 10):
        img. draw_rectangle(blob. rect())
        img. draw_cross(blob. cx(), blob. cy())
        img. draw_rectangle(r)
while(True):
    clock. tick()
    img = sensor. snapshot()
    for blob in img. find_blobs([threshold], pixels_threshold = 100, area_threshold = 100, merge =
True, margin = 10):
        img. draw_rectangle(blob. rect())
        img. draw_cross(blob. cx(), blob. cy())
    print(clock. fps())
```

5. 读取陀螺仪数据

陀螺仪通过 I^2C 与单片机进行通信。I^2C 是 PHILIPS 公司开发的一种半双工、双向二线制同步串行总线。两线制代表 I^2C 只需两根信号线,一根是数据线 SDA,另一根是时钟线 SCL。I^2C 总线允许挂载多个主设备,但总线时钟同一时刻只能由一个主设备产生,并且要求每个连接到总线上的器件都有唯一的 I^2C 地址,从设备可以被主设备寻址。I^2C 通信具有几类信号。

开始信号 S:当 SCL 处于高电平时,SDA 从高电平拉低至低电平,代表数据传输的开始。

结束信号 P:当 SCL 处于高电平时,SDA 从低电平拉高至高电平,代表数据传输结束。

数据信号:数据信号每次传输 8 位数据,每一位数据都在一个时钟周期内传递,当 SCL 处于高电平时,SDA 数据线上的电平需要稳定;当 SCL 处于低电平时,SDA 数据线上的电平才允许改变。

应答信号 ACK/NACK:应答信号是主机发送 8 bit 数据,从机对主机发送低电平,表示已经接收数据。

常用于读取传感器数据的 I^2C 传输过程如图 3-1-17 所示。

S 开始信号	从设备地址 7bit	R/W 读写位	ACK	寄存器地址 +ACK	N字节数据 +ACK	ACK/NACK	P 停止信号

图 3-1-17　I^2C 传输过程

首先 I^2C 主机向 JY-901 模块发送一个 Start 信号，再将模块的 I^2C 地址 IICAddr 写入，接着写入寄存器地址 RegAddr，然后顺序写入第一个数据的低字节、第一个数据的高字节，如果还有数据，可以继续按照先低字节后高字节的顺序写入，当最后一个数据写完以后，主机向模块发送一个停止信号，让出 I^2C 总线。当高字节数据传入 JY-901 模块以后，模块内部的寄存器将更新并执行相应的指令，同时模块内部的寄存器地址自动加 1，地址指针指向下一个需要写入的寄存器地址，这样可以实现连续写入。数据解算请参考 JY901 数据手册，厂家也会给出相应例程。

```c
void IIC_Init(void)
{
    GPIO_InitTypeDef GPIO_InitStructure;
    RCC_APB2PeriphClockCmd(RCC_APB2Periph_GPIOB, ENABLE);
    //配置 PB6 PB7 为开漏输出    刷新频率为 10 MHz
    GPIO_InitStructure.GPIO_Pin = GPIO_Pin_10 | GPIO_Pin_11;
    GPIO_InitStructure.GPIO_Mode = GPIO_Mode_Out_PP;
    GPIO_InitStructure.GPIO_Speed = GPIO_Speed_50MHz;
    //应用配置到 GPIOB
    GPIO_Init(GPIOB, &GPIO_InitStructure);
    SDA_OUT();                    //SDA 线输出
    IIC_SDA = 1;
    IIC_SCL = 1;
}
void IIC_Start(void)
{
    SDA_OUT();                    //SDA 线输出
    IIC_SDA = 1;
    IIC_SCL = 1;
    Delay(5);
    IIC_SDA = 0;                  //START: when CLK is high, DATA change form high to low
    Delay(5);
    IIC_SCL = 0;                  //钳住 I²C 总线，准备发送或接收数据
}
void IIC_Stop(void)
{
    SDA_OUT();                    //SDA 线输出
```

```
        IIC_SCL=0;
        IIC_SDA=0;          //STOP:when CLK is high DATA change form low to high
            Delay(5);
        IIC_SCL=1;
        IIC_SDA=1;          //发送 I²C 总线结束信号
            Delay(5);
}
u8 IIC_Wait_Ack(void)
{
        u8 ucErrTime=0;
        SDA_IN();           //SDA 设置为输入
        IIC_SDA=1;
            Delay(5);
        while(READ_SDA)
        {
            ucErrTime++;
            if(ucErrTime>50)
            {
                IIC_Stop();
                return 1;
            }
            Delay(5);
        }
        IIC_SCL=1;
        Delay(5);
        IIC_SCL=0;          //时钟输出 0
        return 0;
}
void IIC_Ack(void)
{
        IIC_SCL=0;
        SDA_OUT();
        IIC_SDA=0;
            Delay(5);
        IIC_SCL=1;
            Delay(5);
        IIC_SCL=0;
}
void IIC_NAck(void)
{
        IIC_SCL=0;
        SDA_OUT();
```

```c
        IIC_SDA=1;

        Delay(5);
    IIC_SCL=1;
        Delay(5);
    IIC_SCL=0;
}
void IIC_Send_Byte(u8 txd)
{
    u8 t;
        SDA_OUT();
    IIC_SCL=0;              //拉低时钟开始数据传输
    for(t=0;t<8;t++)
    {
        IIC_SDA=(txd&0x80)>>7;
        txd<<=1;
        Delay(2);
        IIC_SCL=1;
        Delay(5);
        IIC_SCL=0;
        Delay(3);
    }
}

    u8 IIC_Read_Byte(unsigned char ack)
    {
        unsigned char i,receive=0;
        SDA_IN();        //SDA 设置为输入
        for(i=0;i<8;i++ )
        {
            IIC_SCL=0;
            Delay(5);
            IIC_SCL=1;
            receive<<=1;
        if(READ_SDA)receive++;
            Delay(5);
    }
    if (ack)
        IIC_Ack();       //发送 ACK
    else
        IIC_NAck();      //发送 nACK
    return receive;
```

```
    }
    u8 IICreadBytes(u8 dev, u8 reg, u8 length, u8 * data){
        u8 count = 0;
        IIC_Start();
        IIC_Send_Byte(dev<<1);                              //发送写命令
        IIC_Wait_Ack();
        IIC_Send_Byte(reg);                                 //发送地址
      IIC_Wait_Ack();
        IIC_Start();
        IIC_Send_Byte((dev<<1)+1);                          //进入接收模式
        IIC_Wait_Ack();
        for(count=0;count<length;count++){
            if(count!=length-1) data[count]=IIC_Read_Byte(1);   //带 ACK 的读数据
                else   data[count]=IIC_Read_Byte(0);        //最后一个字节 NACK
        }
        IIC_Stop();                                         //产生一个停止条件
        return count;
    }
    u8 IICwriteBytes(u8 dev, u8 reg, u8 length, u8 * data){
        u8 count = 0;
        IIC_Start();
        IIC_Send_Byte(dev<<1);                              //发送写命令
        IIC_Wait_Ack();
        IIC_Send_Byte(reg);                                 //发送地址
        IIC_Wait_Ack();
        for(count=0;count<length;count++){
            IIC_Send_Byte(data[count]);
            IIC_Wait_Ack();
        }
        IIC_Stop();                                         //产生一个停止条件
        return 1;                                           //status == 0;
    }
```

6. 读写语音模块

语音播放可以利用一个 MP3 播放模块，将需要播放的语音录入 SD 卡，再通过单片机控制语音播放模块的相关引脚即可实现语音播放。图 3-1-18 为典型的语音播放模块。

音频的录入可以通过在线的语音生成器制作，如图 3-1-19 所示。

图 3-1-18　语音播放模块

图 3-1-19　在线语音生成器

3.2　两轮驱动轮式机器人

本节设计一款两轮驱动轮式巡线机器人，机器人在白色的场地上通过识别地面的黑色引导线信息，适时地调整转向角度和车速，自动地沿着给定的黑色引导线行驶，测试地图如图 3-2-1 所示。

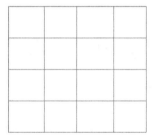

图 3-2-1　巡线机器人测试地图

3.2.1　电路连接架构

两轮驱动轮式巡线机器人的电路主要包括主控板、传感器、电源和驱动器等，如图 3-2-2 所示。主控板是整个机器人的核心，用于接收、处理传感器信息，控制驱动器工作；传感器是信息采集模块，负责采集地面引导线信息；驱动器负责驱动机器人实现各种直行、转弯动作。

轮式巡线机器人控制电路的主要硬件及其主要参数确定后，可参考图 3-2-2 将各硬件相连组成机器人的控制系统，进行各模块的测试。

3.2.2　系统整体调试

1. 直行纠偏调试

轮式巡线机器人的软件设计使用 3 个传感器的返回值作为巡线判断依据，当中间传感器检测到黑线时，判断机器人巡线行走；当左边传感器检测到黑线时，判断机器人偏右，应向左行走；当右边传感器检测到黑线时，判断机器人偏左，应向右行走。具体流程图如图 3-2-3 所示。

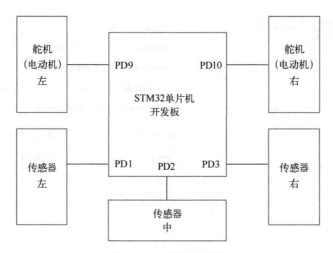

图 3-2-2　硬件连接图

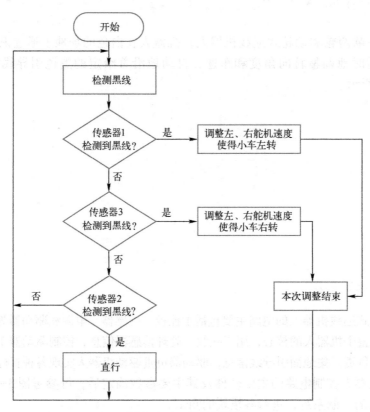

图 3-2-3　软件流程图

根据上面软件设计的流程图，小车直行纠偏主程序如下。

```
while（1）
    {
    if(S2)            //S1 为左侧传感器，S2 为中间传感器，S3 为右侧传感器
        {
        Forward（）;    //小车向前走
```

```
            }
        if(S1)
            {
                left( );              //小车左转走
                Delay_ms(20);
            }
        if(S3)
            {
            right( );                 //小车向右转走
            Delay_ms(20);
            }
        }
    }
```

2. 左转调试

左转测试地图如图 3-2-4 所示，小车直行过程中，判断是否出现传感器 1 和传感器 2 同时检测到黑线，如果是，则开始左转，直到传感器 2 或者传感器 3 检测到黑线，变回直行。图 3-2-5 为左转控制流程图。

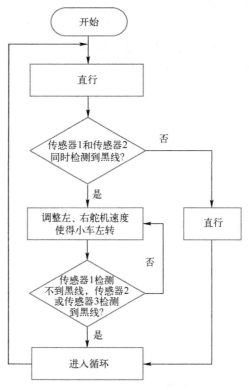

图 3-2-4 左转测试地图   图 3-2-5 左转控制流程图

根据上面软件设计的流程图编写程序，小车左转主程序如下。

```
    while (1)
        {
```

```
if(S1&&! S2)
    {
    Forward( );       //小车向前走
    }
if(S1&&S2)
    {
    Turnleft( );  //小车左转走
    Delay_ms(20);
    }
If((S2||S3)&&! S1)
    {
    {
    Forward( );       //小车向前走
    Delay_ms(20);
    }
    }
}
```

3. 右转调试

右转测试地图如图 3-2-6 所示,小车直行过程中,判断是否出现传感器 2 和传感器 3 同时检测到黑线,如果是,则开始右转,直到传感器 1 或者传感器 2 检测到黑线,变回直行。图 3-2-7 为右转控制流程图。

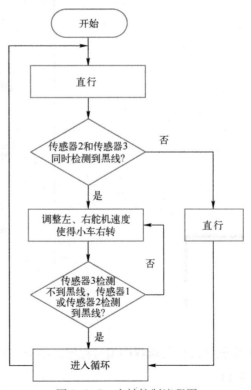

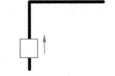

图 3-2-6 右转测试地图   图 3-2-7 右转控制流程图

根据上面软件设计的流程图编写程序，小车右转主程序如下。

```
while (1)
  {
    if(S2&&! S3)
      {
        Forward();        //小车向前走
      }
    if(S2&&S3)
      {
          Turnright();  //小车右转走
          Delay_ms(20);
      }
    if((S1||S2)&&S3)
      {
        {
        Forward();          //小车向前走
        Delay_ms(20);
        }
      }
  }
```

3.3　四轮驱动轮式机器人

本节设计一款旅游机器人，这是一个典型的四轮驱动轮式机器人，该机器人应用于我国机器人大赛机器人探险项目。项目模拟一个"假期旅行"的场景，在规定的"假期"时间内，机器人根据自己的"意愿"自行"穿越险境"，打卡想要去到的"景点"（不同的景点积分不同），获得尽量多的积分，并努力在"假期"结束之前完成预定任务回到营地（出发地），场地如图 3-3-1 所示。

每一次出发要求机器人根据规则要求，机器人从场地的出发区出发，经过双边桥到达 2 号平台，然后在规定的任务时间内根据场景与自身的能力完成相应任务，并回到出发区。

3.3.1　机械结构设计

旅游机器人的主体采用四轮驱动的结构，四个轮子分别由四个电动机驱动，实现机器人的行走；车前侧安装 8 路一体式灰度传感器和红外传感器，用于检测地面和前方障碍信息。整体的结构如图 3-3-2 所示，分别展示了机器人的正面、侧面和地面结构。

3.3.2　电路连接架构

旅游机器人系统的电路主要包括主控板、8 路一体传感器、电源、驱动器等，如图 3-3-3 所示。主控板是整个机器人的核心，用于接收、处理传感器信息，控制驱动器工作；传感器是信息采集模块，负责采集地面引导线信息；驱动器负责驱动机器人实现各种直行、转弯动作。

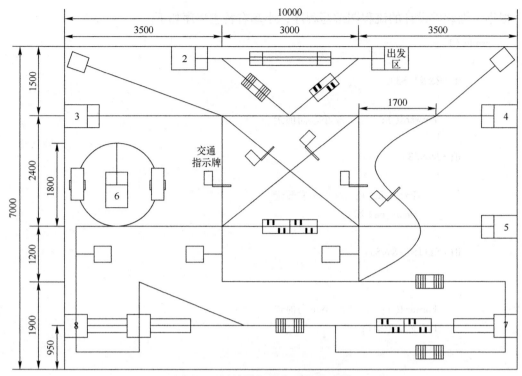

图 3-3-1　旅游机器人项目场地图

a）正面图

图 3-3-2　机械结构设计

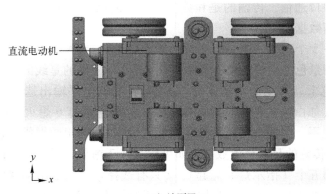

c）地面图

图 3-3-2　机械结构设计（续）

旅游机器人控制电路的主要硬件及其主要参数确定后，可参考图 3-3-3 将各硬件相连组成机器人的系统，进行各模块的测试。

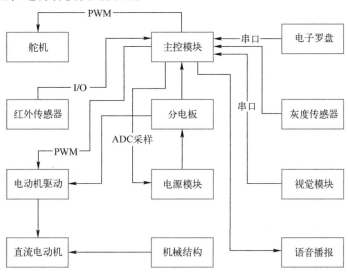

图 3-3-3　轮式巡线机器人电路系统示意图

3.3.3　系统整体调试

整体调试主要分为硬件调试和软件调试，硬件调试包括检查各个硬件模块工作是否正常，要保证各个模块工作不相互干扰，电源供电正常，轮系配合合理。软件调试包括规划小车循迹路线符合比赛规则，路线循迹正常不出错，转弯角度准确，各段路线能够平稳通过。

1. 巡线

旅游机器人的巡线主要是依靠 8 路一体式数字灰度传感器，如图 3-3-4 所示。旅游机器人通过巡线主要实现直行、转弯、掉头等动作。

图 3-3-4　8 路一体式数字灰度传感器

（1）传感器的调试方法

循迹模式：循迹模式下可以传输三种数据，第一种是通过数字接口读取数字口的高低电平数据；第二种是串口通信，传输的是和数字口一样的高低电平数据；第三种也是串口通信，传输的是偏移值数据。

　　调试模式有以下5个选项。第一个（指示灯1亮起）：采集场地的背景色，将传感器的所有灯放在场地的背景色上。第二个（指示灯2亮起）：采集的是线的颜色，把传感器的所有灯放在循线的颜色上。第三个（指示灯3亮起）：高低电平输出选项，如果指示灯6亮起，说明是颜色浅（如白色）的场地返回低电平，如果指示灯6熄灭，说明颜色浅（如白色）的场地返回高电平。第四个（指示灯4亮起）：串口线输出数据类型选择，如果指示灯7亮起，说明串口线传输的是偏移值数据，如果指示灯7熄灭，说明串口线传输的是数字口的高低电平数据。第五个（指示灯5亮起）：（只有选择串口线输出偏移值数据时，这个选项才起作用）采集线居中位置的值。具体的调试流程如图3-3-5所示。

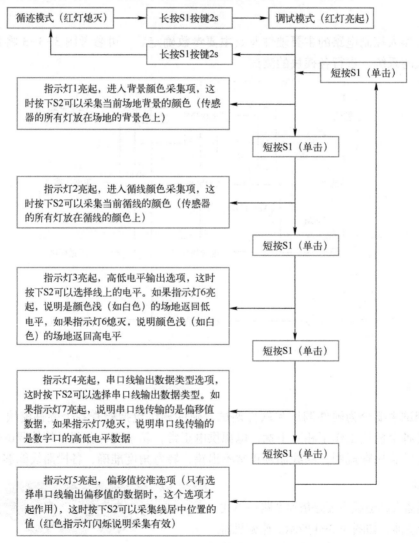

图3-3-5　8路一体式数字灰度传感器调试方法

（2）判断"T"字形路口

以8路灰度传感器为例进行讲解，白底黑线，线宽24 mm。假设图3-3-6中箭头是机器人行驶的方向，如果机器人没有到达"T"字形路口时，只有一部分灰度传感器在黑线上（只要小车跑的时候不偏离跑道），当灰度传感器所有的灯或多于 4 个灯在黑线上时，就可以认为机器人到达前面的黑线处，循直线的程序里就可以加一个判断"T"字形路口的子程序。子程序可以这样写：当 1、2、3、4 四个灰度灯或则 5、6、7、8 四个灰度灯在黑线上就认为到达路口（这里建议多写几种可能，例如 1、2、4、5 灯或 4、5、7、8 灯。这样避免偶然性的出现），然后执行停止的命令就可以了。"十"字形路口与"T"字形路口类似，其他路口依次类推。

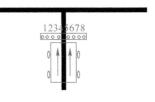

图 3-3-6　判断"T"字形路口示意图

（3）直行、路口判断和掉头

以 8 路一体式数字灰度传感器为硬件支撑，配合合理的算法设计，能够实现机器人直行、路口判断和掉头动作。图 3-3-7 为机器人直行动作的流程图；图 3-3-8 为机器人路口判断动作的流程图；图 3-3-9 为机器人掉头动作的流程图。

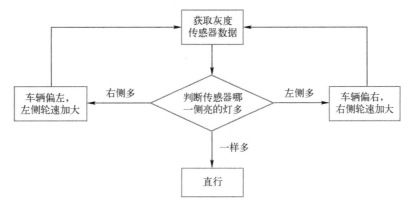

图 3-3-7　机器人直行

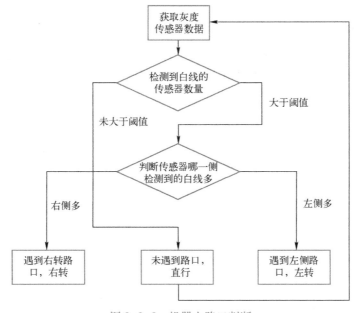

图 3-3-8　机器人路口判断

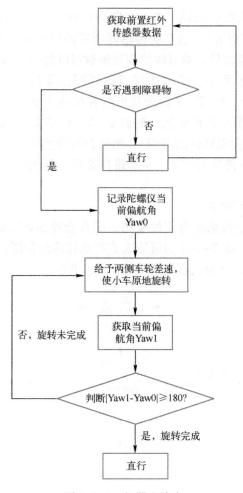

图 3-3-9　机器人掉头

2. 出发区到平台

平台如图 3-3-10 所示，其中出发平台（1 号平台）是机器人旅游的营地，是比赛机器人出发的地方，也是机器人完成"假期旅行"后需要回到的地方。

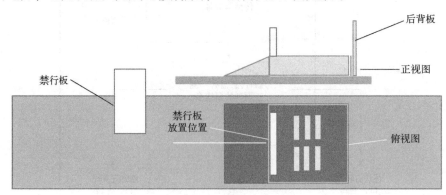

图 3-3-10　平台示意图

　　旅游机器人项目要求，机器人在出发平台接收出发指令，先到 2 号平台，然后自由旅游其他景点，出发区到 2 号平台的程序设计流程图如图 3-3-11 所示。

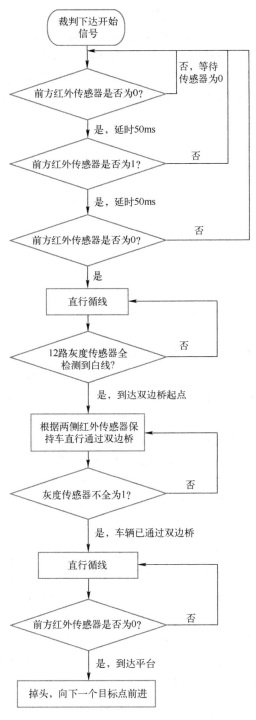

图 3-3-11　出发区到 2 号平台程序设计流程图

3. 双边桥测试

在小车前传感左、右两侧增加两个红外传感器（红外遇到黑色指示灯灭，遇到红色指示灯亮，这里设置1为左红外，2为右红外），在小车巡线上到双边桥（见图3-3-12）后，通过左、右两侧红外分别控制左、右两侧电动机以调整小车位置。在双边桥上，当1红外亮、2红外亮时，说明此时小车正常直行通过双边桥；当1红外亮、2红外灭时，说明小车车头偏左，此时通过增大左边电动机转速，从而增大左右两轮差速，使小车摆正；当1红外灭、2红外亮时，说明小车车头偏右，此时通过增大右边电动机转速，从而增大左右两轮差速，使小车摆正。

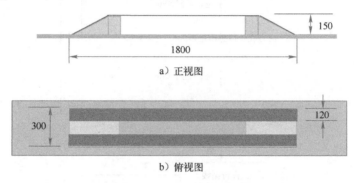

a）正视图

b）俯视图

图3-3-12 双边桥示意图

过双边桥实现的过程中，可能会出现以下几种情况导致小车从桥上飞下。

1）上桥时由于车身抬高，红外传感器没有扫到左、右两侧红线，导致小车无法通过红外巡线而直接跳过双边桥程序。对于此类情况，可以在上桥时加一个延时函数，使小车在上桥前通过一段时间的直行，直到两侧红外传感器扫描到红线再开始巡线；另外也可以调节两侧红外传感器的灵敏度，使其在上桥和下桥时都能够正常巡线。

2）在双边桥上巡线行走时，车身晃动幅度太大，导致小车还没来得及纠偏就从桥上飞下。对此可以减小在桥上的纠偏程度，尽量使两侧红外传感器至少有一个扫描到红线，并且通过不断测试，找到适合小车在双边桥上行走的最佳纠偏程度。

4. 跷跷板测试

在过跷跷板（见图3-3-13）时，对小车整体稳定控制要求较高，需要以小车自身重量将跷跷板压过另一边，然后通过调整小车姿态通过跷跷板。在小车通过巡线到达跷跷板时，通过调整小车方向使其正对跷跷板，然后以与通过双边桥同样的方式在跷跷板上直线行驶，再通过延时函数大致判断小车已经到达跷跷板末端，而且跷跷板已压向另一边，此时停止小车使小车稳定姿态，然后驶出跷跷板进入巡线行走。

在过跷跷板时，可能会出现以下几种情况导致小车无法正常通过跷跷板。

1）上跷跷板时小车无法正好停在最高点。对于此类现象，可以通过不断测试找到小车在跷跷板上巡线行走的最佳时间，使其在稳定范围内停下；也可以通过外加陀螺仪，使用陀螺仪的俯仰角参数，在俯仰角达到最高时小车停止，在俯仰角达到最低时小车退出跷跷板程序。

2）在小车通过跷跷板后，由于小车的重力使其下落时传感器没有扫描到白线。对此可

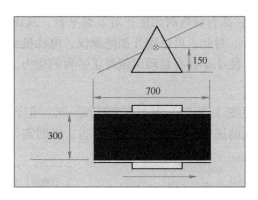

图 3-3-13　跷跷板示意图

以在小车下落稳定后先通过转弯函数，使小车传感器扫描到白线之后再进行下一步巡线。

5. 高台

小车在通过高台（见图 3-3-14）时，需要在上坡和下坡时控制小车的姿态，且速度要放慢，防止小车因速度过快且来不及纠偏冲出高台。且到达高处平台后需要转向 180° 后正对下坡高台白线，而后进行下坡。

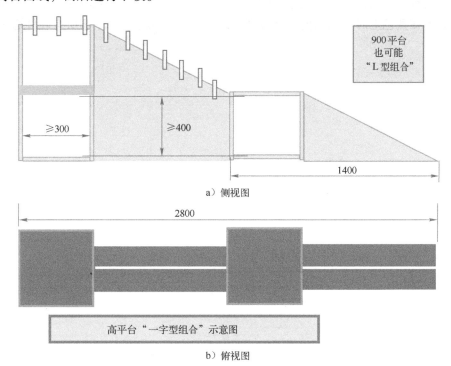

图 3-3-14　高台示意图

在过高台时，可能会出现以下几种情况导致小车无法正常通过。

1）上下坡时由于重力因素速度过快，小车在水平和倾斜状态下对于传感器的纠偏程度反应不一样，会导致在上下坡高台时无法正常纠偏从而从高台掉落。对此，需要在小车巡线的程序上加一个专门过高台的巡线程序，并且找到最佳速度纠偏程度通过上下坡。

2）小车由于硬件原因在高台转弯时无法正对下坡平台，从而导致小车在最高点下坡时还没来得及纠偏就掉落平台。对此，可以用外加陀螺仪、电动机编码器等硬件来精准控制小车转向；也可以通过程序，使小车拥有自动纠偏对正平台的能力。

6. 减速板

小车在通过减速板（见图 3-3-15）时与正常巡线一致，但因为减速板左右障碍出现先后顺序不一致，所以小车在前进中可能会突然偏向一方，此时需要增加左右纠偏的力度。

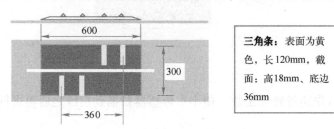

图 3-3-15　减速板示意图

在过减速板时，障碍的黄色可能使传感器不正常亮灯，使小车出现反向纠偏问题，对此可以同时利用红外传感器，当在黄色上时，红外传感器也会亮灯，此时使小车正常纠偏。当小车传感器不在黄色上时，利用前灰度传感器进行纠偏，充分利用小车所有硬件通过减速障碍板。

在机器人的发展历程中，足式机器人是机器人研究的一个重要分支，它对崎岖、松软等复杂等地形具有优异的适应性。足式机器人涉及仿生学、机械工程学和控制理论等多种学科的交叉融合，从实现单足跳跃、两足步行到多足步行的研究，再结合人工智能，足式机器人研究领域蕴含着广阔的军民市场应用前景。本章从足式机器人概述、足式机器人的步态和足式机器人的设计与制作等方面对足式机器人进行介绍。

4.1　足式机器人概述

2021 年 6 月，国家为分类推动机器人技术水平，正式实施了"机器人分类"国标（GB/T 39405—2020），将足式机器人与轮式机器人、履带机器人、蠕动机器人、潜游式机器人和飞行式机器人等，并行列入运动方式分类新标准。

足式机器人又被称为足腿式机器人或腿式机器人，是以自然界进化亿万年的哺乳动物、爬行动物或昆虫等足式生物为仿生原型，结合工程技术、运动控制等技术设计出的一类机器人，已广泛应用于工业、农业、军事、医疗、娱乐服务等多个领域。

目前所研究和应用较广的足式机器人主要有仿人的双足机器人和仿动物或昆虫的多足机器人，如图 4-1-1 所示。这两类足式机器人虽然形态不同，但是运动的驱动方式、控制建模的过程都基本相同，其研究主要集中于步态生成、动态稳定控制和机器人设计等方面。足式机器人研究发展到今天，已经从 20 世纪的基础研究向 21 世纪的应用研究迈进，并呈现出多学科交叉态势。

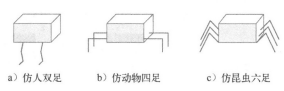

a）仿人双足　　　b）仿动物四足　　　c）仿昆虫六足

图 4-1-1　足式机器人示意图

4.1.1　双足机器人

双足机器人是以人类的两足为原型参照的机器人，仿人双足机器人是多关节机器人研究领域最具代表性的研究对象，也是机器人学、机器人技术以及人工智能的终极研究目标。

20 世纪 60 年代，最早的双足机器人是由早稻田大学的加藤一郎科研团队研发，并于 1973 年相继推出了可自然行走，具有图像识别、语音交互等功能的 WABOT 系列机器人，如图 4-1-2 所示。

1993 年，日本的 HONDA 公司陆续推出了具有躯干、胳膊、手掌和头部的 P 系列仿人双足器人 P1、P2、P3 和 P4（见图 4-1-3）。本代最终型号 P4 的身高被设定到了更"亲近人类"的160 cm，质量降至 80 kg，行走速度较之前三代机型更迅速、更流畅，更接近人类的运动。

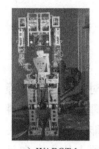     

a）WABOT-1　　　　b）WABOT-2　　　　a）P1　　　b）P2　　　c）P3　　　d）P4

图 4-1-2　WABOT 系列机器人　　　　图 4-1-3　P 系列仿人双足机器人

2004 年，HONDA 成功地研制出了 ASIMO，如图 4-1-4 所示。资料显示这个系列的机器人可以接近每小时 10 km 的速率稳定行走，行为动作和人类高度接近，具备爬楼梯、立直、原地踏步等类似人类行为的动作。此后 ASIMO 机器人被用作日本多家公司的业务接待员，能够胜任简单的接待工作任务。后续的学者们发现，其在行走过程中，可以快速地应对收脚落地打滑时产生的振荡，还可以应对因摩擦力不足导致的支撑脚脚底打滑，从而避免了机器人在行走过程中发生倾倒。

世界其他国家对双足机器人的越障和复杂运动控制等方面进行了深入研究。值得关注的是波士顿动力公司，其在研究四足机器人的同时，也在研究仿人双足机器人。Petman 是波士顿动力公司较早开发并用于化学防护服测试的人形机器人，如图 4-1-5a 所示，其行走过程显示出良好的柔性和抗外力干扰性，可完成上下台阶、俯卧撑等动作。2015 年，波士顿动力公司宣布 Atlas 这款双足直立大型机器人研制成功，如图 4-1-5b 所示，其成为仿人双足行走机器人的里程碑。该机器人专为户外和室内应用设计，高约 1.75 m，质量约 82 kg，由电动机驱动和液压制动，通过头部的激光雷达和立体传感器实现避障、评估地形和辅助导航，可完全直立行走穿越复杂地形，并在摔倒后能自行站起。2017 年，在加强腿部驱动力后推出 Atlas2，其腿部变得更为健壮，能完成转体跳、单手撑跨越、后空翻等高难度动作。

　　　　　　　　　　　a）Petman　　　　b）Atlas

图 4-1-4　ASIMO 机器人　　　图 4-1-5　波士顿动力的人形机器人

国内在仿人双足机器人方面也开展了大量工作。哈尔滨工业大学研制开发了 HIT（Harbin Institute of Technology）系列双足步行机器人和 GoRobot 系列仿人机器人。清华大学研制开发了 THBIP（Tsinghua Biped People）仿人机器人。国防科技大学研制开发了 KDW（Ke Da Walker）系列双足机器人和 Blackman 仿人机器人。北京理工大学研制的 BRH（Beijing Institute of Technology Robot Human）系列仿人机器人，高 1.58 m，具有 32 个自由度，行走速度 1 km/h，实现了太极拳表演、刀术表演、腾空行走等复杂动作。浙江大学等单位研制的"悟空"仿人机器人如图 4-1-6 所示，实现了机器人与机器人，以及人与机器人对打乒乓球。

图 4-1-6　"悟空"仿人机器人

4.1.2　多足机器人

多足机器人是指以动物或昆虫的多足为原型参照的机器人，主要有仿哺乳动物或爬行动物的四足机器人、仿昆虫的六足机器人和仿蜘蛛的八足机器人等，而奇数足的多足机器人是在仿生的基础上研制的具有特殊运动特性的机器人。多足机器人足的数量反映了机器人的仿生体不同，而且影响机器人的运动速度、稳定性和能耗等运动性能。

多足机器人的研究始于 20 世纪 60 年代，期间国外学者研究开发了四足机器人实验模型。受当时设计思想的影响和技术水平的限制，此阶段的四足机器人运动效率和灵活性都较低。1960 年，Shigley 采用连杆组设计足式机器人的腿部结构，并利用双摇杆机构控制机器人的步态。1968 年，美国通用公司研制的 Walking Truck 是早期四足机器人的典型代表，如图 4-1-7 所示。该机器人在人工控制下完成行走和越障，从严格意义上来讲它只能算一台"机器"，但它的成功研制被视为足式机器人发展史上的一个里程碑。1977 年，McGhee 和 Frank 创作了第一台完全用计算机控制的足式机器人 Phony Pony，如图 4-1-8 所示，它标志着自动控制机器人的开始。该机器人每条腿有两个自由度，仅能实现简单的爬行运动。

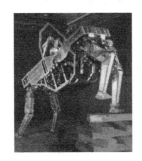

图 4-1-7　机器人 Walking Truck

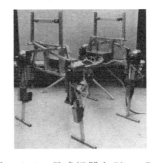

图 4-1-8　足式机器人 Phony Pony

进入 20 世纪 80 年代，随着计算机信息处理能力的提高，多足机器人的研究进入一个快速发展时期。其中具有代表性的足式机器人为麻省理工学院研制的四足机器人 Quadruped，如图 4-1-9 所示，它被称为足式机器人运动控制的里程碑。该机器人采用液压系统驱动，可完成遛步、小跑和快跑三种步态，其基于倒摆模型的平衡控制理论实现了四足机器人的动态稳定行走。此时期我国对四足机器人展开系统研究，主要集中在高校和少数研究机构，比如上海交通大学、清华大学、山东大学、北京理工大学、同济大学等。上海交通大学研制的足式机器人 JTUWM-Ⅲ 是国内最早的四足机器人。该机器人采用开链式腿部结构，通过直流电动机经谐波齿轮驱动各腿部关节，成功实现动态步行，步态速度可达 0.2 km/h。山东大学研制的足式机器人 Scalf 是国内首个液压驱动四足机器人。该机器人具有 12 个主动自由度和 4 个被动自由度，能载重 50 kg 以 1.4 km/h 的速度行走，且具有一定的抗侧向冲击能力和地形适应能力。

1989 年，麻省理工学院研发的六足机器人 Genghis 被认为是六足机器人研究方面最重要的机器人成果之一。该仿生六足机器人主要用于类地星球的探索，它由伺服电动机驱动完成运动，机身搭载可检测驱动力矩变化的传感器，来保证平地行走和越障等运动的稳定性。

进入 21 世纪后，四足机器人的研究加强了动态步态行走速度、负载能力和自主能力，可在复杂地形环境中进行自适应运动规划。德国学者 Dillmann 及其团队研制的四足机器人 BISAM 是较早实现多传感器融合的足式机器人。该机器人的运动基于神经振荡器的步态生成器，并基于腿部轨迹学习的行走策略，构建了机器人的自适应控制系统。日本学者 Kimura 及其团队研制的 Patrush、Tekken 和 Kotetsu 系列四足机器人在仿生运动控制方面较具有代表性。该系列机器人通过神经系统模型，实现了复杂地形条件下的自适应动态行走和平整路面上的奔跑运动。其中 Tekken 的运动速度可达 0.8 m/s，可通过 12° 的斜坡，跨越 4 cm 高的障碍，并具有一定的抗侧倾能力，如图 4-1-10 所示。美国波士顿动力公司于 2004 年相继研制了 LittleDog、BigDog、AlphaDog、猎豹 Cheetah、SpotMini 等具有代表性的四足机器人。其中 2006 年研制的 BigDog 系列机器人将四足机器人的设计和研究推向巅峰，如图 4-1-11 所示。该机器人每条腿有 4 个主动自由度和 1 个被动自由度，通过液压构件驱动每个关节。BigDog 采用汽油内燃机提供动力，自重 109 kg，最大负载可达 154 kg，可以爬山坡、过雪地、走石子路、上下楼梯、在冰面行走、跳跃和高速奔跑，可见其具有较高的灵活性和环境适应性。浙江大学于 2017 年研发了 "绝影" 四足机器人，如图 4-1-12 所示。该机器人具有奔跑和跳跃等功能，可攀爬楼梯和斜坡，通过碎石路等崎岖地形，且具有一定的抗干扰能力，以保持姿态平衡。基于 "绝影" 四足机器人，杭州云深处科技公司又相继研发了 "绝影 Mini" "绝影 Mini Lite" 和 "绝影 X20"，该系列机器人可扩展大量的平台，支持较丰富的传感器设备，可胜任多场景的任务。

图 4-1-9 机器人 Quadruped

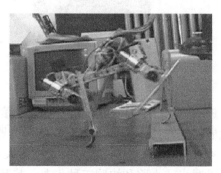

图 4-1-10 机器人 Tekken

图 4-1-11　机器人 BigDog　　　　图 4-1-12　机器人"绝影"

2013 年，哈尔滨工程大学研制了一款六足仿蜘蛛机器人。机器人每条腿有 3 个自由度，能够采用三角步态实现直行、横行和定点转弯。设计了中枢模式发生器，控制机器人的步态切换以提高对复杂环境的适应性。

2015 年，新加坡科技设计大学以一种栖息在沙漠中的猎食性蜘蛛为仿生原型研制了一款自重构的四足仿生机器人 Scorpio。正常情况下，蜘蛛采用八条腿爬行运动。然而，如果受到外界刺激或威胁，蜘蛛可以快速地翻滚以规避潜在的危险。基于此，Scorpio 有两种基本构型，可以实现四足爬行和环形滚动。2017 年，Scorpio 又被赋予了爬墙的能力，用以城市环境下的侦察与搜寻任务，如图 4-1-13 所示。

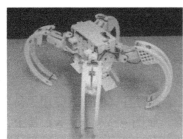

a）爬行模式　　　　　　b）翻滚模式　　　　　　c）爬墙模式

图 4-1-13　机器人 Scorpio

2015 年，凯斯西储大学研制了一款仿生螳螂机器人 MantisBot。通过分析螳螂肢节的活动形式和关节转动范围，Nicholas 为 MantisBot 设计了 28 个自由度来尽可能地模拟螳螂的运动。

4.2　足式机器人腿部结构

机械结构对机器人的运动性能影响较大。腿部支撑着足式机器人，也决定着其运动性能，是足式机器人结构设计的关键。从仿生的角度出发，通过研究动物身体及其腿部结构，借鉴不同动物、不同部位的结构特点，设计机器人的运动结构是一种有效的方法。所谓机器人结构仿生，就是通过研究生物肌体的结构，找出动物躯体中发挥主要作用的某些特定结构，再把这些结构融合到工程设计技术中，建造类似生物或其中一部分的机械装置，通过结构相似实现功能相近。例如波士顿公司的 BigDog 和 LittleDog 机器人具有狗的结构特征，WildCat 机器人具有猫的结构。足式机器人运动的实现对腿结构的要求包括：

1）腿部结构足端应该具有一定的工作空间。足式机器人的优势之一是可以实现不连续地落足，这主要是依靠足端运动轨迹调节来实现的，即腿都伸长（足端相对于机身高度）是可变的。

2）腿部结构应具有较好的承载能力。足式机器人在运动过程中，腿部交替支撑身体的质量并且负重状态下推动身体向前运动，因此腿部结构必须具有与整机重量相适应的刚性和承载力，否则，机器人将无法站立和前进。

3）腿部结构应该具有较小的质量和转动惯量。灵活性是判断机器人运动性能的重要指标之一，减少腿部的质量与转动惯量，可以提高足式机器人运动的灵活性。

4）应保证支撑足端相对于机身走直线轨迹。防止机器人重心上下波动而消耗不必要的能量，实现低能耗。

5）腿部结构应该尽量简单化。足式机器人由于腿部自由度较多，控制相对复杂，所以应该在满足前面几个条件的同时使腿部结构尽量简化。

动物腿部主要由骨骼、肌肉、肌腱和关节组成，其中骨骼起支撑作用，肌肉为驱动，肌腱为检测部分，同时具有缓冲的功能，关节是骨骼之间的活动连接装置。根据动物腿部的肌肉骨骼结构，可简化后得到机器人的腿部结构，主要包括开链式腿结构、闭链式腿结构和弹性腿结构。

4.2.1　开链式腿结构

开链式腿结构是去掉腿部的肌腱和肌肉，保留必要的运动支撑部分，即骨骼和关节，而得到的腿部结构。这种腿部结构的优点主要有结构简单，工作空间大，对姿态修复能力强；缺点有承载能力有限，腿部运动的控制较复杂。开链式结构的直观性使其应用于早期的足式机器人结构，采用仿生的腿部结构，即关节式腿部结构，如图 4-2-1 所示。其中，哺乳动物型承载能力强，越障能力好，运动快速灵活；昆虫型支撑面积较大，稳定性好，但其重心相对较低，使其越障能力较差；爬行动物型的支撑面积也较大，稳定性较好，但其关节状况不好，影响其承载能力。

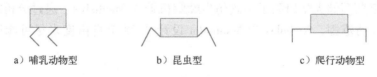

a）哺乳动物型　　　　　　b）昆虫型　　　　　　c）爬行动物型

图 4-2-1　关节式腿结构的几何形态

根据腿的运动平面与机体运动方向之间的相对关系，关节式腿结构和配置形式可分为平行布置、垂直布置和斜置布置，如图 4-2-2 所示。其中，平行布置是指腿的运动平面与机体的运动方向一致，这种配置形式有助于灵活快速地行走，在没有偏转类自由度时，则主要做纵向行走；垂直布置是指腿的运动平面与机体运动方向垂直，可完成纵向行走和横向行走，即模仿螃蟹的行走；斜置布置是指腿的运动平面与机体运动方向存在一个夹角，增大了支撑区域的面积，提高了稳定性。

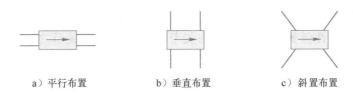

a）平行布置　　　　　　b）垂直布置　　　　　　c）斜置布置

图 4-2-2　关节式腿结构的配置形式

4.2.2　闭链式腿结构

闭链式腿结构是指保留腿部混联特性，采用刚性器件来模拟骨骼、肌腱等非线性因素得到的腿部结构。这种结构的主要特点为承载能力大、能耗小，工作空间有局限性。闭链式腿结构可分为平面闭链腿和空间闭链腿，在结构分析与实现方面，平面闭链腿设计简单，应用较广，而空间闭链腿则设计较复杂。在选用平面闭链腿时，常从其运动要求和性能两方面进行评判。表 4-2-1 是根据运动要求提出的必要条件。表 4-2-2 为一些主要性能评价指标。

表 4-2-1　平面闭链腿结构设计的必要条件

序　号	必　要　条　件
1	结构所含运动副是转动副或移动副
2	结构的自由度不少于 2
3	结构的杆件数不宜过多
4	必须有连杆曲线为直线的点，以保证在支撑相中足端做平行于机身的直线运动
5	足部结构上的点相对于机身的高度是可变的
6	机身高度发生变化时，结构上的点仍能做直线运动，且与直线轨迹平行
7	结构需要有腿部基本形状

表 4-2-2　平面闭链腿结构设计的主要性能评价指标

序　号	性能评价指标
1	推进运动与抬腿运动最好是独立的
2	结构的输入和输出运动之间的函数关系应尽量简单，以简化控制
3	平面连杆机构不应与在第三维运动的关节发生干涉
4	实现直线运动的近似程度，不应因直线位置的改变而发生过大改变
5	足端在水平和垂直方向有较大的运动范围，近似直线运动轨迹在较长范围内直线近似度较好

满足上述条件的连杆结构有很多，其中平面四连杆结构是一种常见的直线运动结构，且具有多种衍生形式，需要附加其他机构，才能成为平面闭链腿结构，如清华大学 QW-Ⅰ和 QW-Ⅱ四足全方位机器人，即采用了平面闭链腿结构的机器人。

4.2.3　弹性腿结构

弹性腿结构是指强化腿部肌腱的储能作用，将弹性阻尼单元引入腿部结构，即腿结构中既包含刚性元件，又包含弹性元件。此类腿结构可以吸收行走或跳跃时，地面对腿的冲击能，具有更好的抗冲击和缓冲能力，利于机器人弹跳和奔跑。最简单的弹性腿结构是在原结构中加入线性弹簧，弹簧固定在关节之间、杆件与关节之间，以及一端固定在关节或杆件，另一端悬空触地。此外，充气橡胶管也作为弹性元件，用于机器人的弹性腿结构设计。

弹性腿结构的优点主要有：①弹性阻尼单元的缓冲和消振作用，能减少驱动力矩以及驱动功率的峰值；②增加步行的稳定性。

瑞士苏黎世大学的 Fumiya Iida 等开发的小型跑步机器人，结构非常简单，腿部采用主动关节与被动关节的形式，被动关节由弹簧控制，该机器人完成了跑步机上的跳跃步态，速度为 15~50 cm/s。麻省理工学院的 Marc Raibert 等人创新性地研制了单足、双足和四足机器人，均采用可伸缩的弹性腿结构，并实现了行走、跳跃等动作。东京大学的 Zu Guang Zhang 等开发的跳跃机器人 Rush，采用了主动关节加被动关节的形式，两关节间以弹簧相连。此外，为了足端落地时缓冲，Rush 的踝关节处也配置了弹簧装置。

4.3 足式机器人的步态

机器人的步态是指机器人的每条腿在步行时，依次按照一定顺序和轨迹运动的过程，这一运动过程实现了足式机器人预期的步行运动。步态是研究足式机器人运动的基础，可为足式机器人的动力学分析、稳定性分析以及步态规划等提供理论依据，是足式机器人设计过程中必须要考虑的关键问题。因此足式机器人的步态规划是机器人系统中步态生成器要完成的主要任务。

目前所研究的多足机器人控制方式主要采用基于模型的控制方式，其控制方式是通过参考已有机器人的物理模型的特点，对机器人进行建模，建立步行足各关节之间与各步行足之间的运动学、动力学方程，然后通过人工规划出最优轨迹，再对机器人的轨迹采用相应的控制算法，控制机器人的最优轨迹与实际轨迹的偏差，使机器人的实际轨迹尽可能与所规划的理想轨迹相接近。这种控制方式较易实现，但计算量较大，同时需完成繁杂的动力学问题，机器人的实时性、灵活性较差。基于中枢模式发生器（Central Pattern Generator，CPG）控制方式是近年来一种较热门的控制方式，其将生物技术与机器人技术相结合，应用到多足机器人的运动控制中，通过模拟生物的运动控制机理，实现机器人的运动控制。这种控制方式的优点是有良好的环境适应性、稳定性，且有较好的快速性。

4.3.1 典型步态

下面对双足、四足及六足机器人的步态进行概述，基于此可为典型步态建模仿真。

1. 双足机器人步态

双足机器人的步行姿态与周期是拟人步行，人类的步行是一种周期现象，如图 4-3-1 所示，所以对于一个双足机器人，跟人类步行一样具有两种不同的情况在行走过程中依次出现：静态稳定的双脚支撑阶段，即机器人两只脚同时支撑起双足机器人整体，双脚都与地面接触，这一过程于前进脚板的脚跟处与地面接触开始，并结束于后脚板脚趾处离开地面；还有一种静态的不稳定的单腿支撑阶段，即只有一只脚与地面接触时，另一只脚从身体后方摆动到身前的过程。

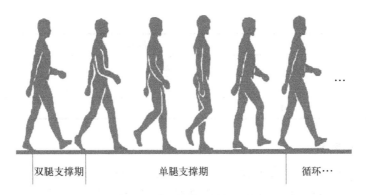

双腿支撑期　　　　　　单腿支撑期　　　　　循环⋯

图 4-3-1　人类步行循环示意图

双足机器人的步态具体可分为仿人行走步态和仿人跑步步态。双足机器人在仿人行走中前向各关节的运动与侧向各关节运动间的耦合很小，可以忽略这一耦合的影响，对机器人前向和侧向的运动分开讨论。机器人前向行走时，由侧向关节和前向关节的协调运动来实现，通过侧向关节的运动来移动机构的重心，双腿前向关节的协调运动使机器人向前行走。双足机器人前向运动过程和行走步骤共分 8 个阶段：重心右移（假设先是右腿支撑）、左腿抬起、左腿放下、重心移到双腿中间、重心左移、右腿抬起、右腿放下、重心移到双腿间。步态规划时包含启动、正常行走和停止这 3 个步态的步行过程。

双足机器人仿人跑步运动的步态规划问题又被称为跑步模式生成问题。双足机器人的跑步过程包括两个阶段：支撑阶段和飞行阶段，又称为支撑期和飞行期，或者支撑相和飞行相。在支撑阶段，机器人单脚着地，腿先收缩然后伸展，通过蹬地动作使机器人离开地面进入飞行阶段；在飞行阶段，机器人双脚离开地面，调整两腿的姿态以准备下一次着地，进入支撑阶段，交替反复，完成跑步运动。

2. 四足机器人步态

四足机器人的步行姿态与周期是模仿狗、蜥蜴、马等四足动物的运动为主，按照运动的节奏，四足仿生机器人步态划分为双拍步态和四拍步态。其中，典型的双拍步态有对角小跑（trot）步态、同侧遛步（pace）步态、奔跑（gallop）步态。典型的四拍步态为行走（walk）步态。理论上四足机器人可以实现四足动物的各种步态，但由于小跑和奔跑这类较高速度的步态对机器人的软硬件要求较高，利用现有的科技条件还难以实现。所以四足机器人步态主要仿四足动物动作较慢的步态。

四足步态相位关系见表 4-3-1，对角小跑步态的对角腿成对起落，两对之间相位差为 0.5；同侧遛步步态同侧的腿成对起落，两对之间相位差为 0.5；奔跑步态的前后腿成对起落，两对之间相位差为 0.5；行走步态又被称为波式步态，各腿依次起落，相位差为 0.25。

表 4-3-1　四足动物典型步态相位关系

步　　态	各腿相位			
	左前腿	右前腿	右后腿	左后腿
对角小跑	0	1/2	0	1/2
同侧遛步	0	1/2	1/2	0

（续）

步　态	各　腿　相　位			
	左前腿	右前腿	右后腿	左后腿
奔跑	0	0	1/2	1/2
行走	0	1/2	1/4	3/4

3. 六足机器人步态

六足机器人是仿蜘蛛的多足机器人，其步态比较特殊，与四足机器人相比步态种类较少。六足机器人稳定的行走必须保证相邻的两足不能同时抬起，否则会因重力作用或运动关系导致机器人倾角过大而跌倒。因此，六足机器人的步态分为三角步态、四足步态和波动步态。

（1）三角步态

三角步态是指每三足为一组，每组足同相协调运动，两组足交替运动，两组步态相位差为1/2。三角步态可以应用于如慢走、奔跑等各种运动速度。步态时序如图4-3-2所示。

（2）四足步态

四足步态是指每两足为一组，相邻两足不能为一组，每组足同相协调运动，三组足交替运动。步态时序如图4-3-3所示。

（3）波动步态

波动步态是指各足依次起落，每一时刻保证1条足支撑，各足步态相位差为1/6。步态时序如图4-3-4所示。

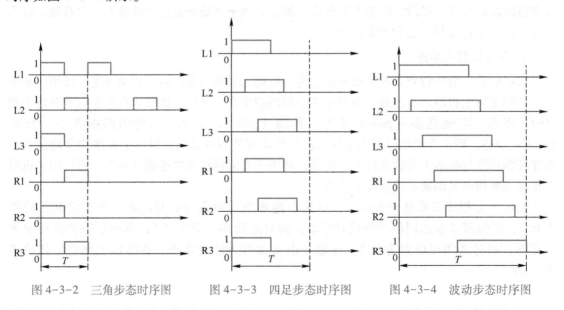

图4-3-2　三角步态时序图　　　图4-3-3　四足步态时序图　　　图4-3-4　波动步态时序图

4.3.2　步态控制

足式机器人的运动控制由于冗余自由度的存在使得控制较为复杂。常见的足式机器人运动控制方法主要有三种。

1. 基于模型的方法

基于模型的运动控制方法是应用十分广泛的经典方法，采用"建模—规划—控制"的思路。即首先对机器人本体及环境进行精确建模，然后通过人工规划得到机器人的最佳运动轨迹，再利用反馈机制控制机器人实际运动轨迹与理想轨迹之间的偏差，使机器人的运动轨迹尽可能趋近理想轨迹。这种前馈加反馈的控制模式，能够实现复杂、精确的运动。

但基于模型的运动控制方法也存在如下问题：①需要烦琐的动力学建模；②运动规划复杂，由于存在冗余自由度，多足机器人运动学或动力学逆解不唯一，烦琐的解算过程会降低控制的实时性；③规划过程不连续，机器人的运动为连续运动，但传统规划方法是单周期规划，考虑各周期之间的转换条件，这种单周期规划与机器人连续运动之间存在矛盾；④较难提高机器人的环境适应性。

随着模糊控制、人工神经网络、学习算法等先进控制方法的发展，机器人控制领域也采用先进控制方法结合传统规划方法来提高机器人的智能水平及运动性能，但相对比较复杂，需要大量的计算及在线测量，在需要多自由度协调的机器人控制任务中，缺乏足够的实时性。

2. 基于行为的方法

该方法是对昆虫智能的仿生，昆虫没有存储、规划、控制全身各部分运动的中心控制系统，仅根据身体各部分对内部指令或外界刺激的不同反应，将一些局部看来漫无目标的动作合成有意义的生物行为，运动简单灵活。

基于行为的方法采用感知反射的控制思路，机器人的运动由一系列简单的形式化动作或"能力"组成，每个能力包含多个传感输入和对应的驱动输出，由传感信号直接引发相应动作。各个动作通过竞争、组合等方式决定机器人的整体行为。这种被称为"无思考智能"的控制方法，在输入和输出之间没有复杂的计算处理过程，通过自组织实现系统的复杂行为，在非结构化环境中具有较好的适应性。

但基于行为的控制方法也具有局限性：①不能对任务做出全局规划，因而不能保证目标的实现最优；②需要花更多的代价设计协调机制来解决各个回路对同一驱动装置争夺控制的冲突；③随着任务复杂程度的增大，各种行为之间的交互作用增加，增大了预测系统整体行为的难度，因此难于规划；④缺乏高层调节，且行为库有限，无法针对复杂环境实现多模态运动，灵活性较差。

3. 生物控制方法

自然界中动物最常见的运动方式是节律运动，如走、跑、跳、泳、飞等。动物的节律运动具有高度稳定性和环境适应性，这得益于亿万年进化形成的精巧的运动控制机理。节律运动也是足式机器人采用的主要运动方式，机器人和动物虽然物理实体不同，但相同的运动方式使二者有可能采用相似的控制机理。生物控制方法是近几年发展起来的一种新的控制方法，是生物科学与工程技术交叉融合的一个研究方向。而今，这方面的研究正受到越来越多的重视。从控制的角度对动物神经控制机理进行仿生，应用于机器人运动控制中，是处于研究上升期的一个方向，值得进行深入研究。

机器人的生物控制方法是通过对动物节律运动控制区——中枢模式发生器（CPG）、高层调控中枢、生物反射等一些生物模型或控制机理的工程模拟、简化和改进，形成一种新的，更加简洁、自然、直接、快速的运动控制方法和理论，实现机器人的节律运动，提高机器人在各种实际环境中的工作性能。

广义地说，步态控制是在动物和机器人之间建立一座桥梁，将动物的行为映射为机器人的运动。不同的控制方法有不同的映射过程。图4-3-5是基于模型、基于行为、生物控制三种控制方法的映射示意图。从图中可以看出，基于模型的控制方法映射比较复杂，人工规划的加入使映射过程变得不连续。基于行为的方法映射最直接。生物控制方法是将整个生物神经系统模型作为映射途径，核心是CPG神经电路的引入。这三种足式机器人运动控制方法各有特点，适用于不同的情况，表4-3-2为三种方法的特点比较。

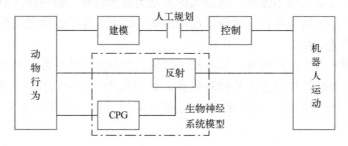

图4-3-5　三种运动控制方法的映射途径

表4-3-2　足式仿生机器人三种运动控制方法特点比较

特点及性质	基于模型的方法	基于行为的方法	生物控制方法
仿生对象	无	昆虫	哺乳动物
运动描述方式	算法	功能单元之间的关系	
运动实现方式	高层控制	感知驱动	高层控制与感知驱动
适应性实现方式	复杂编程	自组织、即现	
方法复杂性	复杂	简单	中等
整体可控性	可控	不可控	可控
运动稳定性	较好	一般	较好
运动快速性	慢	快	
运动误差来源	建模、标定、控制	控制	
使用任务	全局位置控制	简单行为	周期任务

多足机器人的研究目标为在现实世界中执行任务，这要求机器人：①能够协调多个自由度，产生稳定、快速的运动；②能够接受指令，准确反应，具有全局可控性；③尤其是要有一套合适的控制机制，使机器人能够适应复杂多变的工作环境。这些控制要求正是传统基于模型和基于行为的控制方法的薄弱环节。采用生物控制方法，将动物的运动控制机制应用于机器人，是满足机器人三大控制要求的一条很有潜力的思路。

4.4　双足机器人的设计与制作

下面制作一台四自由度的双足机器人。为了便于制作，本节选用网络上较易买到的铝制结构件和电子器件完成双足机器人的制作。

4.4.1　材料准备

制作四自由度双足机器人的结构件主要有 L 型支架 1 个、舵机支架 4 个、脚底板 2 个、长 U 型支架 2 个、U 型横梁 1 个，如图 4-4-1 所示。

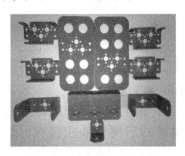

图 4-4-1　结构件

制作双足机器人的电子器件主要包括 STM32F103ZET6 开发板 1 个、2S 锂电池 1 个、LM2596S 稳压模块 1 个和 MG995 舵机 4 个，如图 4-4-2 所示。

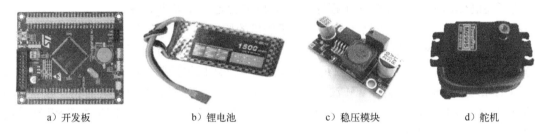

a）开发板　　　　b）锂电池　　　　c）稳压模块　　　　d）舵机

图 4-4-2　双足机器人的主要电子器件

双足机器人控制电路的主要电子器件选定后，可参考图 4-4-3 将各器件相连组成双足机器人的控制系统，进行各模块的测试。

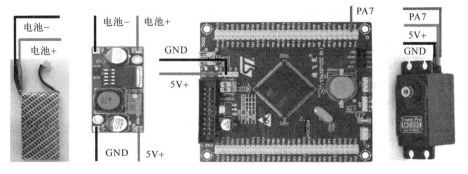

图 4-4-3　硬件线路连接示意图

4.4.2　安装制作

在整体调试机器人前可按照脚部、腿部、腰部，从下往上的顺序，将机器人整体组装完成，如图 4-4-4 所示。

a）脚部的组装

b）腿部的组装

c）腰部的组装

d）机器人整体组装

图 4-4-4 机器人的组装

机器人的脚部、腿部和腰部都组装完成后，下面安装其他电子器件。首先，将锂电池安装在横梁中，稳压模块和开关安装在横梁前侧，如图 4-4-5 所示；然后，在横梁的后侧安装主控板；最后，参考图 4-4-3 中各硬件模块的连接示意图，以及根据程序中 I/O 口的设置，将舵机、电池、稳压模块和主控板之间的连线进行连接。

图 4-4-5 双足机器人前视图

4.4.3 程序设计

为了使制作的足机器人能够在程序控制下稳定行走，主要通过主控板控制舵机交替转动，可见行走的核心在于舵机的控制。

舵机可通过 PWM 调制来精确控制转角，其基本原理和控制方法可参考第 1 章相关内容。本章制作的双足机器人涉及 4 路舵机的控制，即需要 4 路 PWM 信号，可选用 TIM3 定时器生成 4 路 PWM 波，每路 PWM 控制一个舵机，每个定时器相互独立，输出的 PWM 不会相互影响。将这个定时器使能并设置 PWM 模式后，即可产生 4 路 PWM 输出控制舵机完成直行与转弯。

这里给出 1 个舵机控制的参考程序，主要包括主控板 I/O 口的初始化和定时器生成 PWM 信号。

```c
/*利用定时器 TIM3_CH2 对应 I/O 口 PA7 生成 PWM 信号的初始化程序*/
void TIM3_CH2_PWM_Init(u16 period,u16 prescaler)
{
    TIM_TimeBaseInitTypeDef TIM_TimeBaseInitStructure;
    TIM_OCInitTypeDef TIM_OCInitStructure;
    GPIO_InitTypeDef GPIO_InitStructure;
    //开启时钟
    RCC_APB2PeriphClockCmd(RCC_APB2Periph_GPIOA,ENABLE);
    RCC_APB1PeriphClockCmd(RCC_APB1Periph_TIM3,ENABLE);
    RCC_APB2PeriphClockCmd(RCC_APB2Periph_AFIO,ENABLE);
    //配置 I/O 口
    GPIO_InitStructure.GPIO_Pin = GPIO_Pin_7;
    GPIO_InitStructure.GPIO_Speed = GPIO_Speed_50MHz;
    GPIO_InitStructure.GPIO_Mode = GPIO_Mode_AF_PP;  //复用推挽输出
    GPIO_Init(GPIOA,&GPIO_InitStructure);
```

```
//改变 I/O 口映射，TIM3_CH2-> PA7
GPIO_PinRemapConfig(GPIO_PartialRemap_TIM3,ENABLE);
//自动重装载值
TIM_TimeBaseInitStructure.TIM_Period = period;
//时钟预分频数
TIM_TimeBaseInitStructure.TIM_Prescaler = prescaler;
//时钟分频因子
TIM_TimeBaseInitStructure.TIM_ClockDivision = TIM_CKD_DIV1;
//设置向上计数模式
TIM_TimeBaseInitStructure.TIM_CounterMode = TIM_CounterMode_Up;
//初始化结构体
TIM_TimeBaseInit(TIM3,&TIM_TimeBaseInitStructure);
//定时器输出比较结构初始化
TIM_OCInitStructure.TIM_OCMode = TIM_OCMode_PWM1;
//输出通道电平极性配置
TIM_OCInitStructure.TIM_OCPolarity = TIM_OCPolarity_Low;
//输出使能
TIM_OCInitStructure.TIM_OutputState = TIM_OutputState_Enable;
//初始化结构体
TIM_OC2Init(TIM3,&TIM_OCInitStructure);
//使能 TIMx 在 CCR2 上的预装载寄存器
TIM_OC2PreloadConfig(TIM3,TIM_OCPreload_Enable);
//使能定时器
TIM_Cmd(TIM3,ENABLE);
TIM_CtrlPWMOutputs(TIM3, ENABLE);
}
*舵机角度控制*/
void SERVO_Angle_Control(uint16_t Compare2)
{
    TIM_SetCompare2(TIM3,Compare2);
}
```

4.4.4　整体调试

双足机器人的直线行走，从左腿和右腿髋部舵机分别顺时针旋转 20°开始，即左脚在前，右脚在后的动作，如图 4-4-5 所示。通过以下 6 个基本动作循环即可实现行走。

1）机器人左脚的舵机顺时针旋转 20°，使右脚抬起，身体重心落于左脚，如图 4-4-6a 所示。

2）机器人左脚单脚站立，左腿和右腿髋部舵机都逆时针旋转 40°，使右脚悬空迈步，机器人重心依然落于左脚，如图 4-4-6b 所示。

3）机器人左脚舵机逆时针旋转 20°，使右脚迈步落地，如图 4-4-6c 所示。

4）机器人右脚舵机逆时针旋转 20°，使左脚抬起，重心落于右脚，如图 4-4-7a 所示。

5）右脚单脚站立，左腿和右腿髋部舵机都顺时针旋转 40°，使左脚悬空迈步，重心依然落于右脚，如图 4-4-7b 所示。

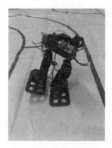  

a）右脚抬起　　　　　b）右脚悬空迈步　　　　　c）右脚迈步落地

图 4-4-6　右脚迈步行走

6）右脚舵机顺时针旋转 20°，使左脚迈步落地，即恢复至起始动作。

执行完上述 6 个步骤后，机器人又恢复到了"左脚在前，右脚在后"的起始动作，所以，将上述 6 个基本动作依次重复执行，即可实现机器人左右脚交替迈步行走。另外，上述 6 个基本动作都是基于舵机顺时针或逆时针旋转 20° 来实现的，这里的 20° 是图 4-4-7b 所示的机器人实际测试的角度，大于 20° 易导致机器人重心不稳，小于 20° 使得机器人步行幅度较小，影响移动速度。

a）左脚抬起　　　　　　b）左脚悬空迈步

图 4-4-7　左脚迈步行走

在实际调试过程中，为实现不同效果的行走，可根据动作需求在动作 1）~动作 6）中添加新动作，比如为缓解机器人行走过程因重心不稳而产生的机身晃动，可改为走 2 步然后双脚并拢，具体程序中执行完一遍动作 1）~动作 6）后，通过左腿和右腿髋部舵机都逆时针旋转 20°，使机器人双脚并拢，再从"左脚在前，右脚在后"的起始动作重复执行动作 1）~动作 6）继续前进。再比如提高机器人行走速度，其行走时因惯性导致的左右晃动的程度越严重，可适当延长动作 1）和动作 4）此类重心变化，以及动作 2）和动作 5）此类舵机转角变化较大的动作的过渡时间。

转弯是为了保证双足机器人能够朝不同方向行走，主要为左转和右转，可以通过控制机器人左腿舵机与右腿舵机的旋转角度来实现。若左转，即直线行走时降低左腿舵机的旋转角度或提高右腿舵机旋转角度，使得左腿的迈步幅度小于右腿迈步幅度来实现小幅左转前进。此外，还可以通过控制机器人左腿舵机与右腿舵机的旋转速度实现，比如左转，即直线行走时降低左腿舵机的旋转速度或提高右腿舵机旋转速度，使得的左腿的迈步速度小于右腿迈步速度来实现小幅左转前进。对比上述两种纠偏方法，控制舵机转角更常用些，因舵机的主要优势就在于其可控的精准转角。至于控制舵机速度的方法，可以尝试通过控制舵机缓慢递增至目标转角的方式实现舵机速度控制。

在上述转弯原理的指导下，可通过改变直线行走的迈步幅度实现，即舵机旋转角度，具体操作如下。

1）左转，增加右腿迈步幅度，减小左腿舵机转角，即通过减小上述直行 6 个基本动作中第 5 个动作的左脚向前迈步幅度，减小左腿髋部舵机转角实现。

2）右转，增加左腿迈步幅度，减小右腿舵机转角，即通过减小上述直行 6 个基本动作中第 2 个动作的右脚向前迈步幅度，减小右腿髋部舵机转角实现。

4.5　四足机器人的设计与制作

下面制作一台八自由度的四足机器人。本节主要选用了亚克力板、与舵机配套的结构件和电子器件完成四足机器人的制作。

4.5.1　机械结构设计

此四足机器人选用较稳定的斜置布置的关节式腿足结构。制作四足机器人的结构件具体有亚克力板 1 块、U 型支架 12 个、斜 U 支架 4 个、舵机连接 8 套和脚撑 4 个，如图 4-5-1 所示。

图 4-5-1　四足机器人俯视图

4.5.2　电路设计

制作四足机器人的电子器件主要包括 STM32F103ZET6 开发板 1 个、3S 锂电池 1 个、LM2596S 稳压模块 2 个、串口舵机供电板 1 个和 AX-12A 舵机 8 个，如图 4-5-2 所示。

a）串口舵机供电板

b）AX-12A舵机

图 4-5-2　四足机器人主要电子器件

四足机器人控制电路的主要电子器件选定后，可参考图 4-5-3 将各器件相连组成机器人的控制系统，进行各模块的测试。

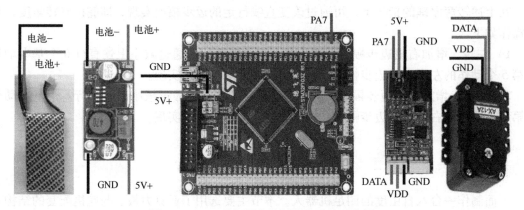

图 4-5-3　四足机器人控制电路连接示意图

4.5.3　程序设计

此四足机器人的行走，通过主控板控制舵机参考表 4-3-1 中的步态完成。AX-12A 舵机通过串口舵机供电板将控制板的指令包发送至对应 ID 的舵机，其控制芯片可精确控制舵机的转角和速度。本节制作的四足机器人选用 USART2 发送指令包，实现 8 个舵机的控制。

这里给出舵机控制的参考程序，主要包含舵机 ID、角度和速度指令包的发送。

```
void SetServoPosition(unsigned char id, unsigned int position, unsigned int velocity)
{
    if (velocity > 1023) velocity = 1023;                //将舵机速度限制为 0~1023
    if (position > 1023) position = 1023;                //将舵机的转角 0~300°换算为 0~1023
    t_buf[8] = (unsigned char)(velocity >> 8);           //将 16 位拆分为 2 个字节
    t_buf[7] = (unsigned char)velocity;
    t_buf[6] = (unsigned char)(position >> 8);           //将 16 位拆分为 2 个字节
    t_buf[5] = (unsigned char)position;
    t_buf[0] = (0xFF);                                   //发送起始字节 0xff
    t_buf[1] = (id);                                     //发送舵机 ID
    t_buf[2] = (7);                                      //发送帧的长度
    t_buf[3] = (0x03);                                   //发送命令
    t_buf[4] = (0x1E);                                   //发送控制寄存器的起始地址
    t_buf[9] = ~(id + 7 + 0x03 + 0x1E + t_buf[5] + t_buf[6] + t_buf[7] + t_buf[8]); //计算校
                                                                                     验和
    t_len = 10;
    t_cnt = 0;
    USART_SendData(USART2,0xff);                         //串口发送指令包
}
```

4.5.4 整体调试

四足机器人的四条腿从左上角的腿开始顺时针依次编号为 LF、RF、RB 和 LB。四足机器人的行走参考表 4-3-1 中的行走步态，通过以下 7 个基本动作重复循环即可实现行走。

1）起始动作，LF 和 LB 分别向前后两个方向伸出，RF 和 RB 向中间并拢，如图 4-5-4a 所示。

2）RF 抬起并以大幅度伸出，如图 4-5-4b 所示。

3）LF、RF、RB 和 LB 相对身体向后移动，如图 4-5-4c 所示。

4）LB 抬起并向身体处移动。此位置为起始动作 1）的镜像，如图 4-5-4d 所示。

5）LF 抬起并以大幅度伸出，如图 4-5-4e 所示。

6）LF、RF、RB 和 LB 再次相对身体向后移动，如图 4-5-4f 所示。

7）RB 抬起并向身体处迈进，机器人恢复至起始动作。

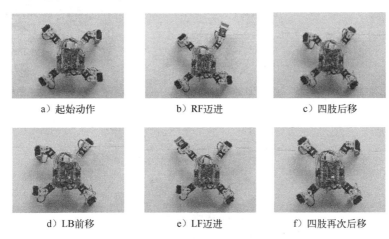

a）起始动作   b）RF迈进   c）四肢后移

d）LB前移   e）LF迈进   f）四肢再次后移

图 4-5-4 四足机器人行走

执行完上述 7 个步骤后，机器人又恢复到了起始动作，所以，将上述 7 个基本动作重复依次执行，即可实现四足机器人行走。

4.6 六足机器人的设计与制作

下面设计制作的六足机器人首先通过 SolidWorks 设计结构件，再将结构件加工制作，最后与单片机开发板、舵机、电池等电子器件组装。

4.6.1 机械结构设计

三自由度腿部结构是多足机器人较常使用的腿部设计，这种设计源自仿生学。三自由度腿部设计的优势主要有机械结构简单，组装方便且运动范围大，使机器人能灵活转向，可较好适应复杂地形。本节设计的六足机器人腿部采用三自由度结构，按照从身体到足端的顺序，第一个自由度沿垂直轴水平运动，以实现整条腿的前进或后退运动；后两个自由度沿水平轴垂直运动，以实现足端的上下摆动。这种设计具有三个优势：①可减少腿部之间的碰撞；②提高机器人的稳定性；③扩大机器人足端可到达的领域范围。通过控制各关节，使得六足机器人腿部在能够活动的范围内自由定位。基于三自由度腿部结构设计的六足机器人共有 18 个自由度，运动灵活性较强。它可以通过调节腿的长度保持身体水平，也可以通过调节腿的伸展程度调整重心，因此在崎岖地形爬行时，不易倾倒且稳定性较高。

通过 SolidWorks 软件设计六足机器人的各个结构件，从躯体开始将各腿节长度设定为：第一腿节为基节 25 mm，第二腿节为股节 140 mm，第三腿节为胫节 130 mm，如图 4-6-1a 所示。机器人躯体长 220 mm，宽 120 mm，且机器人躯体中部腿的髋关节相对于前腿和后腿向躯体外偏移了 20 mm，目的是保证机器人在行走时中间腿不与前后腿发生碰撞，机器人躯体如图 4-6-1b 所示。最终利用 SolidWorks 软件设计组装的六足仿生机器人模型如图 4-6-1c 所示。将设计的结构件加工制作，根据模型图组装完成的六足机器人实物如图 4-6-2 所示。

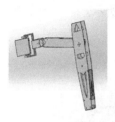 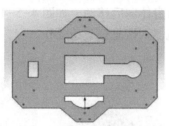 

　a）机器人腿部结构　　　　b）机器人躯体结构　　　　c）机器人组装结构

图 4-6-1　六足机器人模型图

图 4-6-2　六足机器人俯视图

4.6.2　电路设计

制作六足机器人的电子器件主要包括 STM32F103ZET6 开发板 1 个、3S 锂电池 1 个、LM2596S 稳压模块 1 个和 LDX-218 舵机 18 个，如图 4-6-3 所示。

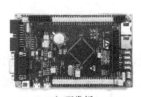  

　　a）开发板　　　　　b）锂电池　　　　　c）稳压模块　　　　d）舵机

图 4-6-3　六足机器人的主要电子器件

六足机器人控制电路的主要电子器件选定后，可参考图 4-6-4 将各器件相连组成机器人的控制系统，进行各模块的测试。

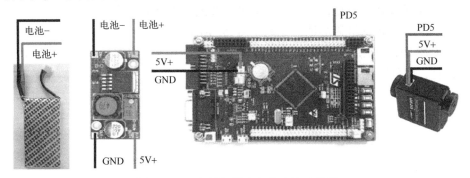

图 4-6-4　六足机器人电路连接示意图

4.6.3　整体调试

本节六足机器人的行走采用三角步态完成，其中舵机的调试可参考 4.4.3 节的舵机控制程序。六足机器人的六条腿从左上角的腿开始顺时针依次编号为 LF、RF、RM、RB、LM 和 LB，并分为两组，其中 LF、RM 和 LB 为一组腿，RF、LM 和 RB 为另一组腿。两组腿交替成为支撑相和摆动相，同一组腿的摆动形式是相同的。当一组腿工作于摆动相时，该组腿进行前摆运动，同时另一组腿处于支撑相进行向后蹬腿的动作，从而使六足机器人完成向前移动。六足机器人能以三角步态实现快速平稳的运动，是因为同为支撑相的腿可实时构成三角形支架，来稳定支撑机器人躯体。通过以下 5 个基本动作循环执行即可实现机器人行走。

1）起始动作，LF、RM、LB、RF、LM 和 RB 分别位于机器人身体的左前、右中、左后、右前、左中和右后，如图 4-6-5a 所示。

a）起始动作　　　　　　　b）LF、RM和LB迈进　　　　　　c）LF、RM和LB落地

d）RF、LM和RB迈进　　　　　　e）RF、LM和RB落地

图 4-6-5　六足机器人行走

2）LF、RM 和 LB 这组腿抬起并向前迈进，如图 4-6-5b 所示。

3）LF、RM 和 LB 这组腿落地，如图 4-6-5c 所示。

4）RF、LM 和 RB 这组腿抬起并向前迈进，如图 4-6-5d 所示。

5）RF、LM 和 RB 这组腿落地，如图 4-6-5e 所示。

执行完上述 5 个步骤后，机器人又恢复到了起始动作 1），所以，将上述 5 个基本动作重复依次执行，即可实现六足机器人行走。

第 5 章　四旋翼无人机的设计与制作

　　四旋翼无人机是近年来兴起的一种具有广阔应用前景的新型无人机，它的特点是由四个旋翼同时作用产生动力，使无人机能够在空中平稳飞行，且具备悬停、机动、盘旋、升降等功能，广泛应用于航拍、地质勘探、农业植保等领域。本章主要介绍四旋翼无人机结构原理和实际制作过程。

5.1　四旋翼无人机概述

　　四旋翼无人机是一种多旋翼的旋翼式飞行器，在旋翼布局上属于非共轴式碟形旋翼飞行器，四个旋翼采用十字形对称分布，如图 5-1-1 所示。与传统的单旋翼飞行器相比，四旋翼飞行器有着诸多优点，四旋翼飞行器四个旋翼能够互相抵消回旋影响，无需单旋翼飞行器的尾部旋翼，更加节能的同时也减小了飞行器的体积；四旋翼飞行器通过调节四个旋翼的转速来调节飞行器姿态，无需单旋翼直升机的螺旋桨倾角调节装置，在机械设计上更加简单；四旋翼直升机由于有多个旋翼，载重量更大，同时桨叶也可以做得更小，易于小型化。正是由于四旋翼飞行器有着如此多的优点，使其有着广泛的应用前景及研究价值。

图 5-1-1　常见的四旋翼无人机

5.2　四旋翼无人机的原理和组成

四旋翼无人机的四个旋翼对称分布在机体的前后、左右四个方向，所有旋翼处于同一高度平面，且四个旋翼的结构和半径都相同，四个电动机对称地安装在飞行器的支架端，支架中间空间安放飞行控制处理器和外部设备。结构形式如图 5-2-1 所示。

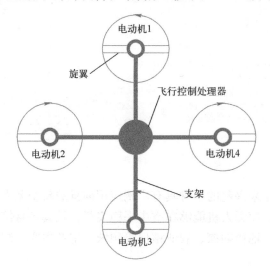

图 5-2-1　四旋翼飞行器的结构示意图

　　四旋翼飞行器通过调节四个电动机转速来改变旋翼转速，实现升力的变化，从而控制飞行器的姿态和位置。四旋翼飞行器是一种六自由度的垂直升降机，但只有四个输入力，同时却有六个状态输出，所以它又是一种欠驱动系统。

　　图 5-2-2 为四旋翼无人机沿各自由度运动的示意图。四旋翼无人机的电动机 1 和电动机 3 逆时针旋转的同时，电动机 2 和电动机 4 顺时针旋转，因此当无人机平衡飞行时，陀螺效应和空气动力扭矩效应均被抵消。在图 5-2-2 中，电动机 1 和电动机 3 做逆时针旋转，电动机 2 和电动机 4 做顺时针旋转，规定沿 x 轴正方向运动称为向前运动，箭头向上表示此电动机转速提高，向下表示此电动机转速下降。

　　1）垂直运动：同时增加四个电动机的输出功率，旋翼转速增加使得总的拉力增大，当总拉力足以克服整机的重量时，四旋翼无人机便离地垂直上升；反之，同时减小四个电动机的输出功率，四旋翼无人机则垂直下降，直至平衡落地，实现了沿 z 轴的垂直运动，如图 5-2-2a 所示。当外界扰动量为零时，在旋翼产生的升力等于无人机的自重时，无人机便保持悬停状态。

　　2）俯仰运动：在图 5-2-2b 中，电动机 1 的转速上升，电动机 3 的转速下降（改变量大小应相等），电动机 2、电动机 4 的转速保持不变。由于旋翼 1 的升力上升，旋翼 3 的升力下降，产生的不平衡力矩使机身绕 y 轴旋转，同理，当电动机 1 的转速下降时，电动机 3 的转速上升，机身便绕 y 轴向另一个方向旋转，实现无人机的俯仰运动。

　　3）滚转运动：与图 5-2-2b 的原理相同，在图 5-2-2c 中，改变电动机 2 和电动机 4 的转速，保持电动机 1 和电动机 3 的转速不变，则可使机身绕 x 轴旋转（正向和反向），实现无人机的滚转运动。

　　4）偏航运动：旋翼转动过程中由于空气阻力作用会形成与转动方向相反的反扭矩，为了克服反扭矩影响，可使四个旋翼中的两个正转、两个反转，且对角线上的各个旋翼转动方向相同。反扭矩的大小与旋翼转速有关，当四个电动机转速相同时，四个旋翼产生的反扭矩相互平衡，四旋翼无人机不发生转动；当四个电动机转速不完全相同时，不平衡的反扭矩会引起四旋翼无人机转动。在图 5-2-2d 中，当电动机 1 和电动机 3 的转速上升，电动机 2 和电动机 4 的转速下降时，旋翼 1 和旋翼 3 对机身的反扭矩大于旋翼 2 和旋翼 4 对机身的反扭矩，机身便在富余反扭矩的作用下绕 z 轴转动，实现无人机的偏航运动，转向与电动机 1、电动机 3 的转向相反。

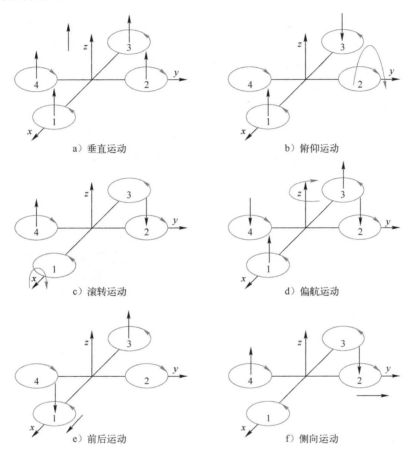

图 5-2-2　四旋翼无人机沿各自由度的运动

5）前后运动：要想实现无人机在水平面内前后、左右的运动，必须在水平面内对无人机施加一定的力。在图 5-2-2e 中，增加电动机 3 转速，使拉力增大，相应减小电动机 1 转速，使拉力减小，同时保持其他两个电动机转速不变，反扭矩仍然要保持平衡。按图 5-2-2b 的理论，无人机首先发生一定程度的倾斜，从而使旋翼拉力产生水平分量，因此可以实现无人机的前飞运动。向后飞行与向前飞行正好相反。（在图 5-2-2b 图 5-2-2c 中，无人机在产生俯仰、翻滚运动的同时也会产生沿 x、y 轴的水平运动。）

6）侧向运动：在图 5-2-2f 中，由于结构对称，侧向飞行的工作原理与前后运动完全一样。

5.2.1　机架

四旋翼无人机机架的轴长短没有规定，理论上讲，只要四个螺旋桨不相互碰触就可以了，但要考虑到螺旋桨之间因为旋转产生的乱流互相影响，建议还是不要太近，否则影响效率。这也是为什么四旋翼无人机用二叶螺旋桨比用三叶螺旋桨多的原因之一。

四旋翼无人机机架必须满足质量小和强度高两个要求。目前无人机机架的制作材料有很多种，下面介绍几种材质机架的特点。

1. 玻璃纤维机架

玻璃纤维机架如图 5-2-3 所示，在中小型无人机中比较常用，玻璃纤维合成材料与金属材料相比质量更小，并且由于玻璃纤维作为增强体，无人机机架的刚度也会变得更高。玻璃纤维机架在降落过程中遭到撞击或者意外也不用怕被摔碎，并且由于玻璃纤维加工性能好，还可以将其加工成任意形状。

2. 铝制机架

在金属材料中，铝合金相对来说成本低，并且质量小，符合轻量化的要求。但是铝合金存在最大的问题就是其强度不高，铝合金机架在受到外力作用的时候容易发生弯曲变形，在飞行过程中会导致出现不平衡。图 5-2-4 为常见的铝制机架。

图 5-2-3　玻璃纤维机架　　　　　　　图 5-2-4　铝制机架

3. 工程塑料机架

工程塑料也属于轻量化材料，比较适合用于小型的无人机机架的制作，但实际上在飞行过程中也可以很明显地感受到空气阻力。工程塑料对火和很多的溶剂都比较敏感，并且力学性能一般，而且长时间暴露在阳光和风沙雨水的环境中，机架容易出现断裂甚至粉末化状态。图 5-2-5 为常见的工程塑料机架。

4. 碳纤维机架

碳纤维复合材料因为其优秀的力学性能和减重优势被众多无人机制造商所喜欢。将碳纤维复合材料应用于机架的制作，可以有效地减轻重量。碳纤维机架可以一体化成型，能够减少无人机的装配工艺，减少装配量，并且整体的刚度好，对称性好。碳纤维机架表面光滑，能够耐盐碱酸等腐蚀，碳纤维复合材料还具有较好的电磁屏蔽性能，可以帮助无人机实现隐身功能。图 5-2-6 为常见的碳纤维机架。

一般来说，2 kg 以下的无人机可以选玻璃纤维机架；2 kg 以上的最好用碳纤维机架，动手能力强的读者也可以自己制作机架。

图 5-2-5　工程塑料机架

图 5-2-6　碳纤维机架

5.2.2　电动机和桨

1. 电动机

电动机和桨叶是四旋翼无人机的动力源，它们的选配非常重要。电动机分为无刷电动机和有刷电动机，无刷电动机是四轴的主流，力气大、耐用。

电动机的选择是有讲究的，可以从电动机的型号、KV 值和效率三个方面来考虑。

（1）电动机的型号

电动机型号，如 2212、3508、4010 等，不管什么品牌的电动机，具体都要对应这样 4 位数字，这些数字表示电动机转子的直径和高度。前面两位是电动机转子直径，后面两位是电动机转子高度，单位是 mm。前两位越大，电动机越粗，后两位越大，电动机越高。又粗又高的电动机，力气大，效率高，价格也贵！

（2）电动机 KV 值（大 KV 配小桨，小 KV 配大桨）

KV 值是指每 1 V 的电压下电动机每分钟空转的转速，例如 KV800，指在 1 V 的电压下空转转速是 800 r/min。10 V 的电压下是 8000 r/min 的空转转速。绕线匝数多的，KV 值低，最高输出电流小，但扭矩大；绕线匝数少的，KV 值高，最高输出电流大，但扭矩小。KV 值越小，同等电压下转速越低，扭矩越大，可带更大的桨。KV 值越大，同等电压下转速越高，扭矩越小，只能带小桨。一般来说，KV 值越小，效率就越高。航拍要选用低 KV 电动机配大桨，转速低，效率高，同样低转速电动机的振动也小，对航拍来说这些都是极为有利的。

（3）电动机效率（3 A/5 A，效率高）

效率的标注方式是 g/W（克每瓦）。电动机的功率和拉力并不是成正比的，也就是说，50 W 的时候是 450 g 拉力，100 W 的时候就不是 900 g 了，可能只有 700 g。具体效率要看电动机的效率表。大多数的电动机在 3 A/5 A 的电流下效率是最高的。一般正常飞行时，效率保持在合理的范围内，能够很好地保证续航能力。

2. 桨

四旋翼无人机的桨就相当于汽车的轮毂+轮胎。桨的螺距和直径的大小决定了所能提供的扭矩。小桨转速高，但是扭矩小。大桨转速低，扭矩高。当然前提是搭配相应的电动机使用，才能达到配置的合理性。

　　桨按材质来分可以大致分为塑胶螺旋桨、树脂混合螺旋桨、碳纤维螺旋桨和木质螺旋桨（木质螺旋桨比较少见）。塑胶螺旋桨搭配空心杯电动机，这个在玩具飞机上很常见。消费级无人机多为树脂混合螺旋桨，碳纤维的则在行业级无人机比较常见。

　　桨按安装方式来分大致分为快拆桨、自紧桨和普通桨。快拆桨的电动机上面会安装一个桨座，用卡扣将螺旋桨卡紧。自紧桨是桨螺母结合到螺旋桨上面，螺旋桨旋转时的风阻使其实现自动卡紧。普通桨则在自组的无人机上比较常见，螺旋桨穿过电动机轴，用子弹头螺母将螺旋桨卡住。

　　桨按结构来分为折叠桨和非折叠桨。折叠桨力效相比同型号的非折叠桨要低一些。但是因为可折叠所以占用空间较小。折叠桨最大的痛处在于动平衡难以达到，两片桨的重量差距要非常小。

　　桨按叶数分为两叶桨、三叶桨、四叶桨、五叶桨和六叶桨。两叶以上的大多数用在竞速机上面，直径都比较小。

　　相同的电动机，不同的 KV 值，用的桨也不一样，每个电动机都会有一个推荐的桨。一般来说，桨配得过小，不能发挥最大推力；桨配得过大，电动机会过热，会使电动机退磁，造成电动机性能的永久下降。

5.2.3　飞控

　　飞行控制系统简称飞控，该系统通过高效的控制算法，能够精准地感应并计算出飞行器的飞行姿态等数据，再通过主控制单元实现精准定位悬停和自主平稳飞行。

　　在没有飞行控制系统的情况下，有很多的专业飞手经过长期艰苦的练习，也能控制飞行器非常平稳地飞行，但是，这个难度和要求非常高，同时需要非常丰富的实践经验。如果没有飞行控制系统，飞手需要时时刻刻关注飞行器的动向，眼睛完全不可能离开飞行器，时刻处于高度紧张的工作状态。而且，人眼的有效视距是非常有限的，即使能稳定地控制飞行，但是控制的精度也很可能满足不了许多应用的需求。飞行控制系统是目前实现四旋翼无人飞行器简单操控和精准飞行的必备条件。

　　四旋翼无人机的飞控一般有两种，第一种是开源飞控，以 MWC 和 APM 为代表。所谓开源飞控就是建立在开源思想基础上的飞行自主控制器项目，同时包含了开源软件和开源硬件，而软件则包含了飞控硬件中的固件和地面站软件。开源飞控最大的特点就是其源代码完全公开，自由度非常高，可以编写代码输入其中，并且兼具了模块化以及可拓展化的特点，而且价格相对来说比较便宜。开源飞控适合有大量时间的高级玩家，对无人机新手来说极其不友好。第二种是商业飞控，非常成熟，需要调整的参数很少，比较容易入门。像大疆 WooKong 系列和 Naza 系列飞控系统、零度智控的双余安全飞控系统以及极飞科技的 SUPERX 和 MINIX 飞控系统都是目前国内较为先进的飞控系统。

　　四旋翼采用 PIXHAWK2.4.8 作为飞行控制器，它是世界上最出名的开源飞控的硬件厂商 3DR 推出的新一代飞控系统，其前身是 APM。由于 APM 的处理器已经接近满负荷，没有办法满足更复杂的运算处理，所以硬件厂商采用了目前最新标准的 32 位 ARM 处理器，优化了硬件和走线，加上了骨头形状的外壳，形成了这款 PIXHAWK 产品。

1. PIXHAWK 飞控简介及使用说明

PIXHAWK 的所有硬件都是透明的，它用的是什么芯片和传感器一目了然，所有的总线和外设都引出开放，不但以后可以兼容一些其他外设，而且对有开发能力的用户提供了方便。PIXHAWK 是一个双处理器的飞行控制器，一个擅长于强大运算的 32 bit STM32F427，Cortex M4 核心 168 MHz/256 KB RAM/2 MB Flash 处理器；还有一个主要定位于工业用途的协处理器 32 bit STM32F103，它的特点就是安全稳定。所以就算主处理器死机了，还有一个协处理器来保障安全。

（1）特性

它的核心 MCU 为 168 MHz/252 MIPS Cortex-M4F；输出能力是 14 PWM/舵机输出（其中 8 个带有失效保护功能，可人工设定；有 6 个可用于输入，全部支持高压舵机）；包含大量外设接口（UART、I2C、CAN）；在飞翼模式中，可以使用飞行中备份系统，可设置。可存储飞行状态等数据；多余度供电系统，可实现不间断供电；外置安全开关；全色 LED 智能指示灯；大音量智能声音指示器；集成 microSD 卡控制器，可以进行高速数据记录。

（2）MCU

32 bit，STM32F427，Cortex M4 核心，带有浮点运算器；256 KB RAM；2 MB Flash；32 bit，STM32F103 失效保护控制器。

（3）传感器

包含 ST 公司小型 L3GD20H 16 bit 陀螺芯片；LSM303D 14 bit 加速度/磁场芯片；MEAS 公司 MS5611 气压芯片。

（4）通信

支持 5 个 UART（串口），1 个带有高驱动能力，2 个带有流控制功能；2 个 CAN，1 个带有内置 3.3V 转换器，另一个需要外置转换器；Spektrum DSM/DSM2/DSM-X® 输入；Futaba S. BUS® 输入；支持 PPM 信号输入；支持 RSSI（PWM 信号）输入；I^2C 通信；SPI 通信；3.3 V 和 6.6 V ADC 电压信号输入；microUSB 接口，并可扩展外部 microUSB 接口。

（5）电源

电源失效后自动二极管控制（不间断供电）；支持最大 10 V 舵机电源和最大 10 A 功耗；所有外设输出带有功率保护；所有输入带有静电保护。

（6）扩展

数字空速传感器，PIXHAWK 支持 MS4525DO 数字差压传感器作为空速传感器。这是一种贴片内置 14 位精度压差采集和 11 位精度温度采集的气压传感芯片。使用 1PSI 量程，内部采样精度为 24 bit，分辨率为 0.84 Pa；外部 USB 扩展接口（可安装在设备外壳）；外置全色彩 LED；I^2C 分线器。

PIXHAWK 的 PCB 是没有地线层和电源层的六层板，虽然达到了降低布线难度和减少交叉的目的，但同时也增加了板子的成本。PCB 布线概况如图 5-2-7 所示。

由图示可以看出，其板子左侧是总输出接口，双面贴器件，正面布满通信接插件是 PX4 集成下来的优点。四个固定孔在中间，这与板子防振设计是相违背的。两个 MCU 在同一面 45°倾斜放置，其他器件基本都是对齐的位置，这样就导致了布线的倾斜和元器件的穿越。

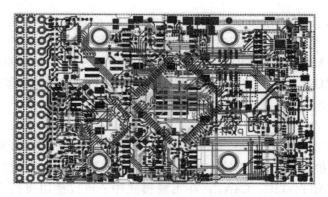

图 5-2-7　PIXHAWK 的 PCB 图

PIXHAWK 飞行控制器不像很多商业飞控把减振做到飞控外壳的里面，而是需要自己安装一个减振板，这样才能减少由机体产生的细小振动对飞控的影响。板子的实体外观如图 5-2-8 所示。

加上骨头形状的外壳后的外观如图 5-2-9 所示。

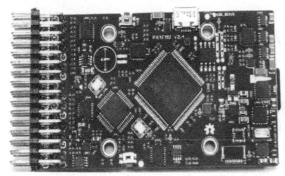

图 5-2-8　PIXHAWK 的电路板图

图 5-2-9　PIXHAWK 的外观

接下来介绍各个接口的名称。

上面部分如图 5-2-10 所示。

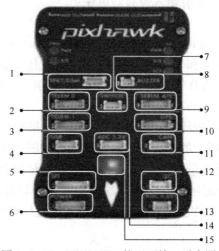

图 5-2-10　PIXHAWK 的正面接口示意图

1—SpektrumDSM2 或 DSMX 卫星接收机接口。

2——（丝印字符 TELEM1）TTL 串口数据，数传电台。

3——（丝印字符 TELEM2）TTL 串口数据，常用于连接 OSD。

4—外接 USB 连接口，用于延长 USB 接口到外面。

5—SPI 总线。

6—电源模块接口。

7—安全开关接口。

8—蜂鸣器接口。

9—TTL 串口 4 和 5。

10—GPS 模块接口。

11—CAN 总线接口。

12—I^2C 总线接口。

13—ADC 输入最高 6.6 V。

14—ADC 输入最高 3.3 V。

15—LED 信号灯。

中间部分如图 5-2-11 所示。

图 5-2-11　PIXHAWK 的侧面接口示意图

1—输入/输出模块复位按钮。

2—TF 卡插槽。

3—飞行控制模块复位按钮。

4—micro USB 接口。

下半部分如图 5-2-12 所示。

1—遥控器输入 PPM 格式，最多支持 8 个通道，大多数用户需要 PWM 转 PPM 模块。

2—S. Bus 输出。

3—主输出，8 个 PWM 通道，用于连接电调或者舵机。

4—辅助输出，6 个 PWM 通道，用于其他扩展，如舵机云台。

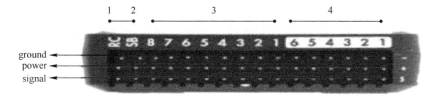

图 5-2-12　PIXHAWK 的排插接口示意图

2. PIXHAWK 插脚引线介绍

PIXHAWK 接口引脚信号如图 5-2-13 所示。

TELEM1，TELEM2接口

引脚	信号	电压
1(red)	VCC	+5V
2(blk)	TX(OUT)	+3.3V
3(blk)	RX(IN)	+3.3V
4(blk)	CTS	+3.3V
5(blk)	RTS	+3.3V
6(blk)	GND	GND

ADC 6.6V

引脚	信号	电压
1(red)	VCC	+5V
2(blk)	ADC IN	up to +6.6V
3(blk)	GND	GND

串行端口4/5

引脚	信号	电压
1(red)	VCC	+5V
2(blk)	TX(#4)	+3.3V
3(blk)	RX(#4)	+3.3V
4(blk)	TX(#5)	+3.3V
5(blk)	RX(#5)	+3.3V
6(blk)	GND	GND

ADC 3.3V

引脚	信号	电压
1(red)	VCC	+5V
2(blk)	ADC IN	up to +3.3V
3(blk)	GND	GND
4(blk)	ADC IN	up to +3.3V
5(blk)	GND	GND

I^2C（罗盘）

引脚	信号	电压
1(red)	VCC	+5V
2(blk)	SCL	+3.3(pullups)
3(blk)	SDA	+3.3(pullups)
4(blk)	GND	GND

CAN

引脚	信号	电压
1(red)	VCC	+5V
2(blk)	CAN_H	+12V
3(blk)	CAN_L	+12V
4(blk)	GND	GND

SPI

引脚	信号	电压
1(red)	VCC	+5V
2(blk)	SPI_EXT_SCK	+3.3
3(blk)	SPI_EXT_MISO	+3.3
4(blk)	SPI_EXT_MOSI	+3.3
5(blk)	ISPI_EXT_NSS	+3.3
6(blk)	GPIO_EXT	+3.3
7(blk)	GND	GND

POWER（电池）

引脚	信号	电压
1(red)	VCC	+5V
2(blk)	VCC	+5V
3(blk)	CURRENT	+3.3V
4(blk)	VOLTAGE	+3.3V
5(blk)	GND	GND
6(blk)	GND	GND

SWITCH（安全开关）

引脚	信号	电压
1(red)	VCC	+3.3V
2(blk)	!IO_LED_SAFETY	GND
3(blk)	SAFETY	GND

图 5-2-13　PIXHAWK 接口引脚信号对照图

3. 整机连线图

整机连线如图 5-2-14 所示。

在图 5-2-14 中，灰色连接线为电源线，黑色连接线为地线，虚线为控制电动机的 PWM 信号线。

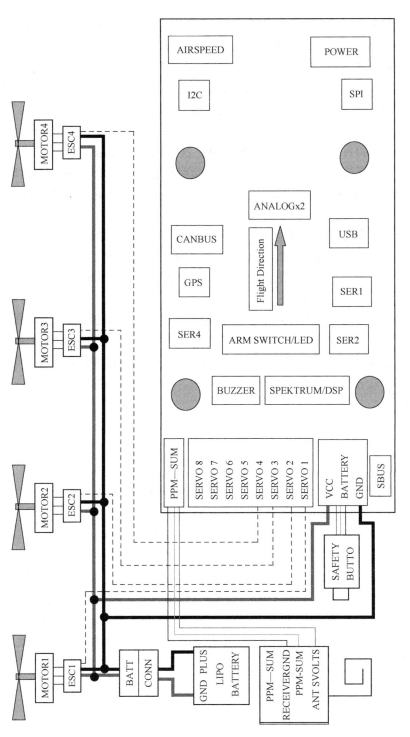

图 5-2-14　整机连线图

5.2.4　电池和电调

电池为四旋翼无人机提供能量，直接关系到无人机的悬停时长、最大负载重量和飞行距离等重要指标。通常采用化学电池作为电动无人机的动力电源，主要包括：镍氢电池、镍铬电池、锂聚合物和锂离子动力电池。其中前两种电池因重量重、能量密度低，现已基本被锂聚合物动力电池所取代。锂聚合物电池的标称电压是 3.7 V，满电电压是 4.2 V，存储电压是 3.8 V，放电后的保护电压为 3.6 V。电池的放电能力是以倍率（C）来表示的，它表示按照电池的标称容量最大可达到多大的放电电流。例如，一个 1000 mA·h、10 C 的电池，最大放电电流可达 1000×10 mA = 10000 mA，即 10 A。这个参数很重要，如果用低倍率的电池，大电流放电，电池会迅速损坏，甚至自燃。一般这种电池都是由好几块电芯串联到一起的，例如，3 S 锂电池就是由三块电芯串联到一起得到的。这种电池的放电倍率可以做到很大，而充电倍率一般不超过 5 C。

电池的选择要综合考虑，容量越大，C 越高，S 越多，电池越重。一般来说，无人机需要升力大、功率高时，为了保证飞行时间，可选高容量、高倍率、3 S 以上电池。最低建议 1500 mA·h、20 C、3 S。小微型无人机，因为自身升力有限，整体功率需求也不高，就可以考虑小容量、小倍率、3 S 以下电池。

电调的作用就是将飞控板的控制信号转变为电流的大小，以控制电动机的转动。因为电动机的电流是很大的，通常每个电动机正常工作时，平均有 3 A 左右的电流，如果没有电调的存在，飞控板根本无法承受这样大的电流（另外飞控也没驱动无刷电动机的功能）。同时电调在四旋翼无人机中还充当了电压转化器的作用，将 11.1 V 的电压转变为 5 V，为飞控板和遥控接收器供电。

5.3　四旋翼无人机的制作

动手制作一台四旋翼无人机还是比较方便的，各种四旋翼无人机部件都可以在网络上买到，只需要根据需求选择各种合适的配件就可以组装一台四旋翼无人机。

四旋翼飞行器，从 90 mm 轴距的微型机到 210 mm 轴距的穿越机，再到 450 mm 的大轴距飞机，以及更大载重机型，每一个跨越轴距的尺寸，所体现的系统配置特性都有着极大的差异。机架、动力系统、飞控系统、遥控图传系统、挂载载具都不相同。其中 F450 轴距方案为代表的机种，轴距通常介于 360~550 mm 之间，其动力单元和挂载能力相差不大，属于非常近似的机种。F450 机型通常用于航拍、教学学习，在个人学习研究、学校多旋翼无人机教学、航拍器训练、花式飞行表演、飞行器科学研究这些应用中使用最为广泛；F450 多旋翼飞行器系统是使用最广泛的入门级飞行平台。下面就以 F450 型机架套装为例来学习四旋翼无人机的制作。

5.3.1　材料准备

选购一套 F450 型无人机套装，包含组件见表 5-3-1。

表 5-3-1　无人机套装的组件表

序　号	组　件　名　称	数　量
1	F450 机架	1
2	脚架	1
3	9 寸自锁桨	4
4	86 平衡充	1
5	好盈 20 A 电调	4
6	飞控减振床	1
7	2212 自锁电动机	4
8	AT9S 遥控器	1
9	接收机+控带	1
10	GPS 支架	1
11	UBEC	1
12	蜂鸣器	1
13	安全开关	1
14	PIX2.4.8 飞控	1
15	GPS　M8N	1
16	连接线	若干
17	螺丝	若干

清点好各种组件，再准备好烙铁、焊锡、螺丝刀等工具，就可以开始安装了。

5.3.2　安装制作

1）首先要把电调、供电线、UBEC 焊接到分电板上。分电板是机架的两个中心板之一，安装后位于机架中心底层，主要用于电源连接，将供电线、UBEC 电源输入线和电调的电源输入线分正负极焊接到分电板的正负接线点，如图 5-3-1 所示。

2）将四个机臂用螺钉安装到上层中心板上，认好机头方向，如图 5-3-2 所示。

图 5-3-1　分电板连线实物图

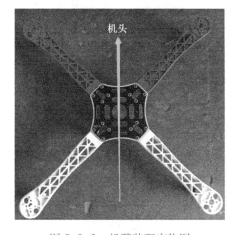

图 5-3-2　机臂装配实物图

3）将焊接好的分电板安装在机臂上（处于机架下层），认好机头方向，可同时安装高脚架（建议新手初次飞行不安装高脚架，高脚架比较难降落）。为了布线美观，可以考虑将一些连接线从分电板洞里穿过从机臂孔里穿出，如图5-3-3所示。

4）减振板先用镊子装好蓝色减振胶、然后粘在机架上（减振板小板在上面用白色3M胶固定飞控、大板在下面用配送的海绵胶粘在机架上），如图5-3-4和图5-3-5所示。

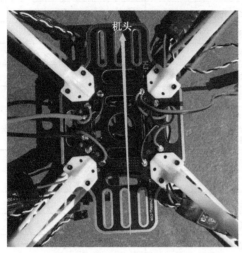

图5-3-3　高脚架装配实物图

图5-3-4　减振板装配实物图（一）

5）把GPS支架固定在机臂的两颗螺钉上面，扎带固定好UBEC（位置无规定），如图5-3-6所示。

图5-3-5　减振板装配实物图（二）

图5-3-6　GPS装配实物图

6）安装电动机，需要注意电动机的正反，如图5-3-7所示。

按图中所示，1、2号电动机需要逆时针旋转，3、4号电动机需要顺时针旋转。电动机分为正桨电动机和反桨电动机。有些电动机上会标注正反，一般默认白色标志为正桨，黑色标志为反桨。将带白色螺帽的电动机安装在1、2号机臂，将带黑色螺帽的电动机安装在3、4号机臂。安装好后如图5-3-8所示。

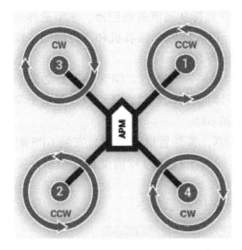

图 5-3-7　电动机安装方向示意图

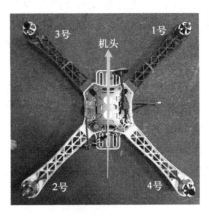

图 5-3-8　电动机装配实物图

7）用扎带固定好电调，按图 5-3-9 颜色排列插入电动机线。一般来说，若无法确定电调输出线和电动机的连接关系，装配时三根线可以随意连接，等后续试飞时再去确定。后续试飞时发现哪个电动机转向不对，将该电动机三根连接线的任意两根调换一下即可。

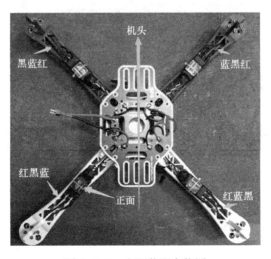

图 5-3-9　电调装配实物图

至此，机架安装就基本完成了，接下来应该先把飞控与遥控器调试校准，再完成后续的飞控、遥控器接收机和 GPS 的安装。为了安装的延续性，将飞控与遥控器的调试校准放到后面介绍。

上面选择了 PIXHAWK 飞控，PIXHAWK 板载的加速度传感器最怕振动影响，所以一定要考虑飞控的减振。PIXHAWK 配套有一个减振支架，由两块玻纤支架加 4 个减振球组成，能有效地减少有害的振动。减振支架的下固定板通过双面胶与上中心板连接，上下固定板通过减振胶垫连接起来。PIXHAWK 飞控通过双面胶粘贴到上固定板上，一定要注意飞控上的箭头标志对准机头方向。

遥控器选择常用的左手油门，要想更好发挥 PIXHAWK 飞控的功能，需要加多几个遥控通道用于设置飞行模式、自动调 PID 等，强烈建议选择 9 通道的遥控器。本节选择的是乐迪 AT9S 遥控器，其优势是支持 SBUS 及回传模块。SBUS 能减少接收机和飞控间的传输线。回传模块能在遥控器端看到飞行器的电压、GPS 坐标等数据。

　　PIXHAWK 内置陀螺仪、气压计等传感器已经足够四轴飞行。GPS 并不是必需的，但有 GPS 后，可以定点悬停，也可以在失去遥控器信号时候自动返航，还可以设置电子围栏不让飞行器飞行距离过远等。当然，也可以后期再添加 GPS。

　　本节选择的是兼容 PIXHAWK 飞控的 GPS M8N，带外置电子罗盘。安装 GPS 时需要支架。外置并架高的电子罗盘比飞控内置电子罗盘的抗干扰能力和精度都好很多。安装 GPS 时也要注意上面的箭头标志必须指向机头方向。

　　飞控、遥控器接收机和 GPS 安装好后如图 5-3-10 所示。

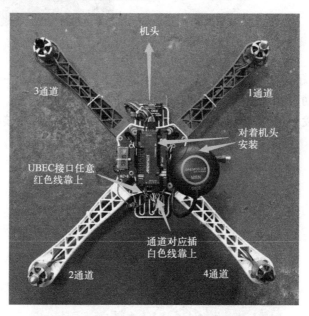

图 5-3-10　四旋翼无人机实物图（测试前）

　　至此，四旋翼无人机就安装得差不多了，装上桨叶和电池就可以试飞了。但是先要进行前期的调试，系统的一些基本状态正常以后再装上桨叶测试，否则很容易"炸机"。

5.4　四旋翼无人机的测试

　　四旋翼无人机安装好后，飞行之前一定要先进行测试。下面学习如何调试无人机，使得四旋翼无人机逐步变成一个可操控的稳定系统。

5.4.1　遥控器设置

　　遥控器选用乐迪 AT9S，如图 5-4-1 所示。它有 12 个全功能通道，采用先进的双扩频技术，支持的功能非常多。这里不对它做全面介绍，只针对简单设置进行讲解，有需要详细了解的读者可以在网络上找到它的资料。

遥控器上的各种开关按钮可通过说明书了解清楚，打开遥控器电源后按下列步骤对遥控器进行设置。

1）按"菜单"键进入设置界面，选择"PARAME-TER"按"确认"键进入下一级，选择"LANGUAGE"设置为简体中文，按"返回"键回到上一级菜单。

2）选择"机型选择"按"确认"键进入下一级，设置机型为"多旋翼模型"，按"返回"键回到上一级菜单。

3）选择"舵机相位"按"确认"键进入下一级，选择"油门"设为"反相"，按"返回"键回到上一级菜单。

4）选择"辅助通道"按"确认"键进入下一级，选择第五通道"姿态选择"，按"确认"键进入下一级，将遥控器右侧上部的三档开关从上到下分别设置为"自稳""定点""返航"，按两次"返回"键回到一级菜单。

图 5-4-1　乐迪遥控器实物图

AT9S 遥控器功能非常多，设置好这简单的几步就可以使用了，有其他功能需求时，可以再去查阅资料进行设置。

5.4.2　地面站软件安装

无人机地面站是整个无人机系统非常重要的组成部分，是地面操作人员直接与无人机交互的渠道。它包括任务规划、任务回放、实时监测、数字地图、通信数据链在内的集控制、通信、数据处理于一体的综合能力，是整个无人机系统的指挥控制中心。

无人机地面站是一个复杂的系统，此处只简单涉及，做一些简单使用。地面站软件有很多，可以上网搜索和下载，最好直接从卖无人机套件的商家获取，这样比较适合四旋翼无人机自身。

随无人机套件配给地面站的软件是 Mission Planer1.3.28，在计算机上安装好后界面如图 5-4-2 所示。

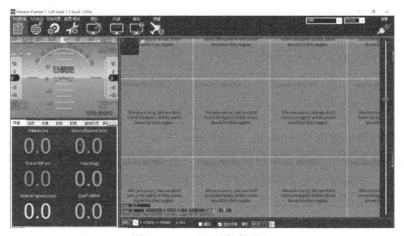

图 5-4-2　地面站软件界面

地面站软件安装好后就可以用它来给飞控调参了。

注意: 飞控安装到飞机上之前一定要先进行调试。

将PIXHAWK飞控用配套的连接线连到计算机,在地面站软件右上部端口连接处选择刚连上的飞控,波特率选择115200bit/s,单击"连接",连上后地面站软件就可以控制飞控,开始后续的飞控调参。

5.4.3 校准加速度计

地面站连上飞控后,在菜单中选择"初始设置"→"必要硬件"→"加速度计校准",就可以按照提示开始加速度计校准了。

1)将飞控有方向箭头的正面朝上,箭头朝前在桌面上水平放好,计算机键盘按一下"空格键"确认并进入下一步。

2)将飞控左侧朝上立起来,正面朝右,箭头朝前,计算机键盘按一下"空格键"确认并进入下一步。

3)将飞控右侧朝上立起来,正面朝左,箭头朝前,计算机键盘按一下"空格键"确认并进入下一步。

4)将飞控尾部朝上立起来,正面朝前,箭头朝下,计算机键盘按一下"空格键"确认并进入下一步。

5)将飞控头部朝上立起来,正面朝后,箭头朝上,计算机键盘按一下"空格键"确认并进入下一步。

6)将飞控反面朝上,正面朝下,箭头朝前在桌面上水平放好,计算机键盘按一下"空格键"确认。

至此,加速度计校准完毕,若没有成功则重来一遍即可。

5.4.4 校准罗盘

将GPS连接上飞控,将GPS放在飞控正面,用手捏住,保证GPS上的箭头与飞控上的箭头方向一致。

在地面站软件菜单中选择"初始设置"→"必要硬件"→"罗盘",选择"APM内置罗盘",单击"现场校准"就会弹出一个罗盘校准界面,上面有两个旋转的三维图像,左侧的图像有一些白色的色块,将手中的飞控和GPS捏紧,开始全方位的转动,直至左侧三维图像中白色色块全部消失即可。确认之后,正常情况下飞控的指示灯会闪烁蓝灯。

5.4.5 遥控器校准

把遥控器接收器设置为SBus模式,通过SBus方式连接到飞控,打开遥控器电源。

在地面站软件菜单中选择"初始设置"→"必要硬件"→"遥控器校准",界面上会出现一些指示条,如果指示条全部是灰色的,说明遥控器接收器和飞控连接不正确。指示条上出现绿色部分表明遥控器连接正常,这时可以将遥控器上的两个摇杆朝各个方向打满,进行姿态控制的三档开关也拨动一下,让飞控能正确检测到这些控制量。最后,计算机界面上按"确认"按钮保存这些设置。

5.4.6　飞行模式设置

在地面站软件菜单中选择"初始设置"→"必要硬件"→"飞行模式"，右侧出现飞行模式设置界面。

首先检查一下界面中"飞行模式 1"右侧的下拉菜单能不能打开，如果不能打开，说明地面站软件安装不正确，需重新安装。

接着，拨动遥控器右上部的姿态控制三档开关，看看选中指示会不会在不同的飞行模式上跳动，如果不动，说明遥控器没有设置好或者遥控器没有校准，需重做这两部分。

将遥控器上姿态控制三档开关打到最上一档，将界面中选中指示选择的飞行模式设置为"自稳"模式。

将遥控器上姿态控制三档开关打到中间一档，将界面中选中指示选择的飞行模式设置为"定点"模式。

将遥控器上姿态控制三档开关打到最下一档，将界面中选中指示选择的飞行模式设置为"返航"模式。

最后，按"保存模式"按钮保存这些设置。

5.4.7　解锁检查

出于安全考虑，飞控在上电时处于闭锁状态，不会控制电动机转动。飞机要起飞时必须进行解锁，才能正常被操控飞行。现在来检查一下解锁和闭锁过程。将蜂鸣器和安全开关连接至飞控，安全开关是一种保护手段，没有打开之前飞控是不能解锁的，此时安全开关上有红灯闪烁，长按开关 3 s 以上，变为红灯常亮，安全开关就被打开了。

将飞控水平放置，在地面站软件菜单中选择"飞行数据"，界面左上角有一个飞行姿态窗，有文字显示"已锁定"，可视姿态处于水平状态，转动飞控，可视姿态应该跟随变化。

解锁时，将遥控器上姿态控制三档开关打到最上一档，处于"自稳"模式，在其他两个模式是不能解锁的。打开安全开关，将遥控器左侧油门摇杆拉到最低，再拉至最右侧，也就是右下角，保持 3 s，蜂鸣器长鸣一声，说明飞控已解锁，地面站飞行姿态窗上也会文字显示"已解锁"。

闭锁时，将遥控器左侧油门摇杆拉到最低，再拉至最左侧，也就是左下角，保持 3 s，蜂鸣器短鸣一声，说明飞控已闭锁。

5.4.8　电调校准

经过前面几步调试，就可以将飞控安装到机架上了。飞行之前，电调也需要校准，只需要校准一次，以后就不需要校准了。

将遥控器电源打开，将油门摇杆打到最大。将电池接口和无人机电源接口相连，给无人机上电，当看到飞控状态指示灯开始红、黄、蓝交替闪烁时，断开电池连接，等待 2 s，再将电池连上，打开安全开关，会听到电动机"嘀、嘀"两声，再将油门打到最低，电动机会"嘀"一声，电调就校准好了。

飞控上电后会有一段准备时间，进入正常可操控状态后，在室内收不到 GPS 信号，状态指示灯是闪烁蓝灯的。在室外收到 GPS 信号，状态指示灯是闪烁绿灯的。如果飞控状态指示灯闪烁黄灯，说明飞控没有设置好，需重新连接计算机，打开地面站重新设置。

接下来测试一下电动机是否安装正确。注意！此时电动机上不要安装桨叶。用遥控器解锁飞控，电动机会转动起来，转速较慢，用手触摸感受一下，1、2 号电动机是否逆时针旋转，3、4 号电动机是否顺时针旋转，如果不正确，则断电后重新装配电动机。

电动机测试正确后，就可以安装桨叶了。安装桨叶之前将飞控闭锁或者断电。桨叶也分正桨和反桨，配套的桨叶和电动机是匹配好的，错了就装不上去。

装好桨叶后，解锁飞控，电动机会带动桨叶旋转起来，油门处在最低位，电动机转速慢，飞机不会飞起来。下面的步骤请小心谨慎！

将油门缓慢地推高一点点，不要使飞机脱离地面，缓慢地推动遥控器右侧的控制摇杆，将摇杆从中心向前慢推，看看飞机机尾会不会翘起来；将摇杆从中心向后慢推，看看飞机机头会不会翘起来；将摇杆从中心向右慢推，看看飞机左侧会不会翘起来；将摇杆从中心向左慢推，看看飞机右侧会不会翘起来。如果不是相应的动作，则重新设置遥控器和飞控。推动摇杆时千万不能用力过猛，不然会发生"炸机"事故。

5.4.9　试飞

经过前面的调试后，就可以到室外找一片开阔地进行试飞了。将四旋翼飞行器放置在开阔平整的地面上，先将遥控器电源打开，然后将飞行器上电，等待飞控上状态指示灯变成蓝灯常亮，等待的过程中注意遥控器上所有的微调指示都规整到零，飞行模式开关置为"自稳"模式。飞控状态指示灯蓝灯常亮后，将闪烁的安全开关长按 3 s 以上，变为红灯常亮，安全开关被打开就可以用遥控器控制四旋翼飞行器了。将遥控器左侧油门摇杆拉到最低，再拉至最右侧，也就是右下角，保持 3 s，蜂鸣器长鸣一声，飞控解锁，电动机开始转动。小心地将油门摇杆平移至底部中间，缓慢地向上推，电动机转速会越来越快，直至飞起来，小心控制油门使飞行器达到一定高度（至少高于 1.5 m），控制油门的手不能松，需要小心地控制，这时可以用另一只手小心地控制方向遥杆改变飞行方向，这种状态需要小心谨慎地控制油门摇杆和方向摇杆，才能使飞行器保持平稳飞行，新手是很难做好的。

飞行器飞到一定高度后，保持好油门，将飞行模式开关打到中间档位，为"定点"飞行状态。这时就可以松开遥控器的油门摇杆和方向摇杆，飞行器会保持在当前位置不动。向上推油门，飞行器会向上爬升；向下推油门，飞行器会降低高度；松开油门，飞行器就保持高度。推动方向摇杆，飞行器会向推向的方向飞行；松开方向摇杆，又会保持不动。

将飞行模式开关打到最下一档，飞行器进入"返航"状态，飞行器会自动飞到大约 15 m 高度，然后飞行到起飞点上方，接着开始缓慢降落。等飞行器降落到地面后，将飞行模式开关打到最上一档，进入"自稳"模式，然后使用油门摇杆进行"闭锁"操作。飞控闭锁后，电动机停止转动。这时，既可以按前面的操作重新开始飞行，也可以关闭电源结束飞行操作。

机器人要实现导航，就要解决三个问题：①Where am I？②Where to go？③How to go？其中前两个问题涉及机器人的定位以及任务分配问题，最后一个问题主要涉及机器人在行进过程中的路径规划问题，简单来讲就是机器人能够从当前位置开始通过一些条件的设定，如工作代价最小、到达时间最短、距离最短等，在环境中找到一条最合理的路线，使得机器人能够顺利地到达目的地。路径规划技术作为移动机器人技术的核心内容之一，是机器人研究领域的一个重要分支。

6.1　引言

根据控制方法的不同，机器人路径规划方法大致可以分为两类：传统方法和智能方法。要实现移动机器人在未知环境下自主路径规划，必须具备实时、自主识别高风险区域的能力，现阶段已知环境下的路径规划算法已经成熟，能实现无碰撞运行，在无知的环境中，移动机器人需要根据传感器来收集局部信息，进而运用相关算法实现路径规划，现阶段未知环境的路径规划算法依旧处于试验阶段。近几年我国各大企业都在研究无人驾驶技术，而无人驾驶技术的人工智能算法也涉及路径规划，可以借鉴其相关技术，从而更好地推动移动机器人路径规划发展。

6.2　路径规划

6.2.1　全局路径规划与局部路径规划

路径规划包含如下方面：在移动障碍物之间计算出无碰路径；获取物体之间的精确关系；分析基于传感信息所做的运动策略的不稳定性；处理物理模型的特性以及机器人对物体的抓取。

路径规划用数学语言可描述如下：C 为一个机器人，W 是机器人 C 的工作空间，定义为 $\mathbf{R}^N$，$N=2$ 或 3；设 $B_1,\cdots,B_q$ 是工作空间 W 中分布的静态障碍物。如果 C，$B_1,\cdots,B_q$ 的几何特性以及 B_i 的位置已知，机器人 C 在 W 中从起始点到目标点并且不碰到 B_i 的一系列连续的线段就是 C 的运动规划问题。

1. 全局路径规划

全局路径规划技术是移动机器人学研究领域中的一个重要部分，机器人路径规划就是依据某个或某些优化标准，在空间中找到一条从起始状态到目标状态的最优路径。移动机器人全局路径规划方法主要可以分为以下三种类型。

（1）基于事例的学习规划方法

基于事例的学习规划方法依靠过去的经验进行学习及问题求解，一个新的事例可以通过修改事例库中与当前情况相似的旧的事例来获得。将其应用于移动机器人的路径规划中可以描述如下：首先，利用路径规划所用到的或已产生的信息建立一个事例库，库中的任一事例包含每一次规划时的环境信息和路径信息，这些事例可以通过特定的索引取得；随后，将由当前规划任务和环境信息产生的事例与事例库中的事例进行匹配，以寻找出一个最优匹配事例，然后对该事例进行修正，并以此作为最后的结果。

（2）基于环境模型的规划方法

该方法首先需要建立一个关于机器人运动环境的环境模型。在很多时候由于移动机器人的工作环境具有不确定性（包括非结构性、动态性等），使得移动机器人无法建立全局环境模型，而只能根据传感器信息实时地建立局部环境模型，因此局部模型的实时性、可靠性成为影响移动机器人是否可以安全、连续、平稳运动的关键。环境建模的方法基本上可以分为两类：网络/图建模方法、基于网格的建模方法。前者主要包括自由空间法、顶点图像法、广义锥法等，利用它们在进行路径规划时可得到比较精确的解，但所耗费的计算量相当大，不适合于实际的应用。而后者在实现上要简单许多，所以应用比较广泛，其典型代表是四叉树建模法及其扩展算法（如基于位置码四叉树建模法、Framedquadtrees 建模法等）。

（3）基于行为的路径规划方法

基于行为的方法由 Brooks 在他著名的包容式结构中建立，它是一门从生物系统受到启发而产生的用来设计自主机器人的技术，采用类似动物进化的自底向上的原理体系，尝试从简单的智能体来建立一个复杂的系统。将其用于解决移动机器人路径规划问题是一种新的发展趋势，它把导航问题分解为许多相对独立的行为单元，比如跟踪、避碰、目标制导等。这些行为单元是一些由传感器和执行器组成的完整的运动控制单元，具有相应的导航功能，各行为单元所采用的行为方式各不相同，这些单元通过相互协调工作来完成导航任务。

搜索算法主要分为盲目搜索和启发式搜索，它们的一个作用是能够从解空间中寻找一条从源点到目标节点的最短路径。启发式搜索是在搜索的过程中，参考一定的指标函数来决定搜索的策略。常用的路径规划算法有 Dijkstra 算法、A* 算法、人工势场法等。Dijkstra 算法搜索时间长，计算复杂度高；采用 A* 算法进行移动机器人路径规划时，规划出的路径转折点较多、路径不平滑且搜索时间长；采用人工势场法进行路径规划时，容易出现目标点不可达以及易陷入局部最优等问题。随着机器学习的蓬勃发展，智能仿生路径规划算法得到极大关注。

Dijkstra 算法，如图 6-2-1 所示，类似于广度优先遍历，利用源点到当前节点的代价值作为指标，其一定可以获得从源点到目标节点的最短路径，但是访问的节点数很多。而最好优先搜索算法，如图 6-2-2 所示，采用离目标节点的距离作为搜索的代价参考值，贪心选择最小的扩展节点，也可以获得最短路径，而且其搜索的节点数目大大减少。

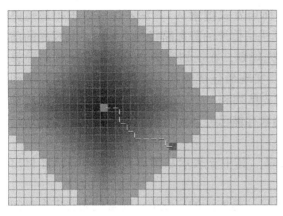

图 6-2-1　Dijkstra 算法

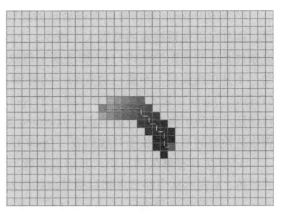

图 6-2-2　最好优先搜索算法

　　如图 6-2-3 和图 6-2-4 所示，当地图中包含障碍物时，Dijkstra 算法仍然可以获得最短路径，最好优先搜索的节点尽管少，但是不能获得最优解。

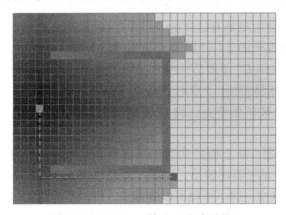

图 6-2-3　Dijkstra 算法（含障碍物）

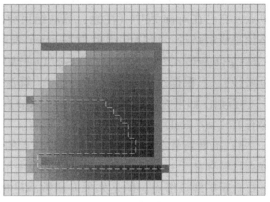

图 6-2-4　最好优先搜索算法（含障碍物）

　　而 A*算法，参考了从源点到当前节点的代价值和当前节点到目标节点的启发值，综合了 Dijkstra 算法和最好优先搜索算法的优点，在有障碍物和无障碍物的地图上，如图 6-2-5 和图 6-2-6 所示，可以像 Dijkstra 算法一样求得最短路径，同时能够像最好优先搜索一样减少搜索范围及搜索节点的数目。

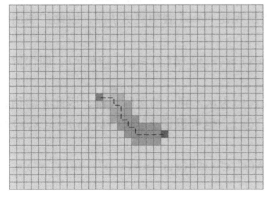

图 6-2-5　无障碍物时 A*路径规划算法

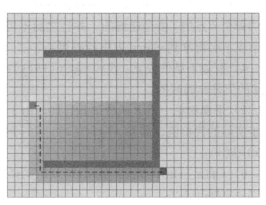

图 6-2-6　有障碍物时 A*路径规划算法

经典的 Dijkstra 算法可以求得最短的路径，而启发式搜索 A* 算法不但可以求得最短路径，而且可以使得搜索的范围大大减少，上述算法是传统的静态路径规划算法，其规划的前提条件是已知地图的结构。A* 算法属于离线事先规划，在规划完毕之后，沿着最优路径移动，不是在线规划，不能一边规划一边移动。要实现最佳优先搜索必须使用一个优先队列（Priority Queue）来实现，通常采用一个 open 优先队列和一个 closed 集，open 优先队列用来存储还没有遍历将要遍历的节点，而 closed 集用来存储已经被遍历过的节点。将路径规划过程中待检测的节点存放于开放列表（Open List）。

A* 算法具有悠久的历史，其启发函数 $f=g+h$。其中 g 表示从源点到当前节点已经付出的代价，h 表示从当前节点到目标节点的启发值。

1）A* 算法必须满足 $h(x) \leqslant h^*(x)$，其中 $h^*(x)$ 是实际的启发值，通常是无法事先得知的。这个性质很容易满足，只要满足该性质，一定能够获得最优解。

2）如果最短路径长度为 C^*，则在算法结束前，open 表中至少有一个节点 n，满足 $f(n) \leqslant C^*$。这个性质可以这样理解：因为最短路径存在，不妨设它为 source→a→b→c→⋯→n→⋯→goal. 且在当前时刻，路径中在节点 n 前的节点都在 closed 表中，即已经扩展了，而节点 n 自己在 open 表中（注意：算法结束前任意时刻都有这样的节点 n 存在）。则由于该条路径是最短路径，可以知道此时在 open 表中的 n 的 $g(n)$ 已经是准确值，即最小值。而 $f(n)=g(n)+h(n)=g^*(n)+h(n) \leqslant g^*(n)+h^*(n)=C^*$（最后一个式子取等号是由于 n 在最短路径上）。根据这个性质可知，当 A* 算法扩展到目标节点时，必有 $f(\text{goal})=g(\text{goal}) \leqslant C^*$；否则，如果 $f(\text{goal})>C^*$，由于目标节点是被扩展节点，则 open 表中其他任意节点 t，都有 $f(t) \geqslant f(\text{goal})>C^*$，和性质 1）矛盾。

3）扩展新节点时很容易出现重复节点的问题，从上面的伪代码可以看出，如果新扩展节点已经存在于 closed 表中，且 f 值比表中节点的 f 值还要小，则除了更新该节点 f 值，还需要重新扩展该节点。但是如果 h 函数满足相容性，这一步就可以省掉了。所谓相容性就是指对任意节点 s_1，都满足：$h(s_1) \leqslant h(s_2)+c(s_1,s_2)$（其中 $c(s_1,s_2)$ 是指从 s_1 转移到 s_2 的代价）。根据这一性质，在不等号两边加上 $g(s_1)$，则有 $g(s_1)+h(s_1) \leqslant h(s_2)+g(s_1)+c(s_1,s_2)$。如果此时扩展 s_1，而 s_2 又是能被 s_1 扩展的节点，则可以得到 $f(s_1) \leqslant f'(s_2)$（若 s_2 之前就已经被扩展出了，则当前的 $f(s_2)$ 可能比 $f'(s_2)$ 小）。这个式子的意义在于由当前节点进行扩展这个方案得到的节点的 f 值总比当前扩展节点的 f 值大（子节点总比父节点费用高），而每次又是选择一个具有最小 f 值的节点进行扩展，然后让其进入 closed 表，这就使得进入 closed 表的每个节点的 f 值是递增的，并且之后不可能出现比 closed 表中更大 f 值，因此扩展出的新节点不必再拿到 closed 表中检查更新了。

4）有如下条件成立：$f(y)=g(y)+h(y)=g(x)+c(x,y)+h(y) \geqslant g(x)+h(x)$，即代价函数 f 的值是非递减的。

5）下面讨论一下 h 函数的相容性。由于 $c(x,y)$ 为从 x 到 y 的实际代价，因此 h 的估计小于实际的代价值，即 $h(x)<h^*(x)$，$h(y)<h^*(y)$，也可以说 $h^*(x)-h^*(y)=c(x,y) \geqslant h(x)-h(y)$。

6）f 满足三角不等式：$h(s,s''') \leqslant h(s,s'')+h(s'',s''') \leqslant h(s,s')+h(s',s'')+h(s'',s''') \leqslant \cdots$ 可以一直展开下去。

众所周知，对图的表示可以采用数组或链表，而且这些表示法也各有优缺点，数组可以方便地实现对其中某个元素的存取，插入和删除操作却很困难，而链表则利于插入和删除，但对某个特定元素的定位却需借助于搜索。A^* 算法则需要快速插入和删除所求得的最优值以及可以对当前节点以下节点操作，因而数组或链表都显得太通用了，用来实现 A^* 算法会使速度有所降低。要实现这些，可以通过二分树、跳转表等数据结构来实现，本书采用的是简单而高效的带优先权的堆栈。实验表明，一个 1000 个节点的图，插入而且移动一个排序的链表平均需 500 次比较和 2 次移动；未排序的链表平均需 1000 次比较和 2 次移动；而堆仅需 10 次比较和 10 次移动。需要指出的是，当节点数 n 大于 10000 时，堆将不再是正确的选择，但这足以满足一般的要求。

还有一种更好的方法是 Hot Queues，而且这种方法还可应用于 Dijkstra 算法以降低其复杂度。当移动估价函数值为 f 的节点时，插入值为 $f+\delta (\delta \leqslant C)$（若 $\delta \geqslant 0$ 将意味着估价函数是有效的，反之亦然），常量 C 为从一个节点到相邻节点的权的最大改变。同时用一些"容器"来保存估价函数值的子集（这正如 $o(n)$ 的排序算法的思想），例如，当有 10 个"容器"时，堆将平均只包含 1/10 的估价值。因而这将比用堆更为有效。

此外，还有一种特殊的全局路劲规划，称为完全遍历路径规划（Complete Coverage Path Planning，CCPP），是一种特殊的路径规划，它要求移动机器人在满足一定的指标下遍历目标环境中的可达区域。在机器人的许多应用领域，大都需要用到遍历路径规划算法，例如军事用的地雷探测、家居及办公环境的地面清洁、不同应用领域地图的创建等。在这些应用中要求机器人覆盖环境中所有未被障碍物占据的区域。按照对环境知识的了解，在已知环境覆盖算法中让清洁机器人规划出一条能走过环境中的所有地方。代价最小路径，此时的问题就相当于旅行家问题，未知环境的覆盖要求清洁机器人必须借助身体上携带的不同类型的传感器来感知周围的环境并进行规划。移动机器人的完全遍历路径规划常用的性能评价指标有遍历覆盖率和遍历重叠率。遍历覆盖率，是指机器人沿可行轨迹线遍历完成后，已遍历面积与可达区域面积的百分比。遍历重叠率，指所有遍历重叠面积之和与可达区域面积的百分比。为了保证相邻区域之间不留有遍历盲区，相邻遍历区域必须有一定程度的重叠，显然，重叠区域越小越好，但因受机器人本身的系统误差、定位误差、控制精度以及环境状态的影响，重叠区不可能太小。如果一个机器人性能越高，则遍历重叠率能控制在很小的范围内。从遍历重叠率，还可以推出未遍历面积百分率，它指机器人沿着可行轨迹线遍历完成后，未遍历面积与可达面积的百分比。如果一个机器人性能越高，则遍历覆盖率越高，遍历重叠率越低，遍历效果越好。

2. 局部路径规划

局部路径规划是在已知全局路径的基础上进行的，全局路径由高精度地图提供。算法的流程如下：首先，使用三次样条曲线对全局路径进行弧长参数化拟合；然后，利用全局路径上的弧长 s 和距离全局路径的横向偏移量 ρ 建立 s-ρ 坐标系，并规划出一系列的平滑曲线，即候选路径，再将其从 s-ρ 坐标系转换到大地笛卡尔坐标系中以便于后续的路径跟随控制；最后，采用多目标代价函数从候选路径中选择出最优路径。目前常用的局部路径规划算法主要分为四大类：人工势场法、基于图搜索的方法、基于采样的方法和基于离散优化的方法。人工势场法是 Khatib 提出的虚拟力法，此方法算法简明，实时性良好，但存在容易陷入局部最小点的问题，且因未考虑车辆动力学约束，导致无法得到合理的路径甚至规划失败。基于图搜索的方法中常用的有 A^* 和 D^* 算法，此类算法在机器人领域得到广泛应用，但其规划的路径未能满足车辆的非完整性约束，且路径平滑性较差。基于采样的方法有概率路图法和快速随机扩展树法，该类算法具备搜索速度快、无须对环境进行建模等优点，但其随机采样的特性导致路径不平滑。基于离散优化的路径规划方法是用数值积分和微分等方程来描述车辆的运动，从而产生数量有限的候选路径，并通过设计代价函数，从候选路径中选择最优路径。该方法计算量小、实时性好，在近年来得到了广泛应用。

6.2.2　静态路径规划与动态路径规划

静态路径规划是以物理地理信息和交通规则等条件为约束来寻求最短路径，静态路径规划算法已日趋成熟，相对比较简单，但对于实际的交通状况来说，其应用意义不大。动态路径规划是在静态路径规划的基础上，结合实时的交通信息对预先规划好的最优行车路线进行适时的调整直至到达目的地最终得到最优路径。从获取障碍物信息是静态或是动态的角度看，全局路径规划属于静态规划，局部路径规划属于动态规划。全局路径规划需要掌握所有的环境信息，根据环境地图的所有信息进行路径规划；局部路径规划只需要由传感器实时采集环境信息，了解环境地图信息，然后确定出所在地图的位置及其局部的障碍物分布情况，从而可以选出从当前结点到某一子目标结点的最优路径。动态威胁和静态障碍物都被考虑在内，以生成代表无碰撞路径规划环境的人工场。为了提高路径搜索效率，应用坐标变换将地图原点移动到路径的起点，并与源-目的地方向一致。建立成本函数来表示动态变化的威胁，成本值被认为是移动威胁的标量值，实际上是向量。在无人机搜索最佳移动方向的过程中，利用蚂蚁优化算法对路径成本值、移动威胁和总成本进行优化。基于对周围信息的掌握程度，路径规划可以由两个规划引擎构建，包括利用先验环境信息进行全局规划的全局路径规划引擎和响应实时传感器信息的局部路径规划引擎局部路径规划适用于起点和目的地较近的情况。局部路径规划快速、实时、响应灵敏，但很容易受到局部信息的干扰，从而陷入局部最优解而无法实现全局目标。全局路径规划提供了整体寻路的解决方案，它根据获得的环境信息找出一条可行且最优的路径。首先获取所有环境信息，然后根据构建的环境地图进行初步（全局）路径规划。全局路径规划依赖于全局环境信息，无法处理规划过程中的实时问题。全局路径规划需要大量的计算能力。

6.3　同步定位与地图构建

为了便于理解，可以将同步定位与地图构建（Simultaneous Localization And Mapping, SLAM）简化成日常生活中的一项行为。当人们到达一个未知区域时，需要对这个环境进行观察识别，并且不断地变换视角和方位，观察与移动同时进行，通过对当前范围观测识别，便会对环境形成一个直观的认识。基于该种认识，可以判别自己身处的位置以及周围障碍物的位置，并且制定出到达目标地的有效路径，当方位把控不明确时，就有可能出现迷路的现象。机器人想要实现定位和路径规划，就需要知道周围环境的地图，从而引出另外一个问题：Where is my map? 机器人如果要完成在未知环境中的导航任务，那么必须先解决上述问题。如果环境地图是已知的，这种情况就比较简单了，而实际情况中环境信息往往是未知的，定位和地图构建两个部分交织在一起，解决难度很大。机器人估计自身位置有两种方案：一是靠里程计信息进行估计，里程计信息来源主要有轮式编码器、惯性测量单元（Inertial Measurement Unit，IMU）、摄像头（视觉里程计）这几类传感器；另一种是靠观测路标点进行位姿估计，通过激光雷达扫描得到的深度信息或者摄像头拍照，对机器人当前位置周围的特征点进行提取，然后将提取到的特征点与之前的路标进行匹配，根据机器人对路标点的观测量可以得出机器人当前相对于路标点的位姿。理论上，这两种方法在没有测量误差的情况下都可以单独估计机器人位置。但由于数据测量噪声的存在，单独使用其中一种无法得到机器人准确的位置，机器人必须通过其自身传感器（如里程计、陀螺仪等）和外置传感器（如激光、超声波、红外等）完成在地图中的自定位，同时也要检测周围环境的信息，并且利用获取的环境信息创建地图。因此需要将两种数据进行融合，得到效果更好的位置估计量。这个问题就是同时定位和地图创建。为了有效地将 SLAM 应用于机器人上，将其开发为功能强大的导盲机器人，1986 年 PeterCheeseman、Jim Crowley 和 Hugh Durrant-Whyte 等基于概率方法对智能机器人展开了研究，在此之后，概率问题作为基础研究方法广泛应用于机器人研究领域。基于概率方法的普及，Smith、Cheesman 和 Durrant-Whyte 建立了一套统计理论，该理论可以描述环境中的未知性障碍物与几何不确定性的关系，并且得出下述结论：在判断地图中的路标位置过程中，路标的相关度较高，并且相关度随着观测数的上升呈现出上升趋势。1995 年，Durrant-Whyte 第一次提出了 simultaneous localization and mapping 的概念，用来描述机器人地图创建与导航问题，并给出了基本的理论框架，同时也证明了此理论的收敛性。在 1999 年国际机器人大会上，首次召开了以 SLAM 为专题的会议，这一次会议的召开对于 SLAM 技术具有重要的意义。经典的 SLAM 算法是基于滤波器的，而近年来的研究热点为基于图优化的视觉 SLAM。

6.3.1　SLAM 问题

SLAM 最早由 Hugh Durrant-Whyte 和 John J. Leonard 提出，主要用于解决移动机器人在未知环境中运行时定位导航与地图构建的问题。SLAM 通常包括如下几个部分：特征提取、数据关联、状态估计、状态更新以及特征更新等。其中每个部分均存在多种方法。针对每个部分，下面将详细解释其中一种方法。在实际使用过程中，读者可以使用其他的方法代替本书中说明的方法。这里，以室内环境中运行的移动机器人为例进行说明，读者可以将本书提出的方法应用于其他的环境以及机器人中。

1. SLAM 流程

SLAM 通常包含几个过程，但最终目的是更新机器人的位置估计信息。由于通过机器人运动估计得到的机器人位置信息通常具有较大的误差，因此不能单纯地依靠机器人运动估计机器人位置信息。在使用机器人运动方程得到机器人位置估计后，可以使用测距单元得到的周围环境信息更正机器人的位置。上述更正过程一般通过提取环境特征，然后在机器人运动后重新观测特征的位置实现。SLAM 的核心是 EKF。EKF 用于结合上述信息估计机器人的准确位置。上述选取的特征一般称作地标。EKF 将持续不断地对上述机器人位置和周围环境中的地标位置进行估计。SLAM 的一般过程如图 6-3-1 所示。

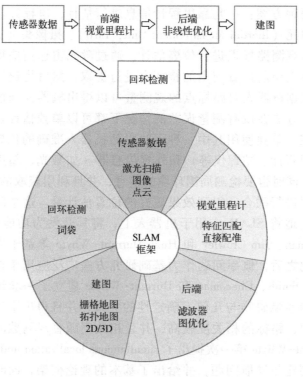

图 6-3-1　SLAM 流程图

　　当机器人运动时，其位置将会发生变化。此时，根据机器人位置传感器的观测，提取得到观测信息中的特征点，然后机器人通过 EKF 将目前观测到特征点的位置、机器人运动距离、机器人运动前观测到特征点的位置相互结合，对机器人当前位置和当前环境信息进行估计。

　　图 6-3-2 中三角形表示机器人，星号表示路标；机器人首先使用测距单元测量地标相对于机器人的距离和角度。

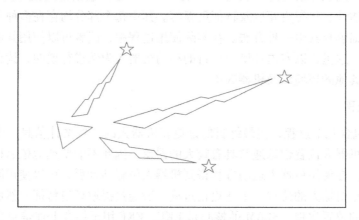

图 6-3-2　机器人测量地标示意图

　　然后开始运动，并且到达一个新的位置，机器人根据其运动方程预测其现在所处的新的位置，如图 6-3-3 所示。

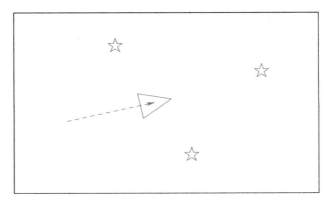

图 6-3-3　机器人更新位置示意图

在新的位置，机器人通过测距单元重新测量各个地标相对于机器人的距离和角度，测量得到的距离和角度与上述预测结果可能并不一致，如图 6-3-4 所示，因而，上述预测值可能并不是机器人的准确位置。

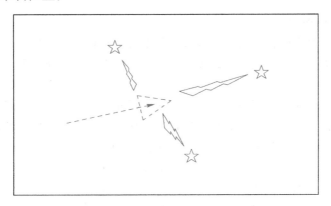

图 6-3-4　机器人重新测量地标示意图

在机器人看来，通过传感器获得的信息相对于通过运动方程得到的信息更为准确，因而，机器人将通过传感器的数据更新对机器人位置的预测值，如图 6-3-5 中实线三角形所示（虚线为通过运动信息预测的机器人位置）。

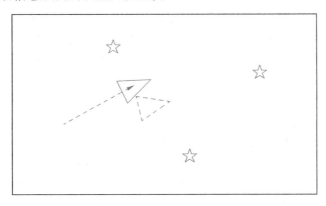

图 6-3-5　更新对机器人位置的预测值

经过上述步骤，结合直轴信息，重新估计得到的新的机器人位置如图 6-3-6 实线三角形所示，但由于测距单元精度有限，此时，机器人可能实际处于图 6-3-6 点状三角形位置，但此估计结果相对于初始预测结果已经有明显的改善。

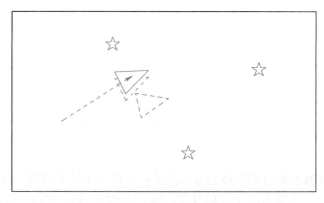

图 6-3-6　最终预测位置

2. 机器人平台注意事项

在学习 SLAM 的过程中，机器人平台需要可以移动并且至少包含一个测距单元。这里主要讨论的是轮式机器人，同时主要讨论 SLAM 的算法实现过程，而并不考虑一些复杂的运动模型如人形机器人。

在选择机器人平台时，需要考虑的主要因素包括易用性、定位性能以及价格。定位性能主要衡量机器人仅根据自身的运动对自身位置进行估计的能力。机器人的定位精度应该不超过 2%，转向精度不应该超过 5%。一般而言，机器人可以在直角坐标系中根据自身的运动估计其自身的位置与转向。从零开始搭建机器人平台将会是一个耗时的过程，也没有必要，可以选择一些市场上成熟的机器人开发平台进行开发。这里，以一个非常简单的自己开发的机器人开发平台讨论，读者可以选择自己的机器人开发平台。目前比较常见的测距单元包括激光测距、超声波测距和图像测距。其中，激光测距是最为常用的方式。通常激光测距单元比较精确、高效并且其输出不需要太多的处理。其缺点在于价格一般比较昂贵（目前已经有一些价格比较便宜的激光测距单元）。激光测距单元的另外一个问题是其穿过玻璃平面的问题。另外激光测距单元不能够应用于水下测量。SLAM 的第一步需要通过测距单元获取机器人周围环境的信息。这里，以激光测距单元为例。以一个常见的激光测距单元为例，其测量范围可到 360°，水平分辨率为 0.25°，即激光束的角度为 0.25°。其输出如下：2.98，2.99，3.00，3.01，3.02，3.49，3.50，…，2.20，8.17，2.21。激光测距单元的输出表示机器人距最近障碍物的距离。如果由于某些原因，激光测距单元无法测量某个特定角度上的安全范围，那么其将返回一个最大值，这里以 8.1 为例，测距单元返回数据超过 8.1 即意味着激光测距单元在该角度上发生测量错误。需要注意的是，激光测距单元可以以很高的频率对周围环境进行测量，其可以实现 10~100 Hz 的全周扫描。

另外一个常用的测距方式是超声波测距。超声波测距以及声波测距等在过去得到十分广泛的应用。相对于激光测距单元，其价格比较便宜；但其测量精度较低。激光测距单元的发射角仅 0.25°，因而，激光基本上可以看作直线；相对而言，超声波的发射角达到了 30°，因而，其测量精度较差。但在水下，由于其穿透力较强，因而超声波测距是最为常用的测距方式。最为常用的超声波测距单元是 Polaroid 超声波发生器。第三种常用的测距方式是通过视觉进行测距。传统上来说，通过视觉进行测距需要大量的计算，并且测量结果容易随着光线变化而发生变化。如果机器人运行在光线较暗的房间内，那么视觉测距方法基本上不能使用。但最近几年，已经存在一些解决上述问题的方法。一般而言，视觉测距使用双目视觉或者三目视觉方法进行测距。使用视觉方法进行测距，机器人可以更好地像人类一样进行思考。另外，通过视觉方法可以获得相对于激光测距和超声波测距更多的信息。但更多的信息也就意味着更高的处理代价，随着算法的进步和计算能力的提高，上述信息处理的问题正在慢慢得到解决。这里使用激光测距方法进行距离测量，其可以很容易实现较高的测量精度并且很容易应用于 SLAM 中。

SLAM 的另外一个很重要的数据来源是机器人通过自身运动估计得到的自身位置信息。通过对机器人轮胎运行圈数的估计可以得到机器人自身位置的一个估计，其可以被看作 EKF 的初始估计数据。另外一个需要注意的是需要保证机器人自身位置数据与测距单元数据的同步性。为了保证其同步性，一般采用插值的方法对数据进行前处理。由于机器人的运动规律是连续的，一般对机器人自身位置数据进行插值。相对而言，由于测距单元数据的不连续性，其插值基本上是不可以实现的。

地标是环境中易于观测和区分的特征，一般使用这些特征确定机器人位置。可以通过下面的方法想象上述工作过程，假设在一个陌生的房间内，闭上眼睛，那么此时我们如何确定自身的位置呢？通常而言，我们在环境中不断走动，通过触摸物体或者墙壁来确定自身位置。上述被触摸的物体以及墙壁等都可以被看作用于估计自身位置的地标。通常，对于不同的环境，可以选择不同的地标。地标需要满足下面的条件。

1）地标应该可以从不同的位置和角度观察得到。

2）地标应该是独一无二的，从而可以很容易地将底边从其他物体中分辨出来。

3）地标不应该过少，从而导致机器人需要花费额外的代价寻找地标。

4）地标应该是静止的，因而，最好不要使用一个人作为地标。

3. 特征提取

特征提取的方法有很多种，其主要取决于需要提取特征以及测距单元的类型。这里以如何从激光雷达得到的信息提取有效特征为例进行说明。下面介绍两种典型的特征提取方法，即 Spike 方法和 RANSAC 方法。

Spike 方法使用极值寻找特征。通过寻找测距单元返回数据中相邻数据差距超过一定范围的点作为特征点。通过这种方法，当测距单元发射的光束从墙壁上反射回来时，测距单元返回的数值为某些值；而当发射光束碰到其他物体并反射回来时，此时测距单元将返回另外一些数值；两者将具有较大的差别，如图 6-3-7 所示。

图中黑点为根据 Spike 方法提取到的特征。Spike 方法也可以通过下面的步骤实现，对于相邻的三个点 A、B、C 分别计算（A-B）与（C-B），然后将两者相加，如果结果超过一定范围，则表示提取到一个特征。

采用 Spike 方法提取环境特征，需要保证相邻两个激光束照射的物体与机器人之间的距离具有较大的变化，因而，其并不能够适用于光滑环境中的特征提取。RANSAC（随机采样方法）也可以被用于从激光测距单元返回数据中提取系统特征。其中测距单元返回数据中的直线将被提取为路标。在室内环境中，由于广泛存在墙壁等，在测距单元返回的数据中将存在大量的直线。

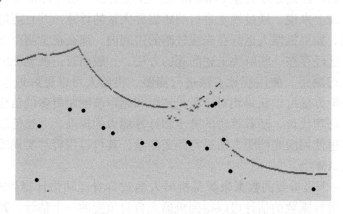

图 6-3-7　Spike 方法提取特征

　　RANSAC 首先采用随机采样的方法提取测距单元返回数据中的一部分，然后采用最小二乘逼近方法来对上述数据进行拟合。进行数据拟合后，RANSAC 方法将会检查测距单元数据在拟合曲线周围的分布情况。如果分布情况满足标准，那么就认为机器人看到了一条直线。在使用 EKF 估计机器人位置和环境地图时，EKF 需要将地标按照距离机器人当前的位置和方位表示出来。可以很容易地使用三角几何的方法将提取到的直线转变为固定的特征点，如图 6-3-8 所示。

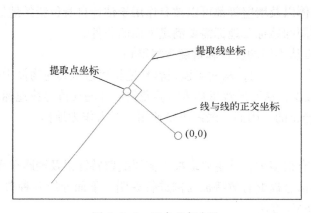

图 6-3-8　三角几何方法

　　前面提到了特征提取的两种不同的方法，Spike 方法和 RANSAC 方法，两者均可以用于室内环境中特征的提出。相比较而言，Spike 方法较为简单，并且对室内环境中的活动物体不具有鲁棒性。RANSAC 方法通过提取直线的方法提取环境中的特征，相对较为复杂，但对室内活动的物体具有更好的适应性。

4. 数据关联

　　数据关联是将不同时刻位置传感器提取到的地标信息进行关联的过程，也称为重观察过程。对于人类来说，假设我们在一个房间内看到了一把椅子，现在我们离开房间，过一段时间后，再次回到房间，如果再次看到了椅子，那么可以认为这把椅子很有可能就是之前看到的椅子。但是，如果假设房间内有两把完全一样的椅子，重复上述过程，当我们再次来到房间后，可能无法区分看到的两把椅子。但可以猜测，此时左边的椅子仍然是之前看到的左边的椅子，而右边的椅子仍然是之前看到的右边的椅子。

在实际应用中进行数据关联时，可能遇到下面的问题。

1）可能上一次看到了某个地标，但下一次却没有看到。

2）可能这次看到了地标，但之后却再也看不到这个地标。

3）可能错误地将现在看到的某个地标与之前看到的某个地标进行关联。

根据选择路标时的标准，可以很容易地排除上面第 1）和第 2）个问题。但对于第 3）个问题，如果发生了，将会对导航以及地图绘制造成严重的问题。

现在讨论解决上面第 3）个问题的方法。假设已经有每时每刻采集处理得到的路标的方位信息，并将其中的特征存储在一数据库中。数据库初始阶段是空的，首先建立的第一条规则是，除非该特征已经出现了 N 次，否则并不将其加入数据库。当得到一组新的传感器信息后，进行下面的计算。

1）得到一组新的传感器信息后，首先利用上面的特征提取方法提取特征。

2）将提取到的特征与数据库中已经出现 N 次的并且距离最近的特征关联起来。

3）通过验证环节验证上面的关联过程是否正确，如果验证通过，则表明我们再次看到了某个物体，因而其出现次数+1；否则表明我们看到了一个新的特征，在数据库中新建一个特征，并将其记作 1。

上述特征关联方法被称作距离最近方法。上面最简单的计算距离的方法是欧氏距离的计算，其他距离计算包括马氏距离等，虽然效果更好，但计算结果更为复杂。

验证环节通过利用 EKF 执行过程中，观测误差的有界性进行判断。因而，可以通过判断一个路标是否在现存路标的误差允许范围内来判断其是否为新的路标。路标区域可以通过图形绘制或者定义一个椭圆误差。

设定一个常数 λ，最新观测到的路标可以通过下面的公式与之前观测到的路标相互关联：

$$v_i^{\mathrm{T}} S_i^{-1} v_i \leq \lambda$$

式中，v_i 为观测新息；S_i 为特征的协方差矩阵。

6.3.2　卡尔曼滤波

移动机器人 SLAM 技术在理论研究和实际应用方面都取得了很大的进展，并针对外界环境的不同也逐渐形成了能够适用于不同应用环境的 SLAM 算法，如水下机器人、空间机器人、室外机器人、室内机器人。到目前为止，基于贝叶斯滤波（Bayesian Filter）的 SLAM 算法发展比较成熟，应用比较广泛，其典型的代表有卡尔曼滤波（Kalman Filter，KF）、粒子滤波（Particle Filter，PF）、期望最大化（Expectation Maximization，EM）等方法。按照 SLAM 估计过程中滤波技术的基本原理进行划分，将 SLAM 的主要解决方分为两种：扩展卡尔曼滤波（Extended Kalman Filter，EKF）和 Rao-Blackwellized 粒子滤波（Rao-Blackwellized Particle Filter，RBPF）。

在 SLAM 中，一般使用扩展卡尔曼滤波器基于机器人运动信息与传感器测量特征点信息估计机器人的状态。下面详细讨论将其应用于 SLAM 中的具体步骤。

在得到路标点的位置和方位，并且将路标点进行关联后，SLAM 的过程分为如下三个部分。

1）基于机器人运动信息更新机器人当前状态。

2）基于路标信息更新估计状态。

3）在当前状态中增加新的状态。

第1）步相对来说较为简单，其仅仅需要将当前控制器的输出叠加到上一时刻的状态上。举例来说，假设机器人目前位于(x,y,θ)，当前运动信息为$(\mathrm{d}x,\mathrm{d}y,\mathrm{d}\theta)$，那么第1）步机器人的当前状态为$(x+\mathrm{d}x,y+\mathrm{d}y,\theta+\mathrm{d}\theta)$。

在第2）步中，需要考虑路标信息，基于当前机器人的状态，可以估计路标应该处于的位置。这个估计位置与测量位置有所差别，这个差别被称作新息。新息即为机器人状态估计信息与实际信息之间的差别。此时，根据上述新息，每个特征点的方法同时被更新。

在第3）步中，观测到的新的路标被加入状态中，即当前环境的地图。

下面对 SLAM 中常用的一些定义进行说明。

（1）系统状态

系统状态 X 以及其协方差矩阵是 SLAM 过程中最为重要的向量。X 包含了机器人的位置(x,y,theta)以及环境中每个路标的信息。其格式如图 6-3-9 所示。

可以看出，系统状态 X 为一个$(3+2n)\times1$的矩阵，即列向量，其中 n 为路标的个数。位置单位一般为 m 或者 mm。角度一般选择为 rad。

（2）协方差矩阵 P

两个变量之间的协方差矩阵描述的是两个变量之间的相关程度。这里，协方差矩阵包含了机器人位置的协方差、路标的协方差以及机器人与路标之间的协方差。图 6-3-10 为协方差矩阵的一个形式。

x_r	
y_r	
theta_r	
x_1	
y_1	
$\vdots$	
$\vdots$	
x_n	
y_n	

图 6-3-9　机器人的位置及路标信息

A		E		⋯	⋯		
				⋯	⋯		
				⋯	⋯		
D		B		⋯	⋯	G	
				⋯	⋯		
⋯	⋯	⋯	⋯	⋯	⋯	⋯	⋯
⋯	⋯	⋯	⋯	⋯	⋯	⋯	⋯
		F		⋯	⋯	C	
				⋯	⋯		

图 6-3-10　协方差矩阵

左上角第一个单元 A 描述的是机器人位置的协方差矩阵，其为一个 3×3 的矩阵。B 为路标第一个路标的协方差矩阵，其为 2×2 的格式。C 为最后一个路标的协方差矩阵。E 为机器人状态与第一个路标之间的协方差矩阵。D 与 E 互为转置关系。可以看出，虽然协方差矩阵看起来较为复杂，但实际上是有迹可循的。

在初始时刻，由于机器人并不知道任何路标的存在，因而 $P=A$。初始化时，一般设置初始协方差矩阵为对角阵，反映的是初始位置的不确定性。虽然初始位置可能是精确的，但如果不包含初始误差，在之后的计算过程中可能会导致矩阵的奇异性。

Kalman 滤波能够在线性高斯模型的条件下，对目标的状态做出最优的估计，得到较好的跟踪效果。对非线性滤波问题常用的处理方法是利用线性化技巧将其转化为一个近似的线性滤波问题。因此，可以利用非线性函数的局部性特性，将非线性模型局部化，再利用 Kalman 滤波算法完成滤波跟踪。扩展 Kalman 滤波就是基于这样的思想，将系统的非线性函数做一阶 Taylor 展开，得到线性化的系统方程，从而完成对目标的滤波估计等处理。非线性系统离散动态方程可以表示为

$$X(k+1) = f[k, X(k)] + G(k)W(k) \tag{6-3-1}$$

$$Z(k) = h[k, X(k)] + V(k) \tag{6-3-2}$$

这里为了便于数学处理，假定没有控制量的输入，并假定过程噪声是均值为零的高斯白噪声，且噪声分布矩阵 $G(k)$ 是已知的。其中，观测噪声 $V(k)$ 也是加性均值为零的高斯白噪声。假定过程噪声和观测噪声序列是彼此独立的，并且有初始状态估计 $\hat{X}(0|0)$ 和协方差矩阵 $P(0|0)$。和线性系统的情况一样，可以得到扩展 Kalman 滤波算法如下。

$$\hat{X}(k|k+1) = f(\hat{X}(k|k)) \tag{6-3-3}$$

$$P(k+1|k) = \Phi(k+1|k)P(k|k)\Phi^{\cdot}(k+1|k) + Q(k+1) \tag{6-3-4}$$

$$K(k+1) = P(k+1|k)H^{\mathrm{T}}(k+1)[H(k+1)P(k+1|k)H(k+1) + R(k+1)]^{-1} \tag{6-3-5}$$

$$\hat{X}(k+1|k+1) = \hat{X}(k+1|k) + K(k+1)[Z(k+1) - h(\hat{X}(k+1|k))] \tag{6-3-6}$$

$$P(k+1) = [I - K(k+1)H(k+1)]P(k+1|k) \tag{6-3-7}$$

这里需要重要说明的是，状态转移矩阵 $\Phi(k+1|k)$ 和量测矩阵 $H(k+1)$ 是由 f 和 h 的雅可比矩阵代替的。其雅可比矩阵的求法如下。

假如状态变量有 n 维，即 $X = [x_1\ x_2 \dots x_n]$，则对状态方程对各维求偏导：

$$\Phi(k+1) = \frac{\partial f}{\partial X} = \frac{\partial f}{\partial x_1} + \frac{\partial f}{\partial x_2} + \frac{\partial f}{\partial x_3} + \dots + \frac{\partial f}{\partial x_n} \tag{6-3-8}$$

$$H(k+1) = \frac{\partial h}{\partial X} = \frac{\partial h}{\partial x_1} + \frac{\partial h}{\partial x_2} + \frac{\partial h}{\partial x_3} + \dots + \frac{\partial h}{\partial x_n} \tag{6-3-9}$$

为了便于说明非线性卡尔曼滤波——扩展 Kalman 滤波的原理，设系统状态为 $X(k)$，它仅包含一维变量，即 $X(k) = [x(k)]$，系统状态方程为

$$X(k) = 0.5X(k-1) + \frac{2.5X(k-1)}{1+X^2(k-1)} + 8\cos(1.2k) + w(k) \tag{6-3-10}$$

观测方程为

$$Y(k) = \frac{X^2(k)}{20} + v(k) \tag{6-3-11}$$

其中，式 (6-1-1) 是包含分式、二次方、三角函数在内的严重非线性方程。$w(k)$ 为过程噪声，其均值为 0，方差为 Q。观测方程中，观测信号 $Y(k)$ 与状态 $X(k)$ 的关系也是非线性的。$v(k)$ 也是均值为 0、方差为 R 的高斯白噪声。因此关于式 (6-1-1) 和式 (6-2-2) 是一个状态和观测都为非线性的一维系统。以此为通用的非线性方程的代表，接下来讲述如何用扩展 Kalman 滤波来处理噪声问题。

第 1 步：初始化状态 $X(0)$、$Y(0)$，协方差矩阵 P_0。

第 2 步：状态预测

$$X(k|k-1) = 0.5X(k-1) + \frac{2.5X(k-1)}{1+X^2(k-1)} + 8\cos(1.2k) \tag{6-3-12}$$

第 3 步：观测预测

$$Y(k|k-1) = \frac{X^2(k|k-1)}{20} \qquad (6-3-13)$$

第 4 步：一阶线性化状态方程，求解状态转移矩阵 $\boldsymbol{\Phi}(k)$

$$\boldsymbol{\Phi}(k) = \frac{\partial f}{\partial X} = 0.5 + \frac{2.5[1-X^2(k|k-1)]}{[1+X^2(k|k-1)]^2} \qquad (6-3-14)$$

第 5 步：一阶线性化观测方程，求解观测矩阵 $\boldsymbol{H}(k)$

$$H(k) = \frac{\partial h}{\partial X} = \frac{X(k|k-1)}{10} \qquad (6-3-15)$$

第 6 步：求协方差矩阵预测 $P(k|k-1)$

$$P(k|k-1) = \Phi(k)P(k-1|k-1)\Phi^{\mathrm{T}}(k) + \Gamma Q \Gamma \qquad (6-3-16)$$

这里需要说明的是，当噪声驱动矩阵不存在时，或系统状态方程中，在 $w(k)$ 前没有任何驱动矩阵，这时候，Q 必然是和状态的维数一样的方阵，可将式（6-3-16）直接写为 $P(k|k-1) = \Phi(k)P(k-1|k-1)\Phi^{\cdot}(k) + Q$。

第 7 步：求 Kalman 增益

$$K(k) = P(k|k-1)H^{\mathrm{T}}(k)(H(k)P(k|k-1)H(k)+R) \qquad (6-3-17)$$

第 8 步：求状态更新

$$X(k) = X(k|k-1) + K(Y(k)-Y(k|k-1)) \qquad (6-3-18)$$

第 9 步：协方差更新

$$P(k) = (I_n - K(k)H(k))P(k|k-1) \qquad (6-3-19)$$

以上 9 步为扩展卡尔曼年滤波的一个计算周期，如此循环下去就是各个时刻 EKF 对非线性系统的处理过程。

最后，SLAM 的执行过程如下。

1）根据机器人运动信息预测机器人当前位置，使用下面方程实现：

$$\begin{bmatrix} x+\Delta t\cos\theta + q\Delta t\cos\theta \\ y+\Delta t\sin\theta + q\Delta t\sin\theta \\ \theta+\Delta\theta + q\Delta\theta \end{bmatrix} \qquad (6-3-20)$$

此时，需要更新预测模型的雅可比矩阵以及预测误差向量如下。

1	0	$-\Delta y$
0	1	Δx
0	0	1

$c\Delta x^2$	$c\Delta x\Delta y$	$c\Delta x\Delta t$
$cc\Delta y\Delta x$	$c\Delta y^2$	$c\Delta y\Delta t$
$c\Delta t\Delta x$	$c\Delta t\Delta y$	$c\Delta t^2$

最后，需要计算当前机器人位置的新息：

$$P^{rr} = AP^{rr}A + Q$$

其中，$\boldsymbol{P}^{rr}$ 表示 $\boldsymbol{P}$ 矩阵的前三列。

现在，拥有了机器人位置的预测值以及当前机器人位置估计的方差，接下来需要更新机器人的协方差矩阵：

$$P^{ri} = AP^{ri} \qquad (6-3-21)$$

2）根据观测到的地标信息更新状态估计值。

由于机器人运动模型的误差，在第 1）步中得到的机器人位置并不是机器人真实的位置，因而，需要通过观测值对上述估计进行修正。前面已经讨论了如何提取以及关联特征，这里不再讨论，使用机器人观测到的关联特征的变化，可以计算机器人的位移。进一步地，可以更新机器人位置的估计值。

这里将根据当前机器人位置的估计值 (x, y) 以及目前存储的地标位置 (λ_x, λ_y) 利用式（6-3-22）计算地标位置和角度的估计值。

$$\begin{bmatrix} \text{range} \\ \text{bearing} \end{bmatrix} = \begin{bmatrix} \sqrt{(\lambda_x - x)^2 + (\lambda_y - y)^2} + v_r \\ \arctan\left(\dfrac{\lambda_y - y}{\lambda_x - x}\right) - \theta + v_\theta \end{bmatrix} \tag{6-3-22}$$

通过对比上面计算得到的地标位置与测量得到的地标位置，可以计算此时的新息以及此时测量模型的雅可比矩阵。

X_r	Y_r	T_r	X_1	Y_1	X_2	Y_2	X_3	Y_3
A	B	C	0	0	$-A$	$-B$	0	0
D	E	F	0	0	$-D$	$-E$	0	0

根据前文所述，此时雅可比矩阵为

$$\begin{bmatrix} \dfrac{x - \lambda_x}{r} & \dfrac{y - \lambda_y}{r} & 0 \\ \dfrac{\lambda_y - y}{r^2} & \dfrac{\lambda_x - x}{r^2} & -1 \end{bmatrix} \tag{6-3-23}$$

此时，同样需要更新误差矩阵 R，反映当前测量信息的不确定性。测量误差矩阵 R 的初始值可以设定为：位置不确定性为 1%，角度不确定性为 1°。这里，误差不应该与测量值成正比。测量误差矩阵如下：

rc	
	bd

根据上面的计算，可以计算卡尔曼增益，其可以通过下面的方式计算：

$$K = PH^T (HPH^T + VRV^T)^{-1} \tag{6-3-24}$$

卡尔曼增益表示的是如何根据当前估计值与测量值更新当前的估计值。其中 $(HPH^T + VRV^T)$ 被称作信息协方差 S。

最后，可以使用上述卡尔曼增益计算一个新的状态向量：

$$X = X + K(z - h) \tag{6-3-25}$$

式（6-3-25）将会更新当前机器人位置以及各个地标的位置。上述步骤对每一个地标均重复进行，直至对所有地标完成计算。

3）为当前系统状态增加新的地标。

这里将在当前系统状态与协方差矩阵 P 中增加新的地标，目的是能够匹配更多的地标。

首先，可以按照下面的形式增加地标：$X = \begin{bmatrix} X & x_N & y_N \end{bmatrix}^T$ 另外，需要在协方差矩阵中增加新的元素，如图 6-3-11 灰色部分所示。

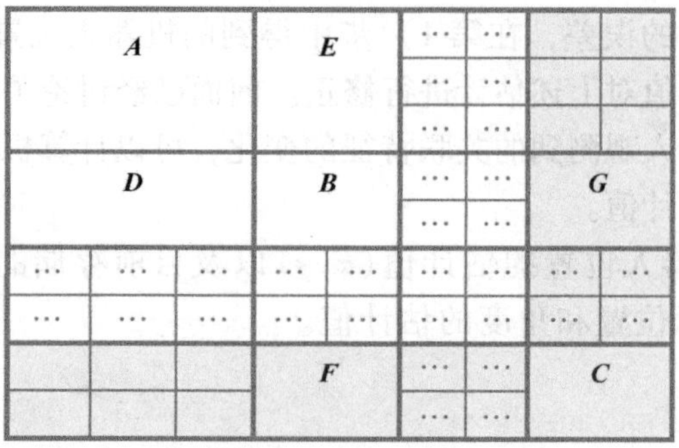

A		E		…	…		
				…	…		
				…	…		
D		B		…	…		G
				…	…		
…	…	…		…	…	…	…
…	…	…		…	…	…	…
			F	…	…		C
				…	…		

图 6-3-11　更新协方差矩阵

重复上述过程即完成了 SLAM 的所有过程。

6.3.3　多机器人的协同定位

在未知环境下的多个机器人，可以把其中一些机器人看作地标（Landmark），通过无线传感器网络共享每个机器人自身的观测信息，从而得到比单个机器人定位精度更高的状态估计，这一方法称为协同估计。与单机器人相比，多机器人拥有更多的感知单元，可以通过协同合作提高感知范围；利用分布式并行计算，可以使多机器人系统拥有更强的计算能力；多变的拓扑结构使得多机器人可以执行更高级的算法，完成更复杂的任务；另外，多机器人通过相互协调，可以为任务的完成提供冗余，从而拥有更出色的抗干扰能力。因此，在一些如环境监测、抢险救援、国防军事等领域，多机器人有着广阔的应用前景。

一方面，如何综合利用多机器人的感知信息，实现比单机器人高效的自主定位；另一方面，在自主定位的基础上，如何实现多机器人的导航规划，而又不造成路径或任务的冲突。这是当前多机器人领域研究的热点与难点。

　　自 20 世纪七八十年代以来，在计算机技术、传感器技术、电子技术等新技术发展的推动下，机器人进入迅猛发展的黄金时期，其已经从传统工业制造领域向家庭服务、医疗看护、教育娱乐、救援搜索及军事应用等领域迅速扩展。同时，在当前人工智能的热潮下，机器人又迎来了全新的发展机遇。

　　与之而来的是应用场景的复杂化、需求精细化以及硬件技术的飞速发展，对机器人系统的软件开发提出了巨大的挑战。机器人平台与硬件设备越来越丰富，致使代码复用性和模块化需求愈发强烈，而已有的机器人系统又不能很好地适应需求。在多方努力下，许许多多优秀的机器人软件框架应运而生。而其中，作为优秀代表的机器人操作系统（Robot Operation System，ROS）脱颖而出，很快在机器人研究领域展开了学习和使用的热潮。

7.1　ROS 概述

7.1.1　ROS 的概念

　　ROS 是一个用于机器人应用开发的开源元操作系统。它集成了大量的工具、库、协议，提供了类似操作系统所提供的功能，包括硬件抽象描述、底层驱动程序管理、公用功能的执行、程序间的消息传递和程序发行包管理，可以极大简化繁杂多样的机器人平台下的复杂任务创建与稳定行为控制，还提供了用于在多台计算机上获取、构建、编写和运行代码的工具和库。ROS 设计者将 ROS 表述为 "ROS = Plumbing + Tools + Capabilities + Ecosystem"，即 ROS 是通信机制、工具软件包、机器人高层技能以及机器人生态系统的集合体，如图 7-1-1 所示。它为跨行业的开发人员提供了一个标准的软件平台，将他们从研究和原型开发一直带到部署和生产。随着 ROS 的发展，其已从第一代基础上发展到了第二代 ROS2。不做特殊说明，本章主要介绍 ROS1 相关内容。

图 7-1-1　ROS 的组成

7.1.2　ROS 起源与发展历程

ROS 系统起源于 2007 年斯坦福大学人工智能实验室的项目与机器人技术公司 Willow Garage 的个人机器人项目（Personal Robots Program）之间的合作。该项目在 2008 年之后由 Willow Garage 来进行推动。因该项目研发的机器人 PR2 能够完成譬如叠衣服、插插座、做早饭等动作，ROS 也因此大获关注。Willow Garage 公司也表示希望借助开源的力量使 PR2 变成"全能"机器人，其于 2010 年正式以开放源码的形式发布了 ROS 框架。

ROS 的发行版本（ROS Distribution）指 ROS 软件包的版本，其与 Linux 的发行版本（如 Ubuntu）的概念类似。推出 ROS 发行版本的目的在于使开发人员可以使用相对稳定的代码库，直到其准备好将所有内容进行版本升级为止。因此，每个发行版本推出后，ROS 开发者通常仅对这一版本的 bug 进行修复，同时提供少量针对核心软件包的改进。ROS 每一个发行版本都有其对应的命名和海报，并以一只独特的小海龟作为象征，如图 7-1-2 所示。按照英文字母顺序命名，ROS 目前已经发布十余个版本，包括 Box Turtle、C Turtle、Diamond-back、Electric Emys、Fuerte Turtle、Groovy Galapagos、Hydro Medusa、Indigo Igloo、Jade Tur-tle、Kinetic Kame、Lunar Loggerhead、Melodic Morenia、Noetic Ninjemys 等。其中，Melodic Morenia 和 Noetic Ninjemys，前者将于 2023 年 5 月被官方停止支持，后者则将服务至 2025 年 5 月。后期，官网将逐步过渡至 ROS2 的发行版本。

图 7-1-2　Kinetic Kame、Lunar Loggerhead、Melodic Morenia、Noetic Ninjemys 的海报

7.1.3　ROS 的设计目标与特点

ROS 与其他机器人软件平台有什么不同？这是一个很难回答的问题，因为 ROS 的目标不是成为一个具有最多功能的框架。相反，ROS 的主要目标是支持机器人研究和开发中的代码重用。并且，ROS 是一个基于分布式进程（又名节点）的框架，它使可执行文件能够在运行时单独设计和松散耦合。这些进程可以被分组为包和堆栈，可以很容易地共享和分发。ROS 还支持分布式协作。这种设计使得框架中的每个功能模块都可以被单独设计、编译，并且在运行时以松散耦合的方式结合在一起。ROS 主要为机器人开发提供硬件抽象、底层驱动、消息传递、程序管理等功能和机制，同时整合了许多第三方工具和库文件，帮助用户快速完成机器人应用的编写和多机整合。ROS 的出现，极大方便了来自各方的开发者、实验室或者研究机构共同协作来开发机器人软件。

为了贯彻"分工"的思想，提升机器人的研发效率，ROS 主要呈现出以下特点。

1）分布式框架：ROS 是进程（也称为 Nodes）的分布式框架，ROS 中的进程可分布于不同主机，不同主机协同工作，从而分散计算压力。

2）代码复用和松耦合功能包：ROS 的目标不是成为具有最多功能的框架，而是支持机器人技术研发中的代码重用。ROS 中的功能模块封装于独立的功能包或元功能包，便于复用和分享。功能包内的模块以节点为单位运行，以 ROS 标准的 I/O 作为接口。开发者不需要关注模块内部实现，只要了解接口规则就能实现复用，实现了模块间点对点的松耦合连接。

3）架构精简，集成度高：ROS 被设计得尽可能精简，以便为 ROS 编写的代码可以与其他机器人软件框架一起使用。ROS 易于与其他机器人软件框架集成——ROS 已与 OpenRAVE、Orocos 和 Player 集成。

4）支持多种编程语言：支持包括 Java、C++、Python 等编程语言。为了支持更多应用开发和移植，ROS 设计为一种语言弱相关的框架结构，使用简洁、中立的定义语言描述模块间的消息接口，在编译中再产生所使用语言的目标文件。为消息交互提供支持，同时允许消息接口的嵌套使用。

5）丰富的组件化工具包：ROS 可采用组件化方式集成一些工具和软件到系统中并作为一个组件直接使用，如 rviz（3D 可视化工具），开发者根据 ROS 定义的接口在其中显示机器人模型等，组件还包括仿真环境和消息查看工具等。

6）免费且开源：ROS 遵循的 BSD 许可给使用者极大的自由，允许修改和重新发布其中的应用代码，设置进行商业化开发与销售。ROS 开源社区中的应用代码以维护者来分类，主要包含由 Willow Garage 公司和一些开发者设计、维护的核心库部分，以及由不同国家的 ROS 社区组织开发和维护的全球范围开源代码。

7.1.4　ROS 安装

为了更为方便地学习后续的相关介绍和案例演示，此处推荐读者先在个人计算机上安装某一版本的 ROS。目前，ROS 官方仍在支持且推荐安装的 ROS1 发行版为 Noetic Ninjemys。其官方推荐的安装平台是 Ubuntu 20.04，其他的 Linux 系统或者 Mac OS X、Android 和 Windows 都受到不同程度的支持。本章后续的内容将围绕 Ubuntu 20.04 系统下的 ROS Noetic Ninjemys 展开介绍。

1. 准备工作

准备一台安装 Ubuntu 20.04 系统的计算机，也可以选择虚拟机安装 Ubuntu 系统。考虑到虚拟机中 Ubuntu 需要与 Windows 系统共用硬件资源，性能受限，且与硬件交互不变，故此处推荐直接在计算机上安装 Ubuntu 系统。安装 Ubuntu 系统的详细步骤可参考官网指南 https://cn.ubuntu.com/download/desktop，此处仅简要介绍。

安装完成后，首先打开"软件和更新"对话框，配置 Ubuntu 的软件和更新，确保将"restricted""universe""multiverse"这三项软件源都勾选上。

2. 设置 ROS 软件源

source.list 是 Ubuntu 系统保存软件源地址的文件，位于/etc/apt 目录下。这一步需要将 ROS 的软件源地址添加到该文件中，确保后续安装可以正确找到 ROS 相关软件的下载地址。

● 官方默认安装源：

```
$ sudo sh -c 'echo "deb http://packages.ros.org/ros/ubuntu $(lsb_release -sc) main" > /etc/apt/
sources.list.d/ros-latest.list'
```

为提高下载安装的速度，建议使用以下国内镜像安装源：

● 清华大学安装源：

```
$ sudo sh -c '. /etc/lsb-release && echo "deb http://mirrors.tuna.tsinghua.edu.cn/ros/ubuntu/ 'lsb_
release -cs' main" > /etc/apt/sources.list.d/ros-latest.list'
```

● 中国科技大学安装源：

```
$ sudo sh -c '. /etc/lsb-release && echo "deb http://mirrors.ustc.edu.cn/ros/ubuntu/ 'lsb_release -cs'
main" > /etc/apt/sources.list.d/ros-latest.list'
```

3. 设置密钥

使用如下命令添加密钥：

```
$ sudo apt-key adv --keyserver 'hkp://keyserver.ubuntu.com:80' --recv-key C1CF6E31E6BADE88-
68B172B4F42ED6FBAB17C654
```

4. 安装 ROS

首先更新第 2 步设置的软件源目录，而后下载安装 ROS 系统。这里默认推荐安装桌面完整版。

```
$ sudo apt update
$ sudo apt install ros-melodic-desktop-full
```

读者也可选择安装桌面版、基础版或者独立功能包。

```
$ sudo apt install ros-melodic-desktop         # 桌面版
$ sudo apt install ros-melodic-ros-base        # 基础版
$ sudo apt install ros-melodic-PACKAGE         # 独立功能包
```

5. 配置环境变量

为了方便后续在终端直接使用 ROS 命令，可以对 .bashrc 文件进行如下配置。

```
$ echo "source /opt/ros/melodic/setup.bash"  >>  ~/.bashrc
$ source  ~/.bashrc
```

如果安装了多个版本的 ROS，可在当前终端执行如下命令来指定当前使用的 ROS 版本。

```
$ source  /opt/ros/ROS-RELEASE/setup.bash
```

6. 安装构建依赖包

安装构建依赖相关工具。

```
$ sudo apt install python3-rosdep python3-rosinstall python3-rosinstall-generator python3-wstool build-
essential
```

初始化 rosdep。

```
$ sudo rosdep init
$ rosdep update
```

7. 安装完成，测试 ROS

如图 7-1-3 所示，在终端 1 输入"roscore"，打印出图中所示的日志。

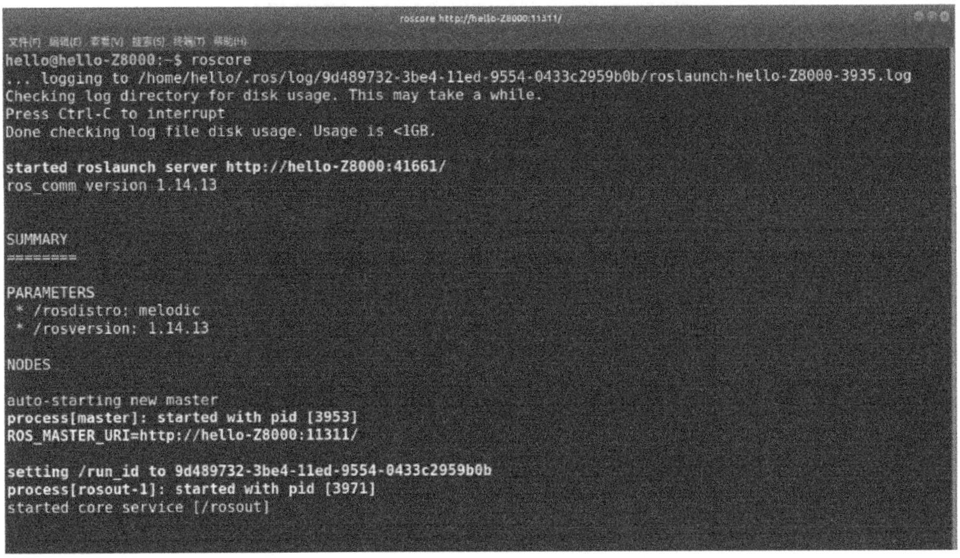

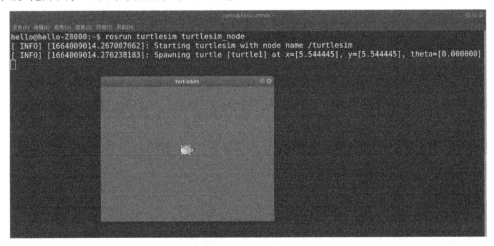

图 7-1-3　roscore 启动 ros master 和 rosout

如图 7-1-4 所示，在终端 2 输入"rosrun turtlesim turtlesim_node"，会弹出如图 7-1-4 所示图形化界面，画面中会生成一只小海龟。

图 7-1-4　启动 turtlesim_node 节点

如图 7-1-5 所示，在终端 3 输入"rosrun turtlesim turtle_teleop_key"，而后使用键盘的方向键即可控制图 7-1-6 窗口中的小海龟，执行相应的运动。

图 7-1-5　输入"rosrun turtlesim turtle_teleop_key"

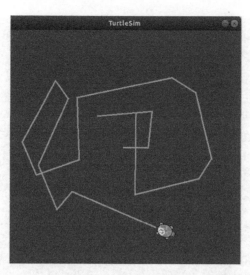

图 7-1-6　turtle_teleop_key 节点通过键盘输入控制乌龟运动

至此，ROS 系统的安装工作完成。欲了解更多细节，可查询 ROS 官方网站的相关说明。

7.2　ROS 架构与通信机制简介

7.2.1　ROS 架构

到目前为止，已经介绍了 ROS 的基本安装过程，运行了 ROS 中内置的小海龟案例。接下来，从宏观上了解一下 ROS 的架构设计。

立足不同的角度，对 ROS 架构的描述也是不同的，一般可以从设计者、维护者、系统架构与自身结构 4 个角度来描述 ROS 结构。

1. 设计者

ROS 设计者将 ROS 表述为"ROS = Plumbing + Tools + Capabilities + Ecosystem"。

1）Plumbing：通信机制（实现 ROS 不同节点之间的交互）。

2）Tools：工具软件包（ROS 中的开发和调试工具）。

3）Capabilities：机器人高层技能（ROS 中某些功能的集合，如导航）。

4）Ecosystem：机器人生态系统（跨地域、跨软件与硬件的 ROS 联盟）。

2. 维护者

立足维护者的角度，ROS 架构可划分为两大部分。

1）main：核心部分，主要由 Willow Garage 和一些开发者设计、提供以及维护。它提供了一些分布式计算的基本工具，以及整个 ROS 的核心部分的程序编写。

2）universe：全球范围的代码，由不同国家的 ROS 社区组织开发和维护。包括库的代码，如 OpenCV、PCL 等；库的上一层是从功能角度提供的代码，如人脸识别，它们调用下层的库；最上层的代码是应用级的代码，让机器人完成某一确定的功能。

3. 系统架构

如图 7-2-1 所示，ROS 可分为三个层次：基于 Linux 的 OS 层、实现 ROS 核心通信机制以及众多机器人开发库的中间层，以及在 ROS Master 管理下的保证节点运行的应用层。

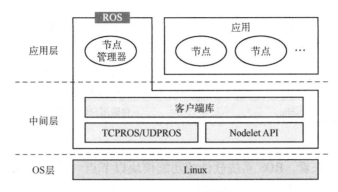

图 7-2-1　ROS 系统层次

4. 自身结构

就 ROS 自身实现而言，也可以划分为三层：文件系统、计算图以及开源社区。

（1）文件系统

如图 7-2-2 所示，catkin_workspace 是所创建的工作空间，其中包含 src、build、devel 等文件夹，分别用于存放源代码、CMake 和 catkin 的缓存信息、配置信息和其他中间文件，以及编译后产生的目标文件。

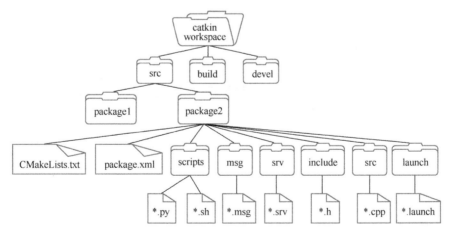

图 7-2-2　典型 ROS 工程的文件系统结构

其中，src 文件夹将是后期相关开发工作的主要目录，其中包含若干个功能包。功能包（Package）是 ROS 软件中的基本单元，包含 ROS 节点、库、配置文件等，见表 7-2-1。

表 7-2-1　ROS 功能包的典型结构

	子文件（夹）	主要功能
Package	CMakeList. txt	编译器编译功能包的规则
	package. xml	功能包清单，如包名、版本、作者、依赖项……

（续）

	子文件（夹）	主要功能
Package	scripts	存储 Python 文件
	msg	存储自定义的消息通信格式文件
	srv	存储自定义的服务通信格式文件
	include	存储功能包需要用到的头文件
	src	存储 C++源文件
	launch	存储可一次性运行多个节点的启动文件
	config	存储用户创建的功能包配置文件

（2）计算图

从计算图的角度来看，ROS 系统软件的功能模块以节点（进程）为单位独立运行，在系统运行时通过端到端的拓扑结构进行连接。其中，节点就是一些执行任务的进程，一个系统一般由多个节点组成。

ROS 中提供了一个实用的可视化工具：rqt_ graph。它能够创建一个显示当前系统运行情况的动态图形。ROS 分布式系统中不同进程需要进行数据交互，计算图可以以点对点的网络形式表现数据交互过程。当许多节点运行时，可以很方便地将端到端的通信绘制成节点关系图。如图 7-2-3 所示，即为 7.1 节中小海龟控制实验的计算图。椭圆形代表运行的节点，两者间的连线代表话题通信，而相应的字符串为其名称。

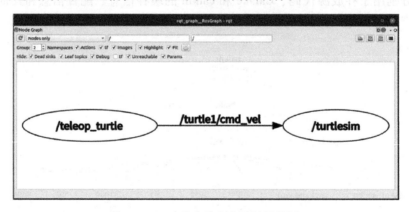

图 7-2-3　小海龟控制实验的计算图

（3）开源社区

ROS 开源社区中包含了非常丰富的资源，可以极其方便地获取以下软件和知识。

1）发行版（Distribution）：ROS 发行版是可以独立安装、带有版本号的一系列综合功能包。ROS 发行版像 Linux 发行版一样发挥类似的作用。这使得 ROS 软件安装更加容易，而且能够在一个发布版本中维持 ROS 系列软件的版本一致性。

2）软件库（Repository）：ROS 依赖于共享开源代码与软件库的网站或主机服务，在这里不同的机构能够发布和分享各自的机器人软件与程序。

3）ROS 维基（ROS Wiki）：ROS Wiki 是用于记录有关 ROS 系统信息的主要论坛。任何人都可以注册账户、贡献自己的文件、提供更正或更新、编写教程以及其他行为。网址是

http://wiki. ros. org/。

4）Bug 提交系统（Bug Ticket System）：如果发现问题或者想提出一个新功能，ROS 提供这个资源去做这些。

5）邮件列表（Mailing list）：ROS 用户邮件列表是关于 ROS 的主要交流渠道，能够像论坛一样交流从 ROS 软件更新到 ROS 软件使用中的各种疑问或信息。网址是 http://lists. ros. org/。

6）ROS 问答（ROS Answer）：用户可以使用这个资源去提问题。网址是 https://answers. ros. org/questions/。

7.2.2　ROS 通信机制

机器人是一种高度复杂的系统性实现。机器人上集成了各种传感器（雷达、摄像头、GPS 等）以及运动控制技术来实现各种动作。为了解耦合，在 ROS 中每一个功能点都是一个单独的进程，每一个进程都是独立运行的。更确切地讲，ROS 是进程（也称为节点）的分布式框架，因为这些进程甚至还可分布于不同主机，不同主机协同工作。这其中 ROS 的分布式通信机制发挥着巨大作用，它也被称为 ROS 的核心。尽管在大多数应用场景下，不需要关注底层的通信的实现机制，但是了解其相关原理将有助于我们在开发过程中更好地使用 ROS。

1. 话题通信机制

话题通信是 ROS 中使用频率最高的一种通信模式。话题通信是基于发布订阅模式的，即：一个节点发布消息，另一个节点订阅该消息。例如，机器人在执行导航功能，使用的传感器是激光雷达，机器人会采集激光雷达感知到的信息并计算，然后生成运动控制信息驱动机器人底盘运动。上述场景中，以激光雷达信息的采集处理为例，在 ROS 中有一个节点需要实时地发布当前雷达采集到的数据，导航模块中有节点会订阅并解析此雷达数据。此外，还有节点将根据传感器采集的数据，实时地计算出运动控制信息，并发布给底盘。底盘也可以有一个节点订阅运动信息并最终转换成控制电机的脉冲信号。

类似的节点之间的话题通信，使用最为频繁，实际也是最为复杂的。图 7-2-4 所示为该话题通信的建立过程。

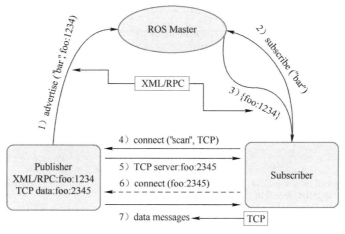

图 7-2-4　话题通信建立过程

其中，有两个节点参与，分别是话题的发布者 Publisher 和订阅者 Subscriber。ROS Master 为节点管理器。话题通信建立的完整流程可分为 7 步。

（1）Publisher 注册

Publisher 启动后，通过 RPC 向 ROS Master 发送注册信息，其中包含自身所发布消息的话题。ROS Master 会将节点的注册信息保存在注册表中。

（2）Subscriber 注册

Subscriber 启动，同样通过 RPC 向 ROS Master 发送注册信息，包含所需订阅话题的名称。

（3）ROS Master 匹配分布和订阅双方

通过 Subscriber 的订阅信息，ROS Master 在注册列表中查找。若没有找到相应话题的发布者，就等待发布者的加入；若找到，则通过 RPC 向 Subscriber 发布 Publisher 的 RPC 地址信息。

（4）Subscriber 向 Publisher 发送连接请求

Subscriber 接收到 ROS Master 发回的 Publisher 的地址信息，测试通过 RPC 向其发送连接请求，传输订阅的话题、消息类型以及通信协议（TCP/UDP）。

（5）Publisher 向 Subscriber 确认连接请求

Publisher 接收到 Subscriber 发送的连接请求后，通过 RPC 向其确认连接信息，其中包含自身的 TCP 地址信息。

（6）Subscriber 与 Publisher 建立 TCP 连接

Subscriber 接收到确认信息后，根据 TCP 流程尝试与 Publisher 建立连接。

（7）Publisher 向 Subscriber 发送消息

两者的 TCP 连接建立后，开始通过 TCP 包传输消息数据。

需要注意的是，前五步都是 RPC 通信协议，最后两步是 TCP；ROS Master 在节点建立连接的过程中起关键作用，但不参与连接建立后节点间的数据传输。

2. 服务通信机制

服务通信机制是类似于客户机-服务器的请求应答模式通信机制。例如，一个节点 A 向另一个节点 B 发送请求，B 接收处理请求并产生响应结果返回给 A。相较于话题通信而言，服务通信过程更为简单。如图 7-2-5 所示为服务通信建立的过程。

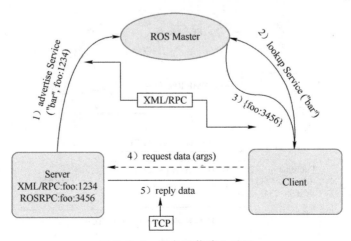

图 7-2-5　服务通信建立过程

其中，有两个节点参与通信过程，分别是 Server 和 Client。而 ROS Master 负责保管 Server 和 Client 注册的信息，并匹配服务名相同的 Server 与 Client，帮助两者建立连接。连接建立后，Client 发送请求信息，Server 返回响应信息。

（1）Server 注册

Server 启动后，会通过 RPC 在 ROS Master 中注册自身信息，其中包含提供的服务的名称。ROS Master 会将其注册信息加入注册表中。

（2）Client 注册

Client 启动后，同样也会通过 RPC 在 ROS Master 中注册自身信息，包含所需要查找的服务名称。ROS Master 也会将其注册信息加入注册表中。

（3）ROS Master 匹配服务提供和订阅双方

ROS Master 会根据 Client 的订阅信息在注册表进行查找，如果没有找到匹配的服务提供者，则等待服务的提供者加入；如果找到，则通过 RPC 向 Client 发送 Server 的 TCP 地址信息。

（4）Client 向 Server 发送服务请求数据

Client 接收到包含 Server TCP 地址信息的 RPC 消息后，使用 TCP 尝试与 Server 建立网络连接，并发送请求数据。

（5）Server 向 Client 发送服务应答数据

Server 接收并解析服务请求数据后，执行服务功能，将执行结果作为服务应答数据发送给 Client。

3. 参数管理机制

参数类似于 ROS 中的全局变量。参数服务器相当于所有节点存放全局变量的公共容器，在 ROS 中用于实现不同节点间的数据共享。不同的节点可以获取参数服务器内的参数，也可以向其中存入数据。参数管理机制运行过程如图 7-2-6 所示。

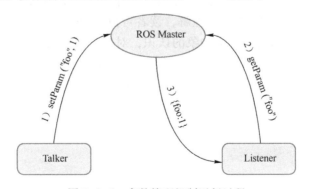

图 7-2-6　参数管理机制运行过程

（1）Talker 设置参数

Talker 通过 RPC 向参数服务器发送参数（包括参数名与参数值），ROS Master 将参数保存到参数列表中。

（2）Listener 查询参数

Listener 通过向参数服务器发送参数查找请求，请求中包含要查找的参数名。

（3）ROS Master 向 Listener 发送参数值

ROS Master 根据 Listener 的查询请求，在参数列表中查找对应的参数值，并将结果使用

RPC 发送给 Listener。

需要注意的是，若 Talker 向 ROS Master 更新参数值，而 Listener 没有重新查询该参数，它将无法发觉该参数已发生变化。为此，ROS 中引入了一种动态参数更新机制，相关具体内容，读者可查阅官方文档。

4. 两种通信机制比较

话题通信和服务通信将两个节点通过话题关联在一起，并通过一定格式的数据载体实现数据传输，然而，如表 7-2-2 所示，两者在许多方面都有不同之处。不同通信机制有一定的互补性，都有各自适应的应用场景。尤其是话题与服务通信，需要结合具体的应用场景与二者的差异，选择合适的通信机制。

表 7-2-2　话题通信与服务通信的区别

对　　比	话　题　通　信	服　务　通　信
通信模式	发布/订阅	请求/响应
同步性	异步	同步
底层协议	ROSTCP/ROSUDP	ROSTCP/ROSUDP
缓冲区	有	无
反馈机制	无	有
实时性	弱	强
节点关系	多对多	一对一
适用场景	数据传输	逻辑处理

首先，立足设计者、维护者、系统结构与自身结构四个角度，对 ROS 架构进行了描述，帮助读者从宏观上对 ROS 有了一个大概的认知，为下一步更为深入地了解和学习 ROS 打下了初步理论基础。通过对 ROS 架构的理解，读者可以对 ROS 的文件系统、功能包、节点、话题、服务、参数等基本概念有一个抽象的认识，对后期的学习开发是大有裨益的。此外，本节的重点是 ROS 的通信机制。基于话题和服务的分布式通信机制，是支撑 ROS 分布式框架最底层也是最核心的技术。在后期的应用案例介绍和开发实践中，读者会越来越体会到这其中的意义。

7.3　ROS 使用基础与应用示例

本节将介绍几个实验，更好地体会并理解节点、话题、服务等相关概念以及通信机制。此外在此基础上介绍几款常用的组件，方便后期的学习和开发，提高开发效率。

7.3.1　安装集成开发环境和配置工作空间

这里推荐使用 Visual Studio Code 作为开发工具。它是微软推出的一款轻量级代码编辑器，免费、开源而且功能强大。它支持几乎所有主流程序语言的语法高亮、智能代码补全、自定义热键、括号匹配、Git 等特性，可以安装丰富的自定义插件，且跨平台支持 Winodws、Mac 以及 Linux。

（1）下载安装 Visual Studio Code

安装过程略，详情参考官网说明 https://code. visualstudio. com/。

（2）安装相应插件

安装 C/C++、Python、ROS、CMake Tools 等插件。

（3）创建 ROS 工作空间

在当前目录下，创建名为 demo_ws 的工作空间，并初始化。

```
mkdir -p demo_ws/src        //（必须得有 src）
cd demo_ws
catkin_make
```

（4）在 VS Code 中进入 demo_ws 并配置

按下快捷键〈Ctrl+Shift+B〉，首次使用调用编译任务设置，选择"catkin_make:build"，单击配置设置为"默认"，修改如下所示的". vscode/tasks. json"文件。

```
{
    "version" : "2. 0. 0",
    "tasks" : [
        {
            "label" : "catkin_make:debug",
            "type" : "shell",
            "command" : "catkin_make",      //这个是需要运行的命令
            "args" : [ ],   //在命令后面加一些参数，比如-DCATKIN_WHITELIST_PACKAGES
            ="pac1;pac2"等
            "group" : {"kind":"build","isDefault":true},
            "presentation" : {
                "reveal" : "always"          //可选 always 或者 silence，代表是否输出信息
            },
            "problemMatcher" : "$msCompile"
        }
    ]
}
```

（5）创建 ROS 功能包

选择 src 目录，右键下拉菜单选择"Create Catkin Package"。然后，依次输入功能包名称"communication_test"和功能包依赖"roscpp rospy std_msgs"。其中 roscpp 是使用 C++ 实现的库，而 rospy 则是使用 Python 实现的库，std_msgs 是标准消息库，创建 ROS 功能包时，一般都会依赖这三个库。

至此，开发环境安装和工作空间配置已完成，并创建了新的功能包。下一步，需要在功能包内编写具有具体功能的节点源代码，也是核心开发工作。

7.3.2　话题通信实验

1. 实验要求

分别编写发布和订阅节点程序，要求发布方以 10Hz 的频率发布指定话题的消息，

消息内容为指定的文本消息，订阅方订阅该话题的消息，并将消息文本打印输出在屏幕上。

2. 实验过程

（1）编写发布方实现

```
#include "ros/ros. h"              //包含头文件
#include "std_msgs/String. h"      //普通文本类型的消息
#include <sstream>
int main(int argc, char  * argv[]){
    setlocale(LC_ALL,"");          //设置编码，便于显示中文
    ros::init(argc,argv,"Publisher");  //初始化 ROS 节点，参数 1 和参数 2 在为节点传值时会
                                        使用，参数 3 是节点名称：Publisher
    ros::NodeHandle nh;            //实例化 ROS 句柄，该类封装了 ROS 中的一些常用功能
    //实例化发布者对象
    //消息类型：std_msgs::String
    //参数 1：要发布的话题：chatter；参数 2：队列中最大保存的消息数，超出此阈值时，先进的
      先销毁（时间早的先销毁）
    ros::Publisher pub = nh. advertise<std_msgs::String>("say_hello",10);
    //组织被发布的数据，并编写逻辑，发布数据
    std_msgs::String msg;          //发布的消息数据
    std::string msg_front = "Hello,Subscriber,我是 Publisher!";  //消息内容
    int count = 0;                 //消息计数
    ros::Rate r(10);               //循环频率（每秒 10 次）
    while (ros::ok()){             //节点"活着"
        std::stringstream ss;      //使用 stringstream 拼接字符串与编号
        ss << msg_front << count;
        msg. data = ss. str();
        pub. publish(msg);         //发布消息
        ROS_INFO("发送的消息:%s",msg. data. c_str());  //加入调试，打印发送的消息
        r. sleep();  //根据前面制定的发送频率自动休眠，休眠时间 = 1/频率；
        count++;     //循环结束前，count 自增
        ros::spinOnce();}
    return 0;
}
```

（2）编写订阅方实现

```
#include "ros/ros. h"             //包含头文件
#include "std_msgs/String. h"
void doMsg(const std_msgs::String::ConstPtr& msg_p){ //回调函数，用于处理订阅接收到的消息
    ROS_INFO("我听见:%s",msg_p->data. c_str());}

int main(int argc, char  * argv[]){
    setlocale(LC_ALL,"");
```

```
ros::init(argc,argv,"Subscriber");      //初始化 ROS 节点,参数 1 和参数 2 在为节点传值时会
                                        使用,参数 3 是节点名称:Subscriber
ros::NodeHandle nh;                     //实例化 ROS 句柄
ros::Subscriber sub = nh.subscribe<std_msgs::String>("chatter",10,doMsg);
                                        //实例化订阅者对象;处理订阅的消息(回调函数)
ros::spin();                            //循环读取接收的数据,并调用回调函数处理
return 0;}
```

(3)编辑配置文件 CMakeLists.txt

找到 CMakeLists.txt 中对应的内容,去掉注释,并修改为如下内容。

```
add_executable(Hello_publisher
  src/Hello_publisher.cpp)
add_executable(Hello_subscriber
  src/Hello_subscriber.cpp)
target_link_libraries(Hello_publisher
  ${catkin_LIBRARIES})
target_link_libraries(Hello_subscriber
  ${catkin_LIBRARIES})
```

(4)编译并执行

执行 catkin_make(按下〈Ctrl+Shift+B〉),编译整个工作空间功能包。

3. 实验结果

● 启动 roscore。

● 启动发布节点 Hello_publisher。

● 启动订阅节点 Hello_subscriber。

如图 7-3-1 所示,发布节点 Hello_publisher 分布 20 条 "say_hello" 话题的消息,每条内容为 "Hello,Subscriber,我是 Publisher!(序号)"。订阅节点 Hello_subscriber 顺利订阅该话题的消息。

图 7-3-1 话题通信的 Hello_publisher 和 Hello_subscriber

7.3.3 服务通信实验

1. 实验要求

分别编写客户端和服务端节点程序，要求客户端提交两个整数给服务端，服务端接收后计算两者之和，并将结果响应给客户端。此过程中需要自定义服务数据类型。

2. 实验过程

（1）定义服务通信数据 srv 文件

srv 文件一般放置在功能包目录下的 srv 文件夹中。该文件包含请求和应答两个数据域，数据域中的内容与话题消息的数据类型相同，只是请求与应答的描述之间需要使用"---"分隔以示区分。

1）针对本例的问题需求，可创建一个定义服务数据类型的 srv 文件如下。

```
# AddTwoInts. srv
# 客户端请求时发送的两个数字
int64 num1
int64 num2
---
# 服务器响应发送的数据
int64 sum
```

2）编辑配置文件。打开 package. xml 文件，添加以下依赖配置。

```
<build_depend>message_generation</build_depend>
<exec_depend>message_runtime</exec_depend>
```

打开 CMakeLists. txt 文件，修改或添加如下配置。

```
find_package( catkin REQUIRED COMPONENTS
  roscpp
  rospy
  std_msgs
  message_generation
)
# 需要加入 message_generation，必须有 std_msgs

add_service_files(
  FILES
  AddTwoInts. srv        # 自定义的服务数据类型文件名
)

generate_messages(
  DEPENDENCIES
  std_msgs
)
```

3）编译。执行 catkin_make（按下〈Ctrl+Shift+B〉），执行编译。

　　此时，会发现在"…/工作空间/devel/include/包名/AddTwoInts. h"路径下已生成 C++
节点需要调用的头文件。后续需要用到该自定义的服务数据类型时，将调用此文件。

（2）编写服务端节点实现

```
//AddTwoInts_server. cpp
# include "ros/ros. h"                    //包含头文件
# include "communication_test/AddTwoInts. h"
//处理请求的回调函数
bool doReq( communication _ test :: AddTwoInts :: Request &req, communication _ test :: AddTwoInts ::
Response& resp) {
    int num1 = req. num1;
    int num2 = req. num2;
    ROS_INFO("服务器接收到的请求数据为:num1 = %d, num2 = %d",num1, num2);
                            //日志输出接收到的请求数据
    if ( num1 < 0 || num2 < 0) {
        ROS_ERROR("提交的数据异常:数据不可以为负数");
        return false; }
    resp. sum = num1 + num2;     //如果没有异常,那么相加并将结果赋值给 resp
    return true;}

int main( int argc, char * argv[ ]) {
    setlocale( LC_ALL,"");
    ros::init( argc,argv,"AddTwoInts_Server");   //初始化 ROS 节点,节点名称为"AddTwoInts_
                                                  Server"
    ros::NodeHandle nh;          //创建 ROS 句柄
    ros::ServiceServer server = nh. advertiseService("AddTwoInts",doReq);
                            //创建服务节点的对象,指定其服务类型和回调函数
    ROS_INFO("服务已经启动 ....");  //回调函数处理请求并产生响应,日志输出服务启动
                                  状况
    ros::spin();                //调用 ros::spin(),循环等待服务请求
    return 0;
}
```

（3）编写客户端节点实现

```
//AddTwoInts_client. cpp
# include "ros/ros. h"
# include "communication_test/AddTwoInts. h"

int main( int argc, char * argv[ ]) {
    setlocale( LC_ALL,"");
    if ( argc != 3) {              //从终端命令行获取的参数个数
        ROS_ERROR("必须输入 2 个请求数据!");
        return 1; }
```

```
    ros::init(argc, argv," AddTwoInts_Client");      //初始化 ROS 节点,定义节点名称为
                                                     "AddTwoInts_Client"
    ros::NodeHandle nh;                              //创建 ROS 句柄
    ros::ServiceClient client = nh. serviceClient< communication_test::AddTwoInts>("AddTwoInts");
                                                     //创建客户端节点对象
    ros::service::waitForService("AddTwoInts");      //等待服务上线
    communication_test::AddTwoInts req_data;         //定义请求数据
    req_data. request. num1 = atoi(argv[1]);
    req data. request. num2 = atoi(argv[2]);
    bool flag = client. call(req_data);    //发送请求,返回 bool 值,标记是否成功
    if (flag) {                                      //处理响应
        ROS_INFO("请求正常处理,响应结果:%d", req_data. response. sum); }
    else{
        ROS_ERROR("请求处理失败....");
        return 1; }
    return 0;
}
```

（4）配置 CMakeLists. txt

找到 CMakeLists. txt 中对应的内容，去掉注释，并修改为如下内容。

```
add_executable(AddTwoInts_Server src/AddTwoInts_Server. cpp)
add_executable(AddTwoInts_Client src/AddTwoInts_Client. cpp)

add_dependencies(AddTwoInts_Server ${PROJECT_NAME}_gencpp)
add_dependencies(AddTwoInts_Client ${PROJECT_NAME}_gencpp)

target_link_libraries(AddTwoInts_Server
    ${catkin_LIBRARIES})
target_link_libraries(AddTwoInts_Client
    ${catkin_LIBRARIES})
```

3. 实验结果

- 启动 roscore。
- 启动服务端节点 AddTwoInt_Server。
- 启动客户端节点 AddTwoInt_Client。

如图 7-3-2 所示，Client 任意输入两个整数，向 Server 提交整数相加服务 AddTwoInts 服务请求，后者收到请求后，提供服务，计算整数相加结果，并将结果作为响应返回给 Client。

7.3.4 常用命令

1. 常用的命令行工具

ROS 中提供了一些命令行工具，可以方便直接动态获取节点运行后的各类信息。表 7-3-1 列出了常用的命令介绍及用途。

图 7-3-2　整数相加服务的 Server 和 Client

表 7-3-1　常用命令行工具

工具名称	命令	用途	工具名称	命令	用途
rosnode	rosnode list	列出活动节点	rosservice	rosservice list	列出当前运行状态下的服务名称
	rosnode ping	测试到节点的连接状态		rosservice args	打印指定服务的参数
	rosnode info	打印节点信息		rosservice call	使用相关的参数调用指定服务
	rosnode machine	列出指定设备上的节点		rosservice find	展示提供指定服务类型的所有服务
	rosnode kill	"杀死"某个节点		rosservice info	打印指定服务的相关信息
	rosnode cleanup	清除无用节点		rosservice type	展示指定服务的服务类型
rostopic	rostopic list	列出当前运行状态下的话题名称		rosservice uri	展示指定服务的 URI 地址
	rostopic pub	向订阅者发布指定话题的消息	rossrv	rossrv list	列出当前 ROS 中所有的消息
	rostopic echo	打印输出指定话题消息的内容		rossrv packages	列出所有包含消息的功能包
	rostopic info	打印当前话题的相关信息		rossrv package	列出指定功能包中的所有消息
	rostopic type	列出指定话题的消息类型		rossrv show	展示指定服务类型的内容描述
	rostopic find	查找指定消息类型的话题		rossrv info	展示指定消息类型的内容描述
	rostopic hz	展示话题发布的频率		rossrv md5	展示消息的 md5 校验和信息
	rostopic bw	展示指定话题发布使用的带宽	rosparam	rosparam list	列出所有的参数名称
rosmsg	rosmsg list	列出当前 ROS 中所有的消息		rosparam set	设置指定参数的值
	rosmsg packages	列出所有包含消息的功能包		rosparam get	获取指定参数的值
	rosmsg package	列出指定功能包中的所有消息		rosparam delete	删除指定参数
	rosmsg show	展示指定消息类型的内容描述		rosparam load	从 YAML 文件加载参数
	rosmsg md5	展示消息的 md5 校验和信息		rosparam dump	将参数写入到 YAML 文件中

更多详细的内容可查阅官方网站。(http://wiki.ros.org/ROS/CommandLineTools)

2. 常用组件

在 ROS 中内置一些比较实用的工具，通过这些工具可以方便快捷地实现某个功能或调试程序，从而提高开发效率，下面主要介绍 ROS 中内置的组件：launch 启动文件、rqt 工具箱、TF 坐标变换、rosbag 和 rviz 三维可视化平台。

（1）launch 启动文件

当系统中需要运行的节点数量不断增加时，每次都需要打开终端运行一个命令来运行节点。这种"每个节点一个终端"的模式会变得非常烦琐。launch 启动文件可以有效应对这种场景。它支持同时启动多个节点，还可以自动启动 ROS Master 节点管理器，并且可以实现每个节点的各种配置，为多个节点的操作提供很大便利。

launch 文件是一个 XML 格式的文件，可以启动本地和远程的多个节点，还可以在参数服务器中设置参数。这里以小乌龟实验为例，同时启动小乌龟显示节点和键盘控制节点。

1）新建 launch 文件。在当前功能包下新建"launch"子文件夹，在其中创建"turtle_control.launch"文件，内容如下。

```
<launch>
    <node pkg="turtlesim" type="turtlesim_node"  name="myTurtle" output="screen" />
    <node pkg="turtlesim" type="turtle_teleop_key"  name="myTurtleControl" output="screen" />
</launch>
```

2）执行 launch 文件。

```
roslaunch（包名）turtle_control.launch
```

如图 7-3-3 所示，可以看到，小乌龟显示窗口和键盘控制终端同时启动了。

图 7-3-3 launch 文件同时启动小乌龟显示节点和键盘控制节点

表 7-3-2 展示了 launch 文件中常用的标签及其用法。

表 7-3-2 launch 文件中常用标签及其用法

标签	属性	用途	子级标签
launch：所有 launch 文件的根标签，充当其他标签的容器	—	根标签，其他内容必须包含在根标签中	所有其他标签

（续）

标签	属性	用途	子级标签
group：可以对节点分组，具有 ns 属性，可以让节点归属某个命名空间	clear＿params＝" true ┃ false " （可选）	启动前，是否删除组名称空间的所有参数（慎用，此功能危险）	除了 launch 标签外的其他标签
	ns＝" 名称空间"（可选）	将节点归属某个名称空间	
node：用于指定 ROS 节点，是最常见的标签，需要注意的是，roslaunch 命令不能保证按照 node 的声明顺序来启动节点（节点的启动是多进程的）	pkg＝"包名"	表示节点所在功能包的名称	env 环境变量设置 remap 重映射节点名称 rosparam 参数设置 param 参数设置
	type＝"nodeType"	表示节点类型（与之相同名称的可执行文件）	
	name＝"nodeName"	定义节点运行的名称	
	args＝"x x x…"（可选）	表示需要传递给节点的参数	
	machine＝"机器名"	在指定机器上启动节点	
	respawn＝"true┃false"（可选）	如果节点退出，是否自动重启	
	respawn_delay＝"N"（可选）	如果 respawn 为 true，那么延迟 N 秒后启动节点	
	ns＝"xxx"（可选）	在指定命名空间 xxx 中启动节点	
	clear＿params＝" true ┃ false " （可选）	在启动前，删除节点的私有空间的所有参数	
	output＝"log screen"（可选）	日志发送目标，可以设置为 log 或 screen，默认是 log	
include：用于将另一个 xml 格式的 launch 文件导入当前文件	file＝"$(find 包名)/xxx/xxx. launch"	要包含文件的路径	env 环境变量设置 arg 将参数传递给被包含的文件
	ns＝"xxx"（可选）	在指定命名空间导入文件	
arg：用于动态传参，类似于函数的参数，可以增强 launch 文件的灵活性	name＝"参数名称"	设置参数的名称	—
	default＝"默认值"（可选）	设置参数的默认值	
	value＝"数值"（可选）	不可以与 default 并存	
	doc＝"描述"	设置参数的说明	
env：设置启动节点的环境变量	name＝"环境变量名称"	设置环境变量的名称	—
	value＝"环境变量的值"	设置环境变量的值	
remap：用于话题重命名	from＝"xxx"	设置原始话题名称	—
	to＝"yyy"	设置重命名后的话题名称	
param：用于在参数服务器上设置参数，参数源可以在标签中通过 value 指定，也可以通过外部文件加载	name＝"命名空间/参数名"	设置参数名称，可以包含命名空间	—
	value＝"xxx"（可选）	定义参数值，如果此处省略，必须指定外部文件作为参数源	
	type＝" str ┃ int ┃ double ┃ bool ┃ yaml"（可选）	指定参数类型，如果未指定，roslaunch 会尝试确定参数类型	
rosparam：从 YAML 文件导入参数，或将参数导出到 YAML 文件，也可以用来删除参数	command＝" load ┃ dump ┃ delete"（可选，默认 load）	加载、导出或删除参数	—
	file＝" $（findxxxxx）/xxx/yyy．．．"	加载或导出到的 YAML 文件	
	param＝"参数名称"	设置参数名称	
	ns＝"命名空间"（可选）	设置命名空间	

（2）rqt 工具箱

为了方便可视化调试和显示结果，ROS 提供了一个基于 Qt 框架的图形化工具集合——rqt。在调用其中工具时，以图形化的操作代替命令操作，应用更便捷，提高了操作效率，也优化了用户体验。

rqt 工具箱由三大部分组成：rqt——核心实现，开发人员无须关注；rqt_common_plugins——rqt 中的常用工具套件；rqt_robot_plugins——运行中和机器人交互的插件。

a. 安装

```
$ sudo apt-get install ros-melodic-rqt
$ sudo apt-get install ros-melodic-rqt-common-plugins
```

b. rqt_graph 插件

rqt_graph 插件工具可以图形化显示当前 ROS 中的计算图。在系统运行时，直接在终端输入命令"rqt_graph"，即可启动该工具。图 7-3-4 展示了使用 rqt_graph 可视化显示键盘控制乌龟运动的计算图。其中，椭圆代表节点，连接椭圆形的有向线段代表节点间通信。箭头即话题由发布方向订阅方的方向。英文标注为相应的节点名称或话题名称。

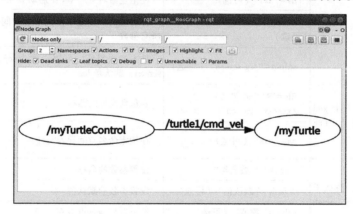

图 7-3-4　键盘控制乌龟运动实验计算图

c. rqt_console 插件

rqt_console 工具可以可视化显示和过滤 ROS 系统运行状态中所有日志消息的相关内容，包括 info、warn、error 等级别的日志，也可对这些日志消息依据日志内容、时间戳、级别等进行过滤显示。终端输入命令"rqt_console"即可启动该工具。

d. rqt_plot 插件

rqt_plot 是一个二维数据曲线绘制工具，可以将指定话题 topic 的数据在 XY 坐标系中使用曲线进行描绘。图 7-3-5 展示了采用 rqt_plot 描绘乌龟 pose 的 XY 轴坐标随时间变化曲线的效果。

（3）rviz 三维可视化平台

rviz 是 ROS 中一款三维可视化平台，一方面能够实现对外部信息的图形化显示，另一方面还可以通过 rviz 给对象发布控制信息，从而实现对机器人的监测与控制。

a. 安装并运行

rviz 已经集成在桌面完整版的 ROS 中。如果没有安装完整版，可以单独安装。安装完成后，打开 rviz。

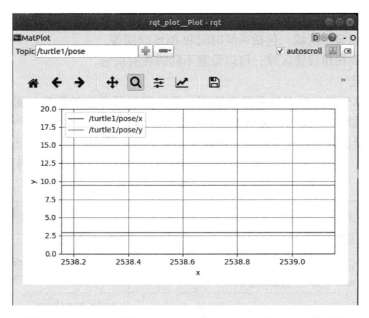

图 7-3-5　rqt_plot 描绘乌龟 pose 的 *XY* 轴坐标随时间变化曲线

```
$ sudo apt-get install ros-melodic-rviz
$ roscore            //新开终端
$ rosrun rviz rviz   //新开终端
```

如图 7-3-6 所示，rviz 界面主要包括以下几个部分：

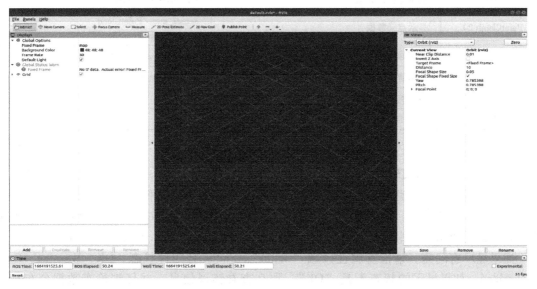

图 7-3-6　rviz 主界面

① 中间部分为 3D 视图显示区，能够显示外部信息。

② 上部为工具栏，包括视角控制、目标设置、地点发布等，还可以添加自定义的一些插件。

③ 左侧为显示项目，显示当前选择的插件，并且能够对插件的属性进行设置。

④ 下侧为时间显示区域，包括系统时间和 ROS 时间等。

⑤ 右侧为观测视角设置区域，可以设置不同的观测视角。

b. 数据可视化

进行数据可视化的前提当然是要有数据。假设需要可视化的数据以对应的消息类型分布，在 rviz 中使用相应的插件订阅该消息即可实现显示。表 7-3-3 展示了 rviz 的一些可以显示的通用数据类型，其中包含坐标轴、摄像头图像、激光雷达、地图、姿态、点云、机器人模型、TF 等数据。此外，也可以通过编写插件的形式支持其他类型的数据。

表 7-3-3　rviz 默认支持的常用显示插件及其数据类型

类型	描　述	数据类型
Axes	显示坐标系	—
Markers	绘制各种基本形状（箭头、立方体、球体、圆柱体、线带、线列表、立方体列表、点、文本、mesh 数据、三角形列表等）	visualization_msgs/Marker visualization_msgs/MarkerArray
Camera	打开一个新窗口显示摄像头图像	sensor_msgs/Image sensor_msgs/CameraInfo
Grid	显示网格	—
Image	打开一个新窗口显示图像信息	sensor_msgs/Image
LaserScan	将传感器信息中的数据显示为世界上的点、绘制为点或立方体	sensor_msgs/LaserScan
Map	在大地平面上显示地图信息	Nav_msgs/OccupancyGrid
Odomerty	显示里程计数据	nav_msgs/Odometry
PointCloud（2）	显示点云数据	sensor_msgs/PointCloud sensor_msgs/PointCloud2
Point	使用球体绘制一个点	geometry_msgs/PointStamped
Pose	使用箭头或者坐标轴的方式绘制一个位姿	geometry_msgs/PoseStamped
RobotModel	显示机器人模型	—
TF	显示 TF 变换的层次关系	—

对于数据可视化任务，首先，需要添加显示数据的插件。单击 rviz 界面左下方的"Add"按钮，rviz 会将默认支持的所有数据类型的显示插件罗列出来。在图 7-3-7 所示的列表中选择需要的数据类型插件，然后在"Display Name"文本框中填入一个唯一的名称，用来标识显示的数据。一般情况下，"Topic"属性比较重要，用来声明该显示插件的数据来源。如果订阅成功，在中间的显示区应该会出现可视化后的数据，如图 7-3-7 所示。

如果显示有问题，请检查属性区域"Status"。Status 有四种状态：OK、Warning、Error 和 Disabled，如果显示的状态不是"OK"，那么查看错误信息，并仔细检查数据分布是否正常。

（4）TF 功能包

坐标变换是机器人学中一个非常基础同时也是非常重要的概念。机器人往往由数个组件构成，同时，机器人的位姿也随着其运动不断发生变化。为了刻画机器人各组件以及机器人与环境之间的位置关系，坐标系和坐标变换的概念十分重要。

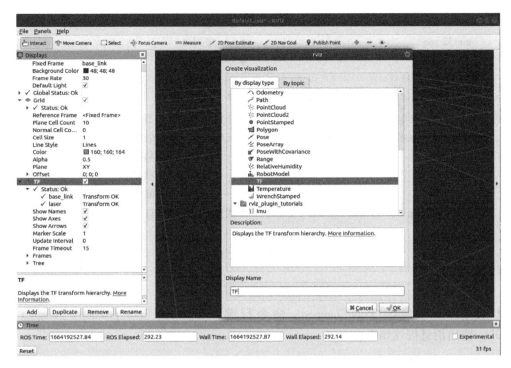

图 7-3-7　rviz 中添加显示数据插件界面

　　理论上，在明确了不同坐标系之间的相对关系后，就可以实现任何坐标点在不同坐标系之间的转换，该计算实现是较为常用的，但算法却有点复杂。因此，在 ROS 中直接封装了相关的模块：坐标变换（TF）。目前 ROS 中 TF 坐标变换功能包已经更新至 tf2，主要包括 tf2、tf2_ros、tf2_geometry_msgs、tf2_eigen、tf2_py、tf2_sensor_msgs 等分支。图 7-3-8 展示了 PR2 机器人各部件坐标系的示意图。（注：PR2（Personal Robot2，个人机器人 2）是威楼加拉吉生产的机器人，前身是斯坦福研究生埃里克·伯格和基南·威罗拜克开发的 PR1 机器人。PR2 有两条手臂，每条手臂有 7 个关节，手臂末端是一个可以张合的钳子，依靠底部的 4 个轮子移动。在 PR2 的头部、胸部、肘部、钳子上安装有高分辨率摄像头、激光测距仪、惯性测量单元、触觉传感器等丰富的传感设

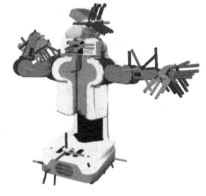

图 7-3-8　PR2 机器人各部件
坐标系示意图

备。它有两台安装有 Ubuntu 和 ROS 的计算机作为机器人各硬件的控制和通信中枢）。

　　a. 坐标 msg 消息

　　在坐标转换实现中常用的 msg 分别有"geometry_msgs/TransformStamped"和"geometry_msgs/PointStamped"。前者用于传输坐标系相对位置信息，后者用于传输某个坐标系内坐标点的信息。在坐标变换中，需要频繁地使用到坐标系的相对关系以及坐标点信息。

　　① 在 geometry_msgs/TransformStamped：命令行键入"rosmsg info geometry_msgs/TransformStamped"，输出消息描述如下。

```
std_msgs/Header header                          # 头信息
    uint32 seq                                  # |--序列号
    time stamp                                  # |--时间戳
    string frame_id                             # |--坐标系 ID
string child_frame_id                           # 子坐标系的 ID
geometry_msgs/Transform transform               # 坐标相对变换信息
    geometry_msgs/Vector3 translation           # 三维向量，平移信息
        float64 x                               # |-- X 方向的偏移量
        float64 y                               # |-- Y 方向的偏移量
        float64 z                               # |-- Z 方向上的偏移量
    geometry_msgs/Quaternion rotation           # 四元数，旋转信息
        float64 x
        float64 y
        float64 z
        float64 w
```

② 在 geometry_msgs/PointStamped：命令行键入 "rosmsg info geometry_msgs/PointStamped"，输出消息描述如下。

```
std_msgs/Header header                          # 头信息
    uint32 seq                                  # |--序号
    time stamp                                  # |--时间戳
    string frame_id                             # |--坐标系 ID
geometry_msgs/Point point                       # 点坐标
    float64 x                                   # |-- x y z 坐标
    float64 y
    float64 z
```

b. 静态坐标变换实验

这里以两个坐标系之间固定相对位置的静态坐标变换为例，进行实验演示。关于动态坐标变换以及更为复杂的多坐标系之间的变换，请读者参阅相关文档。

① 问题描述与分析建模：现有一个机器人模型，核心构成包含主体与雷达，各对应一个坐标系。坐标系的原点分别位于主体与雷达的物理中心。已知雷达原点相对于主体原点位移关系如下：$x = 0.35$，$y = 0.10$，$z = 0.50$。当前时刻，雷达检测到一障碍物，在雷达坐标系中其坐标为（2.0，3.0，5.0）。那么该障碍物相对于主体的坐标是多少？

该问题中，坐标系相对关系可以通过发布方发布，订阅方借助订阅到的坐标系间相对关系，以及障碍物点坐标，借助 TF 实现坐标变换，求出相对坐标。

② 创建功能包：在"工作空间/src"目录下创建项目功能包，其依赖于 tf2、tf2_ros、tf2_geometry_msgs、roscpp、rospy、std_msgs、geometry_msgs 等。

③ 编写发布方实现如下。

```
//tf_broadcaster.cpp
#include "ros/ros.h"
#include "tf2_ros/static_transform_broadcaster.h"
```

```cpp
#include "geometry_msgs/TransformStamped.h"
#include "tf2/LinearMath/Quaternion.h"

int main(int argc, char * argv[]) {
    setlocale(LC_ALL, "");
    ros::init(argc, argv, "static_brocast");
    tf2_ros::StaticTransformBroadcaster broadcaster;    //创建静态坐标转换广播器
    geometry_msgs::TransformStamped ts;                 //创建坐标系变换信息

    ts.header.seq = 100;                    //设置头信息
    ts.header.stamp = ros::Time::now();     //设置时间戳
    ts.header.frame_id = "base_link";       //设置父级坐标系
    ts.child_frame_id = "laser";            //设置子级坐标系
    //设置子级相对于父级的偏移量
    ts.transform.translation.x = 0.35;
    ts.transform.translation.y = 0.10;
    ts.transform.translation.z = 0.50;
    tf2::Quaternion qtn;        //设置四元数：将欧拉角数据转换成四元数
    qtn.setRPY(0, 0, 0);
    ts.transform.rotation.x = qtn.getX();
    ts.transform.rotation.y = qtn.getY();
    ts.transform.rotation.z = qtn.getZ();
    ts.transform.rotation.w = qtn.getW();
    broadcaster.sendTransform(ts);          //广播器发布坐标系信息
    ros::spin();
    return 0;
}
```

④ 编写订阅方实现如下。

```cpp
//tf_listener.cpp
# include "ros/ros.h"
# include "tf2_ros/transform_listener.h"
# include "tf2_ros/buffer.h"
# include "geometry_msgs/PointStamped.h"
# include "tf2_geometry_msgs/tf2_geometry_msgs.h"

int main(int argc, char * argv[]) {
    setlocale(LC_ALL, "");
    ros::init(argc, argv, "tf_sub");
    tf2_ros::Buffer buffer;     //创建 TF 订阅节点
    tf2_ros::TransformListener listener(buffer);
    ros::Rate r(1);
    while (ros::ok())
```

```
    {
//生成一个坐标点(2.0,3.0,5.0)(相对于子级坐标系)
        geometry_msgs::PointStamped point_laser;
        point_laser.header.frame_id = "laser";
        point_laser.header.stamp = ros::Time::now();
        point_laser.point.x = 2.0;
        point_laser.point.y = 3.0;
        point_laser.point.z = 5.0;
//转换坐标点(相对于父级坐标系)
        //新建一个坐标点,用于接收转换结果
        //使用 try 语句或休眠,否则可能由于缓存接收延迟而导致坐标转换失败
        try{
            geometry_msgs::PointStamped point_base;
            point_base = buffer.transform(point_laser,"base_link");
            ROS_INFO("转换后的数据:(%.2f,%.2f,%.2f),参考的坐标系是:%s",
                point_base.point.x, point_base.point.y, point_base.point.z, point_base.header.
frame_id.c_str());}
            catch(const std::exception& e){ROS_INFO("程序异常.....");}
            r.sleep();
            ros::spinOnce();
        }
        return 0;
    }
```

⑤ 配置 CMakeLists.txt 文件（略）。

⑥ 编译执行：执行 catkin_make（快捷键〈Ctrl+Shift+B〉）编译节点程序；终端分别打开 roscore，发布方节点 tf_broacaster 和订阅方节点 tf_listener。若程序无异常，控制台将输出经坐标系变化后的位置坐标。如图 7-3-9 中的终端输出结果，原始点在 laser 坐标系下的坐标为（2.0，3.0，5.0），转换到 base_link 坐标系下，坐标变为（2.35，3.10，5.50）。

图 7-3-9 将参考坐标系转换到 base_link 后的点坐标

（5）rosbag

为了方便调试测试，实现数据复用，ROS 提供了数据录制和回放的功能包——rosbag。它本质也是 ROS 的节点。当录制时，rosbag 是一个订阅节点，可以订阅话题消息并将订阅到的数据写入磁盘文件；当重放时，rosbag 是一个发布节点，可以读取磁盘文件，发布文件中的话题消息。

以 ROS 内置的乌龟运动控制节点为例介绍 rosbag 数据记录和回放的实现方法。

a. 启动节点

启动键盘控制乌龟运动历程所有的节点。

```
//各开启一个终端运行
$ roscore
$ rosrun turtlesim turtlesim_node
$ rosrun turtlesim turtle_teleop_key
```

b. 记录数据

使用 rosbag 抓取指定话题的消息，将其打包成一个 bag 文件放在文件夹 bagfiles 中。其中，命令"rosbag record -a -O(包名称).bag"中"-a"为录制所有话题数据，也可指定话题录制其数据，"-O(包名称).bag"可以指定生成 bag 文件的命名，若不指定，则默认以时间戳命名。

```
$ mkdir ~/bagfiles
$ cd ~/bagfiles
$ rosbag record -a -O (包名称).bag
```

键盘操控乌龟运动一段时间，结束录制时在录制终端按下〈Ctrl+C〉，即可结束录制数据。在创建的目录"~/bagfiles"会生成一个时间戳命名（或自定义命名）的 bag 文件。

c. 回放数据

数据记录完成后，就可以使用该数据记录文件进行数据回放。rosbag 功能包提供了"rosbag info"命令，可以查看数据记录文件的详细信息，包括起止时间、话题、消息类型、消息数量等信息。图 7-3-10 为查看录制的 turtle_record.bag 的信息。

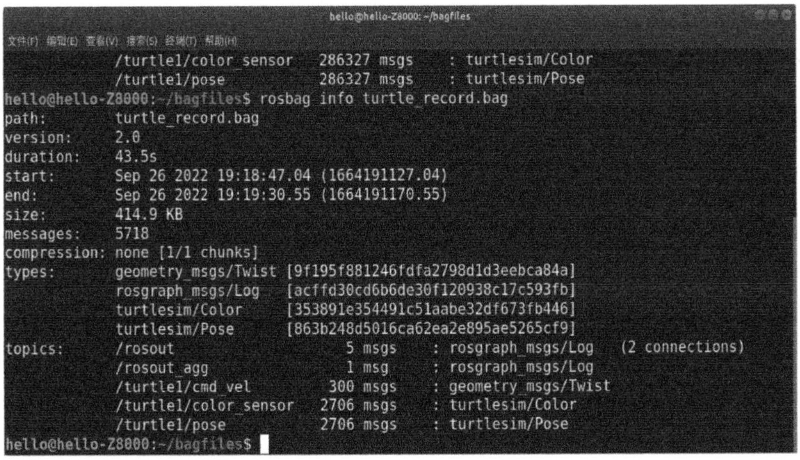

图 7-3-10　rosbag info 查看 bag 文件信息

终止之前打开的 turtlesim_teleop_key 键盘控制节点并重启 turtlesim_node 节点，使用"rosbag play（包名）. bag"命令回放包内记录的数据。此时，数据开始回放，乌龟的运动轨迹应该和之前键盘控制过程中的轨迹相同。图 7-3-11 展示了通过重放 bag 文件内消息控制乌龟运动的可视化结果。

图 7-3-11　rosbag play 命令通过重放 bag 文件内消息控制乌龟运动

限于篇幅，ROS 的相关概念与应用的介绍至此结束。需要更进一步了解并学习相关内容的读者，请参考其官网文档。

参 考 文 献

[1] 陈万米. 机器人控制技术 [M]. 北京：机械工业出版社，2017.

[2] 贾永兴，许凤慧，杨宇，等. 机器人控制技术与实践 [M]. 北京：机械工业出版社，2022.

[3] 张洋，刘军，严汉宇，等. 原子教你玩 STM32：库函数版 [M]. 北京：北京航空航天大学出版社，2015.

[4] JAULIN L. 移动机器人原理与设计 [M]. 谢广明，译. 北京：机械工业出版社，2021.

[5] 吴建平，彭颖. 传感器原理与应用 [M]. 北京：机械工业出版社，2021.

[6] 陈书旺，宋立军. 传感器原理及应用电路设计 [M]. 北京：北京邮电大学出版社，2015.

[7] 张策. 机械原理与机械设计基础 [M]. 北京：机械工业出版社，2018.

[8] 成大先. 机械设计手册 [M]. 北京：化学工业出版社，2017.

[9] 彭刚，秦志强. 基于 ARM Cortex-M3 的 STM32 系列嵌入式微控制器应用实践 [M]. 北京：电子工业出版社，2011.

[10] 罗庆生，陈胤霏，刘星栋，等. 仿人机器人的机械结构设计与控制系统构建 [J]. 计算机测量与控制，2019，27（8）：89-93.

[11] 戴凤智. 四旋翼无人机的制作与飞行 [M]. 北京：化学工业出版社，2018.

[12] FSOURDOS A，WHITE B，SHANMUGAVEL M. 无人机协同路径规划 [M]. 祝小平，周洲，王怿，译. 北京：国防工业出版社，2013.

[13] 倪笑宇，马晨园，王占英，等. 一种仿人直立行走机器人的结构设计研究 [J]. 微特电机，2019，47（4）：80-83.

[14] NEWMAN W S. ROS 机器人编程：原理与应用 [M]. 李笔锋，祝朝政，刘锦涛，译. 北京：机械工业出版社，2022.